D1085278

LIVRE DES NOMBRES

LEURS SECRETS ET LEUR RÔLE DANS LA CRÉATION DU MONDE

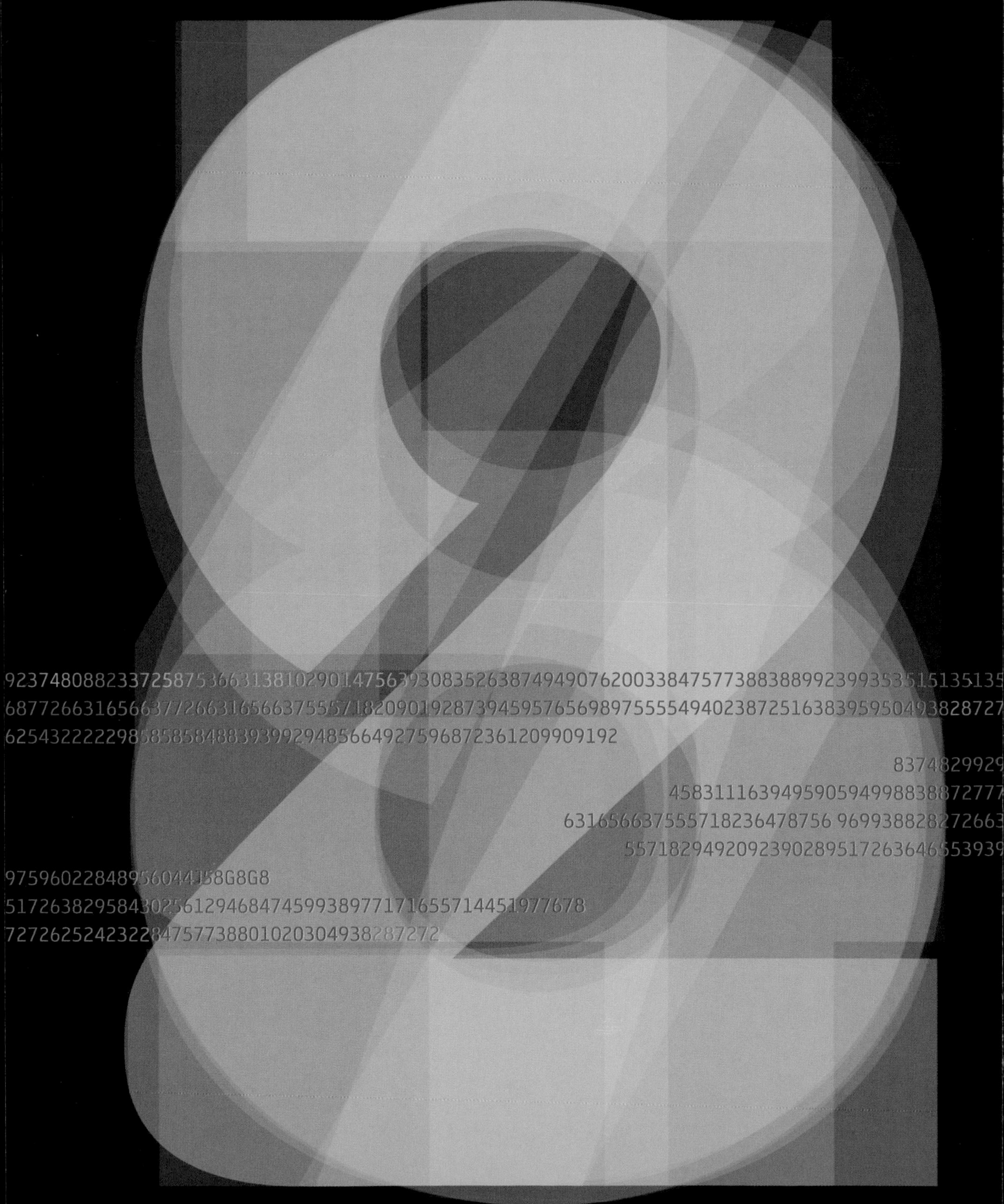

PETER J. BENTLEY

LIVRE DES NOMBRES

LEURS SECRETS ET LEUR RÔLE DANS LA CRÉATION DU MONDE

MONTRÉAL

L'édition originale de cet ouvrage est parue en Grande-Bretagne en 2008 sous le titre *The Book of Numbers*

Cassell Illustrated est une division de
Octopus Publishing Group Limited,
2-4 Heron Quays, Londres (G.-B.) E14 4JP
Compagnie de Hachette Livre UK

Édition en langue française pour le Canada

1100, boulevard René-Lévesque Ouest
Montréal (Québec) Canada H3B 5H5

ISBN: 978-0-88850-964-2

Pour obtenir notre catalogue ou des renseignements sur d'autres produits de Sélection du Reader's Digest (24 heures sur 24), composez le 1 800 465 0780

www.selection.ca

09 10 11 12 / 5 4 3 2 1

Imprimé en Chine

Aux quatre coins de la planète, les nombres ont envahi notre quotidien. Que nous conduisions, que nous écoutions de la musique avec un MP3 ou même que nous regardions l'heure, nous avons à faire aux nombres.

AVANT TOUTE CHOSE

CHAPITRE -1

Nous vivons parmi les nombres, nous parlons en nombres et nous regardons des nombres pour nous divertir. Les nombres régissent notre vie, ils nous réveillent, nous disent où aller, comment y aller et quand partir. Les nombres jugent tout, ils évaluent et comparent en toute autorité et impartialité. Mais ils peuvent aussi être mensongers et parfois très loin de la vérité. Ils peuvent nous sauver la vie mais l'amour mal placé de certains nombres peut nous ruiner. Les nombres peuvent être nos amis, nos porte-bonheur, notre bouée de sauvetage mais ils peuvent aussi nous tuer. Nous sommes tous constitués de nombres.

Il y a des siècles, quand science et religion ne faisaient qu'un, les nombres semblaient détenir la clé de la compréhension de l'univers. Ils ne dégringolaient certes pas devant nos yeux comme dans le film *Matrix*, mais les mathématiciens devinèrent que certains nombres, cachés sous de multiples formes, semblaient trop fréquents pour être fortuits. Les mêmes rapports revenaient sans cesse dans la nature, par exemple entre le diamètre d'un cercle et sa circonférence ou dans la courbure des coquillages. Dans un passé plus proche, les mêmes formes géométriques et leurs nombres associés ont été régulièrement découverts dans des lieux insoupçonnés comme l'espacement des planètes de notre système solaire. Même un phénomène aussi improbable que la vitesse (par exemple celle de la lumière) semblait au cœur de la construction de notre univers. À l'époque, on croyait généralement que ces nombres traduisaient le mystérieux dessein caché de Dieu. La compréhension de ces nombres permettait d'interpréter les messages divins inscrits dans la trame de l'existence. Les pionniers et les aventuriers qui osaient explorer les territoires inconnus des nombres exploraient la substance même de leur monde. Ils décortiquaient les composantes de la vie, de l'univers, de toute chose. Ils découvraient non pas un nombre unique, mais tout un ensemble de nombres importants et concevaient en même temps des outils pour les manipuler.

Aujourd'hui, la science a pris le pas sur la religion. Nous croyons toujours que notre univers est associé à des nombres extrêmement importants et nous savons maintenant qu'ils sont les fils de trame de cette grande tapisserie universelle qui englobe toute chose. Certains motifs de la tapisserie sont en fils si épais qu'ils attirent l'attention d'emblée : c'est le cas de nombres comme π, e et θ. Certains nombres comme 0, 1, 2, 3 et $\sqrt{2}$ forment la masse du matériau. Certains comme 10 et 13 tranchent comme des taches accidentelles sur le tissu. D'autres nombres et concepts, comme c et ∞, représentent la dimension et la forme de la tapisserie. Certains comme i n'apparaissent que sous la forme d'infimes et complexes ondulations qui parcourent l'étoffe.

Ceux qui explorent les vérités fondamentales de la nature sont des explorateurs, qu'ils soient appelés sages ou philosophes hier, mathématiciens, astronomes et physiciens aujourd'hui. Ils n'ont pas tissé la tapisserie qu'ils tentent d'expliquer. Ils n'ont pas inventé les nombres ou les notions mathématiques qui portent leurs noms, comme un romancier invente une histoire. Ils recherchent la vérité et tentent de l'expliquer en imaginant de nouveaux langages des nombres, simplement pour pouvoir consigner leurs découvertes. Certains ont poursuivi ce but pour la science, d'autres pour la religion ou pour la gloire.

Les explorateurs que nous suivrons dans ce livre étaient d'une intelligence exceptionnelle et ont été qualifiés de génies, mais c'étaient aussi des hommes. Ils ont eu des vies compliquées, ils ont connu des moments de doute, des faiblesses et des réussites. Galilée abandonna ses études de médecine, Newton menaçait de réduire en cendres la maison de ses parents, Jean Bernoulli volait le travail de son fils, Pascal était violent et Einstein a eu un enfant qu'il aurait abandonné. Certains ont été condamnés à cause de leurs travaux, d'autres ont perdu la raison. S'ils étaient tous réunis, leurs éclats de voix seraient sans doute assourdissants. Mais ils étaient tous exceptionnels par leur perception des nombres. Nés aux quatre coins du monde, ils parlaient un langage universel qu'ils enrichirent au fur et à mesure des progrès de leurs observations.

Grâce à ces pionniers, nous avons appris que les nombres créent des formes, des angles et des connexions qui nous permettent de mesurer l'espace et de concevoir et construire des machines complexes. Nous avons découvert les nombres des ondes interactives qui nous permettent de comprendre la musique, les oscillations du pendule et les étranges propriétés de la lumière. Comme nous avons appris que les nombres expriment la position, la vitesse et les accélérations, nous pouvons comprendre le mouvement des planètes et analyser celle où nous vivons. La définition par les nombres du temps, de l'espace et des différentes dimensions de l'infini nous amène à comprendre l'écoulement du temps et le commencement de notre univers. Notre apprentissage est loin d'être achevé : les nombres qui influent sur les particules subatomiques et ceux qui sous-tendent des systèmes complexes comme les économies, les sociétés et la conscience ont encore des secrets. Ces découvertes remarquables ont créé notre monde moderne de téléphones, de voitures, de musique, d'ordinateurs et d'avions. Notre mode de vie est intégralement façonné par notre compréhension des nombres.

Ce livre porte sur les explorateurs des nombres et les inventeurs des mathématiques. Les motivations et les croyances de ces personnes hors du commun sont souvent étonnantes mais les nombres sont encore plus surprenants que leurs découvreurs.

Albert Einstein a déclaré : « *Il y a deux façons de vivre sa vie : l'une en faisant comme si rien n'était un miracle, l'autre en faisant comme si tout était un miracle.* » Les nombres n'étouffent pas la capacité de s'émerveiller devant le monde, ils la décuplent.

Les nombres sont miraculeux, vous allez le découvrir.

Dans l'état actuel des connaissances, les êtres humains sont les seules créatures de la planète qui reconnaissent et manipulent les nombres. Un perroquet ou un chien peuvent être dressés à compter à faire de l'arithmétique simple mais ces aptitudes ne sont pas innées chez les animaux. Est-ce à dire que les nombres ont besoin de nous pour exister ? Que sans nous, il n'y aurait ni nombres, ni calcul, ni rien ? Mais au fait, que sont les nombres ?

BEAUCOUP DE BRUIT

CHAPITRE 0

Les nombres sont des mots (et des symboles) que nous utilisons pour décrire des modèles. Il est capital pour toutes les créatures de la planète d'être capables de percevoir des modèles : même le plus simple organisme doit pouvoir distinguer ce qui peut le tuer de ce qu'il doit manger. Les organismes plus complexes doivent être capables de faire la distinction entre moins et plus de nourriture. Les animaux qui élèvent leurs petits doivent avoir l'intuition de la présence ou de l'absence de leur progéniture. D'autres animaux doivent connaître la différence entre deux points lumineux qui peuvent être les yeux d'un prédateur et plusieurs points de lumière qui peuvent être un camouflage ou des reflets aléatoires. C'est ainsi que de nombreuses créatures, y compris les humains, ont développé une intelligence naturellement excellente pour repérer les modèles et les distinguer les uns des autres.

Les nombres que nous écrivons et prononçons appartiennent à un langage appelé mathématiques. Comme nous sommes sur Terre les seules créatures douées de parole, il n'est pas étonnant que nous soyons les seuls à « parler nombres ». Mais les modèles existent indépendamment du fait que nous les nommions ou non. Il se trouve que nous appelons « trois » un ensemble d'objets semblables et « quatre » un autre, mais les nommer ou les compter n'en change pas le nombre. On se demande parfois si un applaudissement que personne n'entend dans une forêt produit réellement un bruit. La réponse est oui, bien sûr, car le son n'a pas besoin d'oreilles, c'est une vibration de molécules. De même, un nombre (ou un modèle) que personne ne voit existe, que nous soyons présents ou non.

Écrire les nombres

Nous côtoyons les nombres depuis des millénaires. Bien que nous les ayons découverts à l'époque où nous inventions la hache de silex, ils ont mis longtemps à prendre les formes qui nous sont aujourd'hui familières. Aucun homme des cavernes génial ne s'est réveillé un matin pour saisir une stalagmite et griffonner « 1, 2, 3 » sur le sable. Non, les nombres sont venus au monde comme des fantômes inaperçus, inexprimés, anonymes. Au fil de nos changements et de nos évolutions, ils ont

POUR RIEN

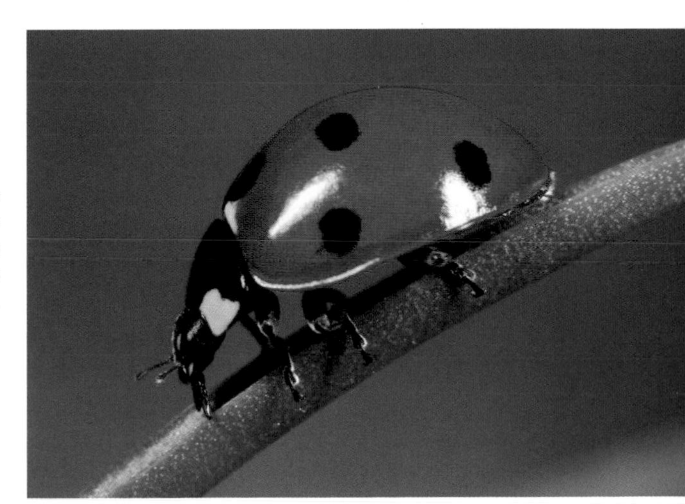

À droite : Le nombre de taches sur une coccinelle indique l'espèce et sert parfois de moyen de défense contre les prédateurs.

pris les formes concrètes qui gouvernent le monde aujourd'hui.

À l'aube de l'histoire, l'homme ne connaissait pas beaucoup de mots, l'écriture et l'argent n'étaient pas inventés, il n'existait aucun terme pour désigner les nombres mais l'homme les connaissait déjà. Il ne savait pas les nommer mais il les utilisait. Il ne pouvait ni les concevoir ni les tracer. Il savait seulement distinguer un de deux, de trois et d'objets plus nombreux, comme s'il était daltonien aux quantités. Si vous aviez vécu à cette époque, même en étant très intelligent, et avec les mêmes yeux et le même cerveau qu'aujourd'hui, vous auriez eu du mal à distinguer six pommes de sept d'un simple regard. Pourquoi ? Parce que le calcul n'avait pas encore été inventé.

Il faut être doué pour savoir compter, surtout si l'on ignore tout des nombres. Les premiers hommes qui ont su le faire ont dû passer pour des magiciens ou des chamans. Leur capacité magique est sans doute devenue nécessaire quand les tri-

Ci-dessous : Ces glyphes mayas mexicains relatent le transfert du pouvoir de Pacal Ier. Sur ce panneau palatial en relief daté de 702 apr. J.-C., les nombres sont représentés par des corps humains.

bus ont commencé à se battre les unes contre les autres (il y a très, très longtemps). Si vous êtes chef de tribu et que vous envoyez de nombreux guerriers défendre ou attaquer une autre tribu, il est fort utile de savoir s'ils sont tous rentrés ou non. Dans certaines tribus, la tradition voulait que l'on exige des réparations proportionnelles aux pertes (j'ai perdu quinze hommes donc je vous réclame quinze bisons). Mais si vous n'avez ni méthode de calcul ni mot pour quinze, comment obtenir une juste compensation ?

Le procédé utilisé était très simple : en partant au combat, les guerriers empilaient chacun un caillou. Au retour, chacun en retirait un. Le nombre de cailloux restant égalait le nombre d'hommes perdus. Le chef remplaçait alors chaque caillou par un bâtonnet, plus facile à transporter, puis il se rendait auprès de l'autre tribu pour exiger un bison en échange de chacun des bâtonnets. Ainsi, sans vraiment compter ni même comprendre la notion de nombre, il était possible de procéder à des échanges et à des transactions très précises.

Le problème évident que posent les cailloux et les bâtonnets est qu'ils prennent de la place et qu'ils peuvent être perdus. Un seau plein de cailloux ou un sac plein de bâtonnets est soit une façon de représenter un nombre mais ce n'est pas la méthode la plus efficace. Une méthode de stockage avait d'ailleurs été inventée il y a six mille ans en Élam (région de l'Iran actuel proche du golfe Persique) : des jetons différents façonnés avec des boulettes d'argile étaient entreposés dans des pots spéciaux.

Il semble que l'homme sache écrire les nombres de façon plus utile depuis trente mille ans, comme le révèlent les ossements animaux

Ci-dessus : Système de calcul sur les doigts, du folio 1V du De Numeris*, un manuscrit du IXe siècle faisant partie du* Codex Alcobacense *du théologien et écrivain allemand Raban Maur (780-856).*

marqués d'encoches complexes que l'on a retrouvés. Donc, à l'époque préhistorique, les hommes taillaient des encoches à la hache de silex pour consigner les nombres. Une encoche par jour mesurait le passage du temps et permettait de prédire les cycles lunaires et les saisons avec précision. Avec une encoche par animal, les premiers bergers savaient si le troupeau était toujours complet en fin de journée. Une encoche par animal tué permettait aux meilleurs chasseurs de la tribu de prouver leur courage et leur adresse. Chose intéressante, les encoches étaient souvent regroupées par cinq. On y voit deux raisons : d'abord il se trouve que nous avons cinq doigts et que nous les utilisons pour compter depuis que nous pouvons les bouger séparément. Ensuite, comme nous l'avons vu, le

Ci-dessus : Représentation du système de calcul sur les doigts tirée d'un manuscrit du IXe siècle, le Codex Alcobacense *de Raban Maur.*

cerveau humain ne sait pas très bien distinguer au premier coup d'œil deux ensembles d'objets nombreux. Différencier quatre de cinq ou six encoches côte à côte n'est pas facile et quasiment impossible si l'on ne sait pas compter. En groupant les encoches cinq par cinq, ce qui est aisé en s'aidant des cinq doigts de la main, il devient tout d'un coup très simple de voir le nombre écrit.

Les Romains ont appliqué la même méthode quelques milliers d'années plus tard. Il n'est pas fortuit que les chiffres romains s'écrivent I, II, III, IV, V et ainsi de suite, car ils sont dérivés des encoches taillées dans l'os ou le bois des millénaires auparavant. Les Romains ont utilisé un « V » pour le chiffre 5 pour la même raison que l'homme préhistorique groupait ses encoches par cinq : V se comprend au premier coup d'œil beaucoup plus facilement que IIII. La langue livre aussi des indices de l'origine des chiffres romains. En latin, « compter » se disait *rationem putare*. Le terme *ratio* signifiait (comme aujourd'hui) « un rapport entre les choses » et *putare* « tailler un arbre ». Donc, quand les Romains parlaient de calcul, ils sous-entendaient par l'emploi de ces termes quelque chose comme : « Utilisez vos yeux pour observer les rapports entre les choses et taillez des encoches dans le bois. »

Malgré leurs très anciennes origines, les chiffres romains ne sont nullement oubliés. Par convention, les siècles, les rangs dynastiques et les régimes politiques s'écrivent en chiffres romains. Dans presque tous les livres actuels, y compris dans le présent ouvrage, les premières pages sont numérotées de la façon dont les Romains comptaient il y a deux mille ans. De même, la date de construction de nombreux bâtiments est indiquée par des chiffres romains inscrits sur la première pierre, par exemple MMVIII pour 2008.

L'idée très ancienne du recours aux encoches pour compter n'est pas non plus complètement dépassée. Les tableaux de pointage sont toujours utiles lorsqu'il faut compter rapidement. On trace des traits verticaux par groupes de cinq, le cinquième barrant les quatre premiers pour faciliter la lecture du tout. Étonnamment, dans notre monde informatisé, nous employons toujours une méthode de calcul qui ne serait pas étrangère à l'homme des cavernes préhistorique !

À droite : Membre de la tribu Zuñi en costume de cérémonie.

Prononcer les nombres

Parallèlement au lent développement des symboles servant à noter les nombres, les sons émis en les voyant ont évolué. À l'époque où l'homme habitait les cavernes, le terme signifiant cinq était peut-être simplement « hé, hé, hé, hé, hé ». Il est évident que ce n'est pas la façon idéale de prononcer un nombre, surtout s'il s'agit d'un grand nombre et que l'auditeur ne sait pas compter. Manifestement, il fallait émettre un son différent pour chaque nombre. Parce que dans de nombreuses tribus, comme celle des Amérindiens Zuñis, les gens comptaient surtout sur leurs doigts, et parfois sur les autres parties du corps, les mots utilisés pour les nombres qu'ils voulaient exprimer étaient surtout liés aux doigts et aux mains (voir encadré ci-contre).

La progression démographique humaine a été telle que nous avons créé des villages et des villes, puis nous avons commencé à troquer, les nombres nous étaient de plus en plus nécessaires. Il fallut disposer de termes plus courts et plus faciles, prononçables un peu plus vite que « tous les doigts plus un levés de cruches de lait contre tous les doigts levés et deux rassemblés et levés avec les autres d'œufs » ! Il y a environ quatre mille ans, plusieurs tribus ont élaboré des termes plus courts pour les nombres. Étonnamment, les mots que ces agriculteurs et chasseurs ont créés sont à l'origine des termes utilisés à travers les siècles dans les langues indo-européennes : en punjabi, en hindi, en vieux perse, en afghan, en lycien, en grec, en latin, en allemand, en arménien, en italien, en espagnol, en portugais, en français, en roumain, en sarde, en dalmate, en gallois, en cornique, en erse, en mannois, en gaélique d'Écosse, en

Prononciation zuñi

1	töpinte	« pris pour commencer »
2	kwilli	« levé avec le précedent »
3	kha'i	« le doigt qui partage en parts égales »
4	awite	« tous les doigts levés sauf un »
5	öpte	« celui qui est marqué »
6	topalïk'ye	« un autre ajouté à ce qui est déjà compté »
7	kwillik'ya	« deux rassemblés et levés avec les autres »
8	khailïk'ya	« trois rassemblés et levés avec les autres »
9	tenalïk'ya	« tous sauf un levés avec les autres »
10	ästem'thila	« tous les doigts »
11	ästem'thila topayä'thl'tona	« tous les doigts plus un levés »

À gauche : Cette série de pétroglyphes ancienne datant de deux mille ans représente les cultures fremont, anasazi et navajo.

Page ci-contre : Ce relief sculpté est un calendrier des marchés en usage dans l'empire romain.

néerlandais, en frison, en anglo-saxon et en anglais.

La moitié de l'humanité parle aujourd'hui une langue indo-européenne ! C'est l'une des plus vastes familles linguistiques connues, issue d'un peuple originel unique il y a plusieurs milliers d'années. Bien que l'on ne sache pas exactement où vivaient ces peuples, l'étude des points communs aux langues permet de se faire une bonne idée de la façon dont ils prononçaient les nombres. Les meilleures hypothèses des philologues figurent dans l'encadré. Si l'on connaît quelques langues, on devine comment plusieurs milliers d'années, mille accents et cent langues ont modifié les mots à partir de ces versions originelles.

Bien que certains mots semblent un peu étranges, on s'étonne d'y reconnaître tant de nombres, surtout si l'on considère les importants changements qu'ont subis les autres mots dans les différentes langues européennes. Malgré les guerres entre les pays d'Europe, les mots phonétiquement proches que nous partageons pour les nombres

Racines indo-européennes

1 *oi-no, *oi-ko, *oi-wo

2 *dwō, *dwu, *dwoi

3 *tri, *treyes, *tisores

4 *kwetwores, *kwetesres, *kwetwor

5 *pénkwe, *kwenkwe

6 *seks, *sweks

7 *septm

8 *októ, *oktu

9 *néwn

10 *dékm

prouvent que nos racines linguistiques sont identiques. Nous faisons partie, grâce aux nombres, à une histoire commune.

L'invention de « rien »

Nous voilà donc à savoir mettre les nombres par écrit et les prononcer avec précision mais nous n'avons pas pensé à tout : nous avons négligé « rien ». Le zéro n'a pas encore été inventé, ce qui pose un gros problème. Pourquoi ?

Essayez par exemple de faire une soustraction élémentaire à l'aide des chiffres romains :

$$\overline{\mathrm{LXXX}}\mathrm{IV} - \mathrm{DCCLIII} = \overline{\mathrm{LXXIX}}\mathrm{CCLI}$$

Même en connaissant le sens des lettres, le calcul n'est pas facile à faire. En chiffres romains :

I = 1 V = 5 X = 10 L = 50
C = 100 D = 500 M = 1 000

La ligne du dessus indique que les chiffres sont multipliés par mille. Les symboles sont normalement disposés par ordre de grandeur, ceux de plus grande valeur étant à gauche de ceux de valeur moindre. Si vous écrivez un symbole de petite valeur à gauche d'un symbole de valeur supérieure, vous soustrayez le plus petit du plus grand. Par exemple, VI = 6 mais IV = 4.

Le même calcul écrit en chiffres arabes semble beaucoup plus facile :

$$\begin{array}{r} 80\,004 \\ -\ 753 \\ \hline =\ 79\,251 \end{array}$$

Si ce calcul semble simple, c'est parce que nous donnons une signification supplémentaire et immuable à la position des chiffres. Le nombre le plus à droite, l'unité, exprime toujours une valeur inférieure à dix. Le nombre à gauche du précédent représente un nombre de dizaines inférieur à cent.

Ci-dessus : L'observatoire astronomique d'Ujjain, dans l'État indien de Madhya Pradesh, dirigé jadis par le mathématicien Brahmagupta.

Le nombre à gauche du précédent est un nombre de centaines inférieur à mille et ainsi de suite. Nous comprenons donc que 753 signifie trois unités, cinq dizaines et sept centaines, soit sept cent cinquante-trois.

Ce raisonnement aurait semblé curieux aux Romains. Pour eux, le chiffre C signifiait toujours cent et le chiffre L signifiait toujours cinquante. Leur valeur ne changeait pas selon leur position. Les chiffres romains n'utilisent pas la position comme nous le faisons, c'est pourquoi nous pouvons faire facilement de l'arithmétique alors que les Romains avaient besoin de bouliers.

Les systèmes de numération pondérée comme le système arabe sont excellents et extrêmement faciles à utiliser et à comprendre mais ils présentent un réel inconvénient. Comment écrire dix ? Si nous n'avons plus de symbole de cette valeur (X par exemple), nous devons recourir à la position pour indiquer la grandeur du nombre. Mais s'il n'existe aucune valeur inférieure à dix à placer à droite du symbole de 1, qu'y mettons-nous ? Curieusement, il a fallu des millénaires pour que quelqu'un réalise qu'il fallait un nouveau nombre. C'était le zéro.

Le « rien » a été inventé il y a environ mille huit cents ans en Inde. Babyloniens, Grecs, Mayas et Chinois avaient déjà identifié le besoin d'un symbole spécial à utiliser comme paramètre fictif garantissant que les autres nombres occupent la bonne place, mais c'est en Inde que l'on comprit que zéro signifiait davantage que « rien » : zéro était un véritable nombre.

La première enquête écrite sur le zéro est sans doute celle que fit en 628 apr. J.-C. un mathématicien indien de trente ans appelé Brahmagupta. Cet homme très respecté devint plus tard directeur de l'observatoire astronomique d'Ujjain en Inde. Brahmagupta écrivit un livre intitulé *Brahmasphuta-siddhanta* (« le commencement de l'univers ») qui expliquait le mouvement des planètes et la façon de calculer leurs trajectoires précises. On savait à l'époque que zéro était un paramètre fictif nécessaire pour garantir l'alignement correct des autres chiffres, mais Brahmagupta alla un peu plus loin. Dans son livre, il définit véritablement pour la première fois ce qu'est zéro : « Zéro est le résultat de la soustraction d'un nombre de lui-même. »

Cette affirmation semble aujourd'hui parfaitement évidente mais il y a mille quatre cents ans ces idées n'étaient pas très répandues et totalement inconnues hors de l'Inde. Pour la plupart des gens, si l'on retirait par exemple trois œufs de trois œufs, il n'y avait aucun résultat car il ne restait rien. Brahmagupta a donné un nom à ce rien, celui de « zéro » ; et il a soutenu que zéro est un nombre à part entière. On lui doit une série de règles mathématiques montrant ce qu'on fait avec un zéro (voir encadré ci-contre) et notamment celle-ci :

Quand zéro est ajouté à un nombre ou soustrait d'un nombre, ce nombre reste inchangé, et le produit d'un nombre multiplié par zéro est zéro.

Aujourd'hui, un enfant apprend ces notions à l'école dès son plus jeune âge, mais en 628 apr. J.-C. il fallut le génie d'un mathématicien pour concevoir cette idée unique. Brahmagupta réalisa aussi que zéro affecterait les nombres positifs et négatifs qui étaient en général énoncés sous forme de biens et de dettes. Si nous avons par exemple une dette de –7 et un bien de +7, nous voyons dans l'encadré exactement ce qu'il affirmait.

En d'autres termes, le pauvre Brahmagupta n'a pas vraiment su aborder la division et les zéros. Il ne savait pas ce que signifie quelque chose divisé par zéro, ni ce que signifie zéro divisé par quelque chose. Il pensait que zéro divisé par zéro égale zéro, ce qui est faux. Si vous ne me croyez pas, entrez les trois opérations ci-dessus dans votre calculatrice électronique et observez le résultat.

Mais Brahmagupta n'était pas stupide. D'autres mathématiciens éminents ont continué à suivre ses règles pendant des siècles sans que personne ne s'aperçoive de l'existence d'un grave problème. Il y a quelques siècles, on a fini par réaliser que zéro n'obéit pas toujours aux mêmes règles que les autres nombres. Prenez par exemple la première opération : 7 divisé par 0. On sait que 7 divisé par 2 égale 3,5. En d'autres termes, la moitié de 7 est 3,5. Comme il y a sept un dans sept, 7 divisé

Le zéro selon Brahmagupta

« Zéro soustrait d'une dette est une dette. »
$-7 - 0 = -7$

« Zéro soustrait d'un bien est un bien. »
$7 - 0 = 7$

« Zéro soustrait de zéro est zéro. » $0 - 0 = 0$

« Une dette soustraite de zéro est un bien. »
$0 - -7 = 7$

« Un bien soustrait de zéro est une dette. »
$0 - 7 = -7$

« Le produit de zéro multiplié par une dette ou un bien est zéro. » $0 \times -7 = 0$ et $0 \times 7 = 0$

« Le produit de zéro multiplié par zéro est zéro. » $0 \times 0 = 0$

Mais malgré son intelligence, Brahmagupta fut un peu déconcerté par la division et le zéro. Il a seulement imaginé :

« Le résultat des nombres positifs ou négatifs divisés par zéro est une fraction dont le dénominateur est zéro. »
$7 \div 0 = \frac{7}{0}$ et $-7 \div 0 = -\frac{7}{0}$

« Le résultat de zéro divisé par des nombres positifs ou négatifs est soit zéro soit une fraction dont zéro est le numérateur et la quantité finie le dénominateur. »

$0 \div 7 = 0$ ou $\frac{0}{7}$

« Le résultat de zéro divisé par zéro est zéro. »
$0 \div 0 = 0$

par 1 égale 7. 7 divisé par 0,5 égale 14. De même il y a deux demis dans un et sept un dans sept.

Nous pouvons en conclure que plus le diviseur est petit, plus le résultat est grand. D'après ce raisonnement, le résultat de 7 divisé par 0 devrait être l'infini, car on peut diviser 7 en un nombre illimité d'éléments de taille zéro. Ce fut le raisonnement d'un autre mathématicien indien, Bhaskara, né quatre cent quatre-vingt-six ans après Brahmagupta. Appelé aussi Bhaskaracharya (« Bhaskara le professeur »), il suivit les traces de son illustre prédécesseur en étant lui aussi directeur de l'observatoire astronomique d'Ujjain, qui était devenu alors le plus important centre de mathématiques de l'Inde. Il écrivit de nombreux livres de mathématiques et il fut le premier à étudier et à résoudre de nouveaux types d'équation. Il écrivit aussi des poèmes, comme celui-ci :

Ô jeune fille ! Dans un groupe de cygnes,
½ fois la racine carrée du nombre jouent au bord d'un réservoir.
Les deux derniers se livrent à un combat amoureux, dans l'eau.
Quel est le nombre total de cygnes ?

Mais malgré son génie en mathématiques et sa poésie discutable, sa solution à la division par zéro était fausse. Il affirma que 7 divisé par 0 égale l'infini, ce qui n'est pas logique quand on y réfléchit. Une quantité (même infinie) de rien reste toujours rien, comment pourrait-elle se transformer en 7 ?

C'est précisément la clé du dilemme. Il faut reconnaître que les opérateurs de division et de multiplication sont en fait identiques. 7 divisé par 2 égale 3,5 car 3,5 multiplié par 2 égale 7. Quand on cherche ce que donne 7divisé par 0, on cherche en réalité ce qu'il faut multiplier par zéro pour obtenir sept.

La réponse est qu'il n'y a pas de réponse ! Il n'existe aucun nombre qui, multiplié par zéro, égale sept. La réponse à tout problème où un nombre est divisé par zéro est donc *indéfinie*. Elle n'est pas logique, elle ne suit pas les règles. Il faut s'efforcer de l'éviter. Un nombre incroyable de programmes informatiques tombent en panne et se bloquent parce qu'ils demandent par hasard à l'ordinateur de diviser quelque chose par zéro. Il existe même une erreur d'informatique spécifique appelée l'erreur de la division par zéro.

Le pire est que cette notion (un nombre divisé par zéro donne un résultat indéfini) est tellement contraire à l'intuition que certains manuels récents affirment toujours que la réponse est l'infini. Le raisonnement de Bhaskara, vieux de neuf cents ans, semble plus enraciné dans les esprits que la bonne réponse. Mais maintenant que vous connaissez la vérité, vous ne manquerez pas de corriger les erreurs que vous trouverez peut-être dans les livres !

Qu'en est-il du contraire ? Que donne 0 divisé par 7 ? En appliquant le même raisonnement que précédemment, chercher quel nombre est le produit de 0 divisé par 7 équivaut à chercher quel nombre il faut multiplier par sept pour obtenir zéro. Sous cet angle, la réponse est évidente : pour obtenir zéro, il faut multiplier par zéro. La réponse à zéro divisé par n'importe quel nombre doit donc toujours être zéro. Pour rendre justice à Brahmagupta, son hypothèse était correcte dans le cas présent.

Cette question réglée, le problème le plus épineux persiste. Quel est le résultat de zéro divisé par zéro ? C'est la question à laquelle les mathématiciens se heurtent depuis des siècles. Nous avons vu précédemment qu'un nombre divisé par zéro donne un produit indéfini et nous savons que zéro est un nombre. Donc, le produit de zéro divisé par zéro est peut-être lui aussi indéfini. Pas exactement.

Imaginez que nous voulions calculer 0 divisé par 0 en commençant par de grands nombres pour passer peu à peu à des nombres plus petits, toujours plus proches de zéro. Partons par exemple de 128 divisé par 128, puis 64 divisé par 64, puis 32 divisé par 32 et ainsi de suite. Le résultat semble être 1. À mesure que la séquence diminue pour se rapprocher de rien sur rien, comme nous divisons un nombre par lui-même, elle s'approche de la valeur 1 (ou « tend vers » la valeur 1, pour employer le langage mathématique). Mais imaginez que nous modifions légèrement la séquence. Multiplions la première valeur par sept puis réduisons-les de nouveau toutes les deux jusqu'à ce que nous approchions de rien sur rien. La séquence tend maintenant vers la valeur 7 !

$$\frac{128}{128}, \frac{64}{64}, \frac{32}{32}, \frac{16}{16}, \ldots, \frac{0}{0} \to 1$$

$$\frac{7 \times 128}{128}, \frac{7 \times 64}{64}, \frac{7 \times 32}{32}, \frac{7 \times 16}{16}, \ldots, \frac{7 \times 0}{0} \to 7$$

Avec ce raisonnement, il est simple de démontrer que le produit de zéro divisé par zéro peut être n'importe quoi ! La réponse n'est donc pas indéfinie, au sens où elle ne serait pas logique. Elle est *indéterminée*, c'est-à-dire qu'il peut s'agir de n'importe quel nombre. Divisez rien par rien et vous obtiendrez n'importe quel nombre. Qui l'aurait imaginé ? Il n'est pas étonnant que Brahmagupta se soit trompé !

Plus de mille ans après que Brahmagupta a écrit son ouvrage, un mathématicien français du nom de Guillaume de L'Hospital se vit attribuer le mérite de cette idée de réduire les séries jusqu'à zéro sur zéro, connue aujourd'hui sous le nom de règle de L'Hospital. Né à Paris en 1661, L'Hospital entra dans la vie active comme officier de cavalerie mais il démissionna pour cause de myopie (ou peut-être parce qu'il était riche et qu'il préférait faire autre chose !). Il décida d'étudier les mathématiques et versa au mathématicien suisse Jean Bernoulli un salaire conséquent pour qu'il lui donne des cours particuliers, parfois dans son manoir d'Oucques. Quand L'Hospital publia son livre contenant la règle devenue célèbre, Bernoulli fut extrêmement contrarié car l'ouvrage comportait pour l'essentiel son propre enseignement. Le seul crédit accordé à Bernoulli dans le livre était assez condescendant et un peu dédaigneux :

« Je remercie également messieurs Bernoulli pour leurs nombreuses idées brillantes, en particulier M. Bernoulli fils qui est maintenant professeur à Groningue. »

Ci-dessus : Guillaume de L'Hospital fut l'auteur du premier manuel de calcul comportant les enseignements de son maître Jean Bernoulli.

Ci-dessus : Le mathématicien suisse Jean Bernoulli, théoricien de la règle qui porte son nom.

En fait, Bernoulli était si affecté qu'après la mort de L'Hospital en 1704, il affirma être le véritable auteur du livre. Rares sont ceux qui le crurent jusqu'à la découverte de preuves en 1922, bien après la mort des deux hommes.

Malgré l'intrigue et la politique, les mathématiciens n'ont pas rebaptisé la règle « règle de Bernoulli » et l'injustice (si injustice il y a) qui plane sur la solution de 0 divisé par 0 perdure. Mais le sort a voulu que le nom de Bernoulli soit beaucoup plus connu que celui de L'Hospital en mathématiques parce que Daniel Bernoulli, le fils de Jean, a inventé ce que l'on appelle le principe de Bernoulli. C'est l'équation qui décrit comment, par exemple, une balle de ping-pong plane dans un courant d'air ascendant stable. Aujourd'hui, il existe des sortes de versions géantes de cette équation qui permettent à un homme de planer comme un parachutiste immobile dans le courant d'air ascendant créé par un ventilateur géant. Mais l'histoire ne s'arrête pas là. Révolté peut-être de ne pas avoir reçu suffisamment d'honneurs de la part de L'Hospital, Jean essaya aussi de s'attribuer le mérite des travaux de son fils. Il fit paraître un livre fondé sur le travail de celui-ci en l'antidatant pour qu'il semble avoir été publié en premier. Fort heureusement, personne ne fut dupe de ce comportement honteux. Jean se querella également avec son frère et avec d'autres collègues et étudiants et il essaya même de prouver que les travaux de Newton étaient erronés. Il est donc peut-être équitable que L'Hospital conserve le mérite de la règle qui porte son nom.

L'an zéro ?

Les zéros ne se bornent pas à créer des difficultés aux mathématiciens, ils ont posé bien des problèmes à tous. Par exemple, notre calendrier fut proposé pour la première fois par un docteur en médecine italien du nom de Luigi Lilio (le cratère Lilius sur la Lune porte son nom). Après sa mort, son frère Antonio soumit l'idée au pape et le calendrier grégorien fut adopté en 1582. Mais à l'époque, le zéro n'était pas un chiffre couramment utilisé en calcul. Il n'existe donc pas d'année zéro dans le système grégorien : le calendrier passe de 1 av. J.-C. à 1 apr. J.-C., sans transition.

Comme tous les systèmes de calcul, le calendrier utilise les nombres ordinaux. Ce sont ceux qui nous servent à exprimer les suites et notre calendrier grégorien numérote donc les intervalles de temps de la même façon qu'un régleur mesure les intervalles dans l'espace. La première année après Jésus-Christ représente l'intervalle de temps qui sépare 0 de l'an 1 apr. J.-C. Les nombres cardinaux, en revanche, représentent les quantités ou les valeurs indépendamment de la suite ou de l'ordre. Zéro étant une invention relativement récente, nous l'utilisons en général simplement comme un nombre cardinal, pour définir des quantités mais non pour compter.

Comment compter avec zéro ? En informatique, nous le faisons en permanence car le zéro est très utilisé par les ordinateurs, comme nous le verrons aux chapitres suivants. Quand on compte jusqu'à dix avec un ordinateur, on commence toujours par 0 et on finit par 9. Cette méthode peut sembler

Ci-dessous : Grégoire XIII est le pape qui préside la commission de réforme du calendrier julien instauré par Jules César, qui permit de diminuer la marge d'erreur induite par la différence entre l'année civile et la révolution de la Terre autour du Soleil.

À droite : Lame d'une épée-calendrier allemande (v. 1686). Sur la lame est gravé un calendrier grégorien perpétuel fondé sur l'an 1686 illustré des signes du zodiaque.

En bas à droite : Calendrier perpétuel en cuivre utilisé pour déterminer les dates de Pâques dans les calendriers julien et grégorien. Le calendrier julien fut instauré en 46 av. J.-C. par Jules César. Le calendrier grégorien fut institué en 1582 par le pape Grégoire XIII pour réformer le calendrier julien.

étrange mais notre calendrier serait un peu plus rationnel s'il partait de zéro. Le calendrier qui commence en 1 « après Jésus-Christ » célèbre à tort le premier anniversaire du Christ le jour même de sa naissance. En 2 apr. J.-C., le Christ avait un an, en l'an 3 il avait deux ans (le calendrier est sans doute beaucoup plus inexact car, selon l'Évangile de saint Matthieu, chapitre 2, le roi Hérode était en vie à la naissance de Jésus et les documents historiques indiquent qu'il est mort en 4 av. J.-C. selon notre calendrier). Notre calendrier est donc un peu confus. En l'absence de zéro, le deuxième siècle a commencé en fait en 101 apr. J.-C. Les récentes fêtes du millénaire ont toutes été décalées d'un an ; c'est l'an 2001 apr. J.-C. qui est en réalité éloigné de deux mille ans de la naissance (perçue) du Christ. Nous devrions peut-être nous inspirer de nos ordinateurs et commencer à compter à partir de zéro.

Malheureusement, les ordinateurs ne sont pas toujours aussi performants pour les dates. Le bogue dit du millénaire qui s'est manifesté avec le passage de 1999 à l'an 2000 a été provoqué par les programmeurs qui n'utilisaient dans leurs logiciels que deux chiffres pour exprimer l'année. En pas-

Ci-dessus : L'Adoration des mages *(1475) de Botticelli. La date de naissance du Christ est légèrement faussée dans le calendrier grégorien où l'an 1 est l'année de sa naissance et non celle où il eut un an.*

sant de 99 à 00, les ordinateurs ont donc cru qu'il s'agissait de 1900 et non de 2000. À la fin des années 1990, une foule de « programmeurs de bogue du millénaire » ont été incités à mettre à jour tous les logiciels, pour le cas où un programme crucial contrôlant les centrales électriques (ou les systèmes de facturation de l'électricité) serait désorienté et jugerait préférable de ne pas travailler en 1900. Finalement, ces deux zéros ont ravi de nombreux programmeurs en ajoutant beaucoup de zéros à leur salaire mais le bogue du millénaire n'a pas suscité de problème majeur.

Les nombres ne se présentent pas seulement sous la forme d'entiers tels que un, deux ou trois. Avant d'arriver dans ces hautes sphères, il existe un univers de petits nombres qui évoluent entre zéro et un. Nous connaissons leur existence depuis des siècles ; il suffit de prendre une pomme et de la couper en deux pour saisir le problème. Comment appeler les deux morceaux égaux ? Quels curieux nombres inférieurs à un faut-il utiliser ? Comment les mettre par écrit, en parler ou les concevoir ?

PETIT MAIS BEAU

CHAPITRE 0,000000001

Aujourd'hui, nous appelons fractions ce type de nombre mais il a fallu des milliers d'années et bien des philosophes et des mathématiciens pour comprendre comment les exprimer et pourquoi il devait agir comme il le fait.

Les nombres rationnels

Pythagore, né en 570 av. J.-C. et mort vers 480 av. J.-C. (il est le contemporain de Siddharta Gautama, le futur Bouddha), fut l'un des premiers mathématiciens du monde et sans doute le premier explorateur professionnel de l'univers des nombres mais il n'était pas très bon en fractions. C'était bien avant l'invention de concepts avancés comme zéro et même avant que l'on comprenne la notion de division. Né sur l'île grecque de Samos, Pythagore mena une vie mouvementée : il se rendit en Égypte où il fut fortement influencé par les philosophes et les coutumes, puis il fut emmené comme prisonnier de guerre à Babylone où il étudia les mathématiques, la musique et les sciences. Rentré à Samos, il partit pour Crotone, en Italie du Sud, où il fonda une secte philosophique et religieuse qui compta rapidement de nombreux adeptes, hommes et femmes. Les membres du cercle d'initiés de la secte, appelés *mathematikoi*, apprenaient de Pythagore à observer des règles strictes. Ils devaient abandonner leurs biens, devenir végétariens et adopter les préceptes suivants :

Ci-dessus : Gravure sur bois du philosophe grec Pythagore qui fut l'un des premiers mathématiciens du monde.

1. Au niveau le plus profond, la réalité est de nature mathématique.
2. La philosophie peut servir à la purification de l'esprit.
3. L'âme peut s'élever jusqu'à l'union avec le divin.
4. Certains symboles ont une signification mystique.
5. Tous les adeptes de la secte doivent observer strictement loyauté et secret.

Pour Pythagore, les notions de mathématiques, de philosophie et de religion étaient inséparables. Une de ses devises souvent citée est « *Toute chose est nombre.* », formule qui découle peut-être d'Aristote

Ci-dessus : Détail d'une fresque représentant des Égyptiens consignant la récolte. *Ils élaborèrent des procédés avancés pour écrire les fractions.*

qui écrivit un siècle plus tard : « *Les pythagoriciens* [...], *nourris de l'étude des mathématiques, croyaient que les choses sont des nombres* [...] *et que le cosmos tout entier est structuré par une échelle et un nombre.* »

Tous les travaux attribués à Pythagore sont issus de l'école pythagoricienne qu'il avait fondée mais ils n'ont peut-être pas été effectués par lui. Le doute subsiste car il n'existe pas de sources écrites de cette époque. Ironie de l'histoire, le théorème de mathématiques le plus célèbre, celui qui porte son nom, a peut-être été découvert par un de ses disciples et non par lui. À dire vrai, le premier énoncé de ce théorème (**dans un triangle rectangle, le carré de l'hypoténuse est égal à la somme des carrés des deux autres côtés**) a été trouvé sur une tablette babylonienne datée de 1900-1600 av. J.-C., soit mille ans avant la naissance de Pythagore. Lui ou ses disciples ont néanmoins été sans doute les premiers à démontrer sa véracité. Nous savons que ce groupe de mathématiciens et de philosophes étudiait la géométrie et croyait (du moins au début) que tous les nombres sont rationnels, c'est-à-dire que chaque nombre peut être exprimé sous forme de nombre entier ou de rapport de deux nombres entiers. C'est ainsi qu'un quart s'exprime à l'aide des nombres entiers un et quatre, par exemple sous la forme 1 : 4. Le choc de la découverte de l'existence de nombres irrationnels se produira plus tard, nous le verrons au chapitre $\sqrt{2}$.

Pythagore n'utilisa pas les fractions sous la forme exacte que nous connaissons aujourd'hui mais lui et ses disciples réfléchirent longuement aux sous-multiples des nombres (ou facteurs, c'est-à-dire de petits nombres que l'on multiplie entre eux pour obtenir les grands) et aux rapports. En fait, Pythagore effectua l'une des premières études mathématiques de la musique et il découvrit que si les longueurs de plusieurs cordes vibrantes forment entre elles des rapports de nombres entiers, elles créent des sons harmonieux. Cette découverte trouva sans doute sa première application pratique dans sa musique car Pythagore était aussi un joueur de lyre accompli qui jouait aux malades pour les soulager.

Les fractions étaient si importantes pour le commerce (je vous cède le quart d'un porc contre le tiers d'un sac de pommes) que les Babyloniens et les Romains eurent vite des symboles et des mots pour les exprimer et que les Égyptiens élaborèrent une méthode perfectionnée pour les écrire. La notation des fractions que nous connaissons aujourd'hui (1 sur 3 signifie « un tiers ») se répandit à l'époque où Brahmagupta écrivait. On exprimait alors une fraction en plaçant un nombre au-dessus de l'autre sans barre horizontale. La barre n'apparut que six cents ans plus tard, sans doute sous la plume de Fibonacci qui serait sans doute le premier Européen à écrire de cette manière les fractions. Mais nous reviendrons sur lui ultérieurement, au chapitre ϕ.

Une période importante

L'homme s'habituait à l'idée que les nombres ne désignent peut-être pas toujours un objet entier et qu'ils puissent être une fraction d'un tout, mais la notion de virgule décimale mit elle aussi du temps à apparaître. Et ce, malgré l'usage très répandu du boulier qui exprimait presque les fractions à la manière actuelle.

Les Romains utilisaient des galets pour pratiquer l'arithmétique. Ils avaient des tables de calcul dotées de rainures pour recevoir les galets, chaque rainure correspondant à une valeur numérique (1 000, 100, 10, 1, ½, ⅓, ¼). Quand un Romain parlait d'arithmétique, il utilisait l'expression *calculus ponere* (« placer des galets ») qui est à l'origine du mot « calculer » et de ses dérivés. Leur méthode d'expression des nombres par les fractions est étonnamment proche de la façon dont les nombres fractionnels sont représentés par le système binaire dans les ordinateurs actuels. Par exemple, une méthode simple consiste à utiliser un 1 ou un 0 dans une position spécifique pour définir les parties d'un nombre. Ainsi :

0	1	1	1	0	1	1	0
8	4	2	1	½	¼	⅛	⅟₁₀

représente 4 + 2 + 1 + ¼ + ⅛ = 7 ⅜. Remplacez les 1 par des galets et votre résultat sera identique au boulier romain.

Bien que ce concept soit très proche de l'idée d'ajouter une virgule et de l'écriture décimale des

Ci-dessous : Papyrus égyptien de mathématiques vers 1550 av. J.-C.

Ci-dessus : Les bouliers chinois en bois comme celui-ci sont utilisés depuis plus de sept cents ans.

fractions, il fallut près de mille ans pour qu'un mathématicien arabe le découvre. Né vers 920 apr. J.-C., sans doute à Damas, Abu'l Hasan al-Uqlidisi est l'auteur du plus ancien texte connu qui explique comment écrire 7,375 au lieu de $7\frac{3}{8}$. Les avantages de ce système étaient aussi évidents que ceux du passage à un système de numération pondérée utilisant zéro : on pouvait désormais pratiquer une arithmétique précise en alignant tous les nombres de chaque côté de la virgule. Ce système d'écriture rendait les nombres moins ambigus. Il est en effet assez déroutant que les fractions puissent s'écrire avec des nombres différents : $7\frac{3}{8}$ équivaut à $\frac{59}{8}$, ou à $\frac{118}{16}$, ou encore à $\frac{177}{24}$ et ainsi de suite. L'écriture décimale d'un nombre ne change jamais, elle reste 7,375, ce qui facilite grandement les additions !

Le boulier fut rapidement adapté pour exploiter cette innovation. Il parvint à son apogée quand les galets romains se transformèrent en perles enfilées sur des barres. Le boulier chinois est sans doute l'exemple le plus accompli de ce concept. Sa forme familière et toujours utilisée dans certaines écoles chinoises a été créée il y a environ sept cents ans. Chaque tige représente une valeur différente : unités, dizaines, centaines, milliers et ainsi de suite. Les tiges les plus à droite représentent les dixièmes et les centièmes, c'est-à-dire les deux premières décimales. Par conséquent, tout en étant capable de représenter de très grands nombres (un boulier classique à dix tiges permet de calculer les nombres jusqu'à 99 999 999,99) le boulier chinois peut représenter des nombres aussi petits que 0,01. L'utilisateur expérimenté de boulier peut effectuer des opérations à une vitesse remarquable et les utilisateurs chevronnés sont même capables de réaliser de véritables exploits de calcul mental en visualisant le mouvement des boules dans leur tête.

Penser petit

Une fois l'homme capable d'écrire des nombres minuscules sous forme de fractions et de nombres décimaux, tout un nouveau monde s'offrait à lui. Il pouvait désormais penser à des choses infimes au point d'être invisibles. Mais surtout, il pouvait décrire exactement leur petitesse.

Nous savons maintenant qu'une grande partie du monde est invisible parce qu'elle est trop petite pour être perçue par notre œil. Nous savons que nous sommes faits de trillions de cellules environ cent mille fois inférieures à notre taille, c'est-à-dire mesurant entre 7 et 30 micromètres ou 0,000 007 et 0,000 03 mètre. Nous savons aussi que les virus qui infectent nos cellules sont cent fois plus petits qu'elles, de 20 nanomètres (poliomyélite) à 300 nanomètres (variole) ou 0,000 000 02 à 0,000 000 3 mètre. Les virus sont la forme de vie la plus élémentaire, ce sont quasiment des molécules complexes, et les molécules sont faites d'atomes. Un atome d'hydrogène est très petit, mille fois plus petit qu'un virus, il n'a que 0,05 nanomètre de diamètre, soit 0,000 000 000 05 mètre. Les atomes sont faits d'éléments encore plus petits appelés protons, neutrons et électrons. Un proton est mille fois plus petit qu'un atome, environ 10 femtomètres, soit 0,000 000 000 000 01 mètre. Et les protons se composent de quarks qui sont mille fois plus petits : environ 10 attomètres soit 0,000 000 000 000 000 01 mètre. Les physiciens ont proposé une théorie, dite des cordes, selon laquelle les éléments fondamentaux et les plus petits de l'univers ressembleraient à des cordelettes d' environ 0,000 000 000 000 000 000 000 000 000 000 000 01 mètre de diamètre.

La nanotechnologie est la technologie consacrée aux éléments de la taille du nanomètre. (Le titre de ce chapitre, quant à lui, est à la fois 1 nanomètre et la fraction décimale 1/1 000 000 000).

À droite : Nous sommes tous faits de trillions de cellules ; les virus sont cent fois plus petits que les cellules qu'ils infectent.

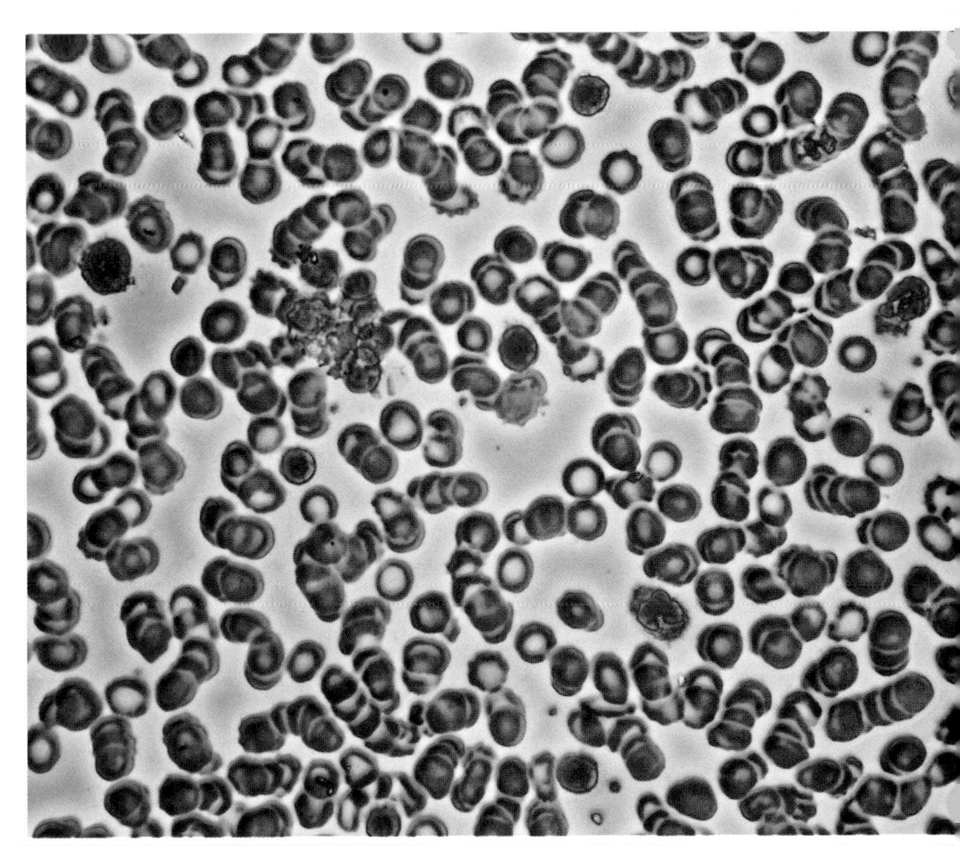

L'ADN, la molécule qui compose tous nos gènes et en assure la cohésion, mesure 2 nanomètres de diamètre (mais sa longueur déployée égale 1,8 mètre de long : c'est donc une molécule longue et très enroulée dans chacune de nos cellules). La seule fonction d'un gène est de produire des protéines (molécule complexe faite d'acides aminés) qui sont des produits chimiques intelligents indiquant aux cellules que faire et où aller. Les protéines mesurent environ 3 à 10 nanomètres. Nous sommes toujours en train d'apprendre comment manipuler les choses de l'ordre du nanomètre mais il existe aujourd'hui divers dispositifs minuscules. En 2003, les savants de l'université de Berkeley, en Californie, ont créé le plus petit moteur électrique, mesurant moins de 500 nanomètres. Les puces de silicium rapetissent aussi rapidement : le plus petit transistor à ce jour ne mesure que 5 nanomètres.

Ci-dessous : Micrographie électronique d'une roue (en orange) d'un micromoteur. Elle a un diamètre inférieur à celui d'un cheveu humain et elle est cent fois plus mince qu'une feuille de papier.

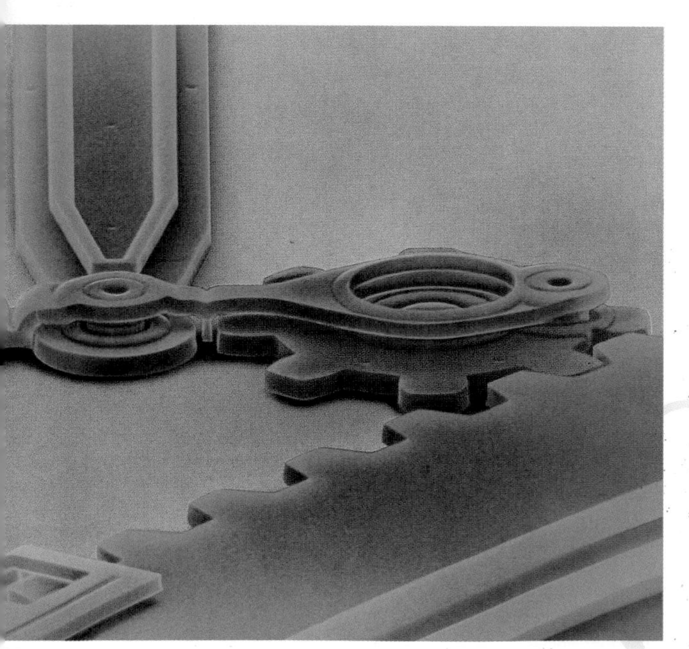

Les savants de l'Institut de technologie du Massachusetts ont même réussi à fixer une antenne radio de l'ordre du nanomètre sur un gène et à utiliser un signal radio pour le contrôler. Est-ce le début de la biologie contrôlée par la radio ?

Ainsi, les fractions ont transformé notre capacité à penser petit et à comprendre les dimensions d'éléments comme les atomes. Mais ce n'est pas tout. Il y a deux mille cinq cents ans, à l'époque où Pythagore apprenait les nombres, le jeune Bouddha maîtrisait déjà les nombres minuscules avec un talent difficile à imaginer.

Le récit de cette histoire est tiré d'une sorte de biographie du Bouddha, le *Lalitavistara Sutra* (« le développement des jeux » écrit en vers et en prose). Siddhartha Gautama est né vers 565 av. J.-C. dans la ville de Kapilavastu, au nord de l'Inde, au Népal actuel. Le *Lalitavistara Sutra* relate un concours entre le bodhisattva (ainsi l'appelle-t-on avant qu'il devienne le Bouddha) et un mathématicien du nom d'Arjuna, apparemment très impressionné par les connaissances du jeune homme. Arjuna lui demande comment décrire la particule la plus petite possible ou « premier atome ». Le bodhisattva explique que les tailles de diverses choses minuscules sont reliées en multiples de sept. La réponse est longue mais elle dit en substance :

0.00

Il y a sept premiers atomes (paramanu raja)
dans une minuscule particule de poussière (renu),
Sept de celles-ci dans un infime grain de poussière (truti),
Sept de ceux-ci dans un grain de poussière transporté par le vent (vayayana raja),
Sept de ceux-ci dans un grain de poussière soulevé par un lièvre (shasha raja),
Sept de ceux-ci dans un grain de poussière soulevé par un bélier (edaka raja),
Sept de ceux-ci dans un grain de poussière soulevé par une vache (go raja),
Sept de ceux-ci dans une graine de pavot (liksha raja),
Sept graines de pavot dans une graine de moutarde (sarshapa),
Sept graines de moutarde dans un grain d'orge (yava),
et sept grains d'orge dans une phalange de doigt (anguli parva).

En admettant qu'une phalange de doigt mesure environ 4 centimètres, nous pouvons calculer la mesure dont parlait le Bouddha pour les « premiers atomes » :

$$0{,}04 \div 7 \div 7 \div 7 \div 7 \div 7 \div 7 \div 7 \div 7 \div 7 \div 7$$
$$= 0{,}000\,000\,000\,1416 \text{ ou } 1{,}416 \times 10^{-10}$$

Il s'agit de 141,6 picomètres ou 0,1416 nanomètre, et le plus extraordinaire est que ce chiffre est très proche de la taille d'un atome de carbone. C'est un véritable exploit pour une découverte faite il y a deux mille cinq cents ans, avant qu'on ait même soupçonné l'existence de l'atome !

Ci-dessus : Statue du Bouddha qui expliqua que les tailles minuscules décroissent par multiples de sept.

Le premier nombre que vous avez appris et que vous avez sans doute prononcé est « un ». Les Grecs ne le considéraient pas comme un nombre, mais comme l'unité indivisible qui engendrerait tous les nombres. Depuis que nous savons que quatre quarts se transforment par magie en un tout, le chiffre un est synonyme de seul, d'entier, d'unité et de totalité indissociable.

TOUT EST UN

CHAPITRE 1

Ci-dessus : Quatre quarts se transforment en un, donnant à ce chiffre une unicité… de même qu'une diversité de connotations superstitieuses, bonnes et mauvaises.

Il existe de nombreuses superstitions à propos du chiffre un, certaines n'étant d'ailleurs pas dénuées de sens. On dit par exemple « Un tiens vaut mieux que deux tu l'auras. » ou encore, « Cela porte malheur de marcher avec un seul chausson. », ce qui se vérifie quand on se cogne les orteils. D'aucuns conseillent de garder son argent dans une seule poche pour éviter de le perdre, ce qui paraît tout à fait sensé, mais on recommande aussi de ne pas mettre tous ses œufs dans le même panier ! Si le chiffre un revêt un symbolisme plutôt positif dès qu'il s'agit d'évoquer l'unité et la complétude, il n'en est pas de même quand il est mis en opposition à deux, l'union (souvent positive) des contraires. Ainsi, dans la mythologie grecque, les cyclopes, qui ont un œil unique au milieu du front, sont des êtres brutaux et cruels. Dans la société, les êtres amputés, les borgnes, les manchots, les boiteux, ont été mal perçus et souvent considérés comme vils, menteurs et voleurs. Que l'on pense par exemple à la cour des miracles, ce lieu où, dans les villes de l'Ancien Régime, les infirmes de tout poil qui mendiaient pendant la journée guérissaient (par miracle !) une fois le soir venu…

Dans les almanachs populaires, ce qui arrive le premier jour donne souvent le ton pour le mois entier, par exemple : « Si saint Éloi (le 1er décembre) a bien froid, en quatre mois tu brûleras ton bois. », « S'il pleut le 1er août, du regain point du tout. »

Le chiffre un peut aussi entraîner des conséquences autrement plus graves. Dans les monothéismes, il est associé au Dieu unique. Le voir en rêve équivalait à recevoir directement un message de Dieu. Malheureusement, les membres de ces religions ont souvent été convaincus de l'existence d'un seul Dieu dont eux seuls, les véritables croyants, détiendraient l'exclusivité. S'ils avaient été convaincus qu'il y en avait cinq, par exemple, cela aurait laissé davantage de place au compromis. Mais le chiffre un exclut totalement celui-ci. Il indique l'unicité pure, sans équivoque possible. Ce qui, en matière de religion, a mené à l'intolérance et à des siècles de guerres impitoyables et sanglantes.

Par bonheur, il a aussi des connotations plus positives. La très mystérieuse pierre philosophale,

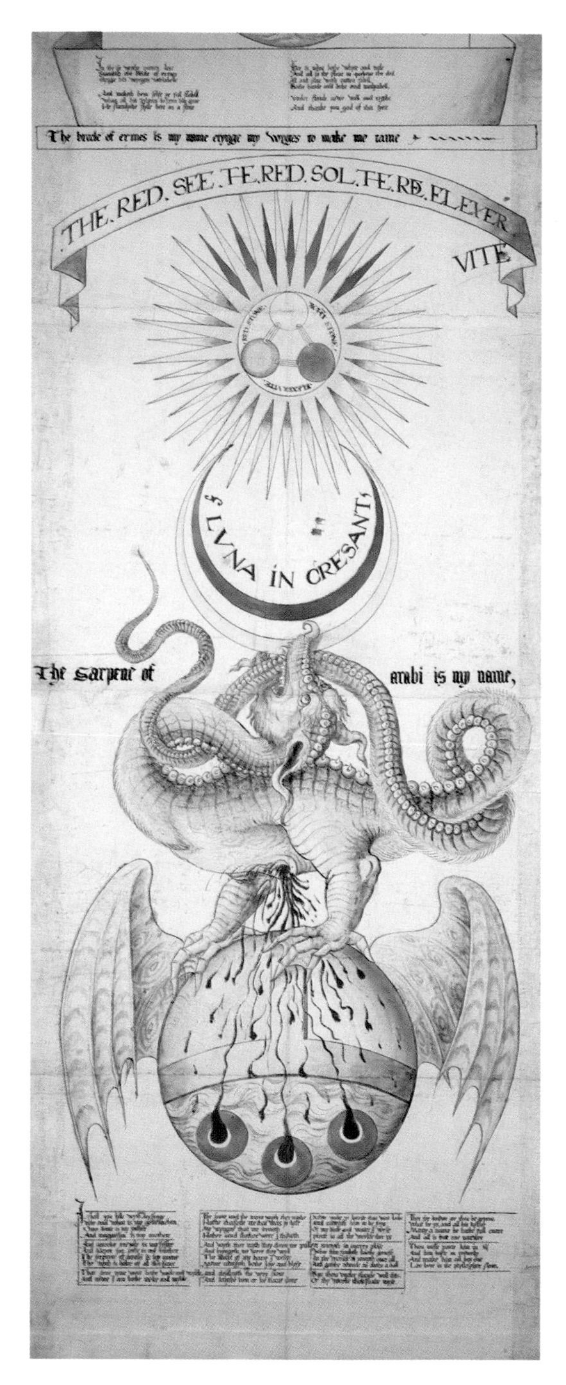

Ci-dessus : Diagramme d'un processus d'alchimie visant à produire la pierre philosophale, censée transformer les métaux en or et être « une dans son essence ».

cette substance qui aurait le pouvoir de transformer les métaux vils en or et qui constituerait l'élixir de longue vie, était « une dans son essence » selon l'alchimiste du XVIIe siècle William Gratacolle. Ce dernier lui avait trouvé une centaine d'autres noms allant des « yeux des poissons » à l'appellation étrange de « ventre d'homme dans la brume », ce qui tenterait à prouver que le fait d'être « une dans son essence » avait eu peu d'utilité dans la recherche de la pierre philosophale au cours des siècles…

Enfin, le chiffre un est souvent synonyme du meilleur. En Chine, l'efficacité du feng shui peut être améliorée grâce aux nombres adéquats. Le chiffre un est le premier des nombres yang et signifie la croissance et la prospérité. En Occident, curieusement, il n'a pas toujours cette signification. Dans le jeu de cartes, par exemple, le un est appelé l'As. On pense que le mot « As » provient de la Rome ancienne, où la pièce de monnaie qui avait la valeur la plus basse était justement l'as et désignait aussi une totalité ou une unité. À l'inverse, quand on dit de quelqu'un qu'il est un as, le mot est synonyme de numéro un.

Les nombres naturels

Si, pendant des siècles, les hommes ont associé au chiffre un une signification mystique, cela est dû en partie aux mathématiciens. Les nombres ne sont pas seulement petits, grands ou rationnels tels que nous les avons pourtant vus dans le chapitre précédent. Il existe des nombres naturels, des nombres parfaits, quelques nombres amicaux et beaucoup de nombres premiers. Ils possèdent tous des propriétés particulières. Dans la mesure où seuls certains d'entre eux possèdent ces propriétés, d'étranges modèles de nombres ont émergé : des modèles à l'intérieur des modèles. Certains sont si anciens que leur découverte date d'avant Pythagore ; nous savons cependant que les mathématiciens

À droite : Illustration extraite de Un bref traité sur la pierre philosophale, *Francfort, 1678. Elle présente plusieurs des symboles liés à l'alchimie. L'alchimie, ancêtre pseudo-scientifique de la chimie, est plus connue pour ceux qui la pratiquent comme étant la recherche de la pierre philosophale, censée donner la vie éternelle.*

pythagoriciens étaient fascinés par des types de nombres spécifiques. À l'époque même où le jeune Bouddha découvrait une partie des préceptes qui allaient fonder le bouddhisme, les pythagoriciens étudiaient l'univers à travers les nombres. Ils pensaient que les nombres étaient fondamentaux pour connaître l'univers, et que, dans un sens très réel, tout était construit à partir d'eux. Ainsi, en découvrant et en analysant des modèles de nombres, ils étaient convaincus qu'ils réussiraient à décoder des significations qui leur livreraient le pourquoi et le comment de l'univers tel qu'il est.

On commence par enseigner aux enfants les nombres naturels, qui sont les nombres que nous pouvons compter sur les doigts : 1, 2, 3, 4... Tous les nombres entiers non négatifs sont appelés naturels, parce qu'ils sont précisément tels ; ce sont les nombres les plus communs, ceux que nous rencontrons le plus souvent. Il s'agit en quelque sorte des pigeons du monde des nombres, en cela que nous les voyons partout. Regardez autour de vous, ouvrez bien les yeux et vous ne pouvez manquer les nombres naturels qui vous entourent. Ils sont présents sur presque tous les produits que nous fabriquons. Et si vous ne les voyez pas inscrits, regardez plus attentivement. Combien d'arbres avez-vous en face de vous ? Combien de nuages, de fenêtres ou de personnes ? Ce sont les nombres naturels qui se développent dans votre cerveau tandis que vous comptez.

La tradition veut que l'on fasse débuter les nombres naturels par le un. Cela ne fut pas toujours le cas : les anciens Grecs définissaient un nombre comme un agrégat composé d'unités.

Par conséquent, un n'était pas un nombre. Mais au fur et à mesure qu'ils progressaient dans l'étude des nombres naturels, les mathématiciens en vinrent à conclure que le chiffre un était le premier et par conséquent le plus naturel des nombres.

Après tout, tous les autres nombres naturels peuvent être obtenus en additionnant un nombre adéquat de un. Il n'y a donc pas de nombre plus naturel que le un. Ce mode de pensée s'explique aussi (comme nous l'avons déjà vu) par le fait qu'il ne nous est pas naturel de compter avec le zéro. Aujourd'hui encore, la controverse perdure : certains tiennent le zéro pour naturel, alors que d'autres réfutent cette idée. Mais en fin de compte, cela n'a guère d'importance du moment que l'on reste cohérent.

L'un des avantages de faire débuter les nombres naturels par le zéro est de permettre de dégager la définition des opérations sur les nombres naturels qui l'utilisent. C'est ainsi que nous pouvons réellement définir ce que signifie une addition, pour tous les nombres naturels. Vous pourriez vous interroger sur l'utilité que nous en retirons : une addition est une addition. Est-ce bien certain ? Comment savez-vous que le fait d'ajouter 1 à un nombre naturel accroîtra sa valeur de 1 ? Supposons qu'il existe quelque part un nombre naturel qui n'obéisse pas à cette règle... En mathématiques, rien n'est jamais tenu pour acquis. Tout est défini et démontré avec rigueur, voilà pourquoi quand on prouve une chose mathématiquement, on sait avec certitude qu'elle est vraie.

Définition de l'addition

Comment définissez-vous l'addition? Il ne s'agit pas de dresser l'inventaire de toutes les sommes possibles et de donner la réponse pour définir l'addition. Il s'agit plutôt d'énoncer des axiomes que l'on ne peut nier :

$a + 0 = a$

$a + S(b) = S(a + b)$

$S(0) = 1$

où S est la fonction successeur (qui signifie ajouter1 et donne simplement le nombre naturel qui suit) et où a et b peuvent être remplacés par tout nombre naturel.

À partir de ces axiomes, nous utilisons les mathématiques pour dire que si vous pouvez compter, vous pouvez additionner, en définissant l'addition comme une fonction successeur.

Ainsi, si vous voulons savoir ce que $a + 1$ signifie pour toute valeur de a, nous pouvons utiliser les axiomes et remplacer 1 par S(0), car nous savons que le successeur de 0 est 1 :

$a + 1 = a + S(0)$

puis nous pouvons utiliser un autre axiome dans lequel b prend la valeur de 0 et réécrire la même expression :

$a + S(0) = S\ (a + 0)$

puis finalement utiliser l'axiome restant pour remplacer $a + 0$ par a :

$S(a + 0) = S(a)$

Nous avons ainsi prouvé que $a + 1$ est exactement identique à S (a) pour toute valeur de a.

Chaque opération (soustraction, multiplication, division) est définie rigoureusement, de telle sorte que nous savons toujours qu'elles feront ce que nous voulons qu'elles fassent.

Non seulement le chiffre un témoigne de ce que fait l'addition, mais il joue également un rôle important dans la multiplication. On l'appelle l'identité multiplicative, parce que son effet est nul : un multiplié par un nombre donne ce même nombre. C'est un axiome (ou une vérité primordiale) en mathématiques. Zéro est l'identité additive, ainsi que nous l'avons vu dans le premier axiome de la preuve de l'addition. Les mathématiques sont fondées sur ces axiomes qui sont simples et vrais.

Les nombres parfaits

Parmi les premiers modèles de nombres naturels observés et analysés par les pythagoriciens, il y a les nombres parfaits. Ce sont des nombres naturels comportant une propriété étrange selon laquelle ils peuvent être formés par l'addition de tous leurs diviseurs. Six est le premier nombre parfait, parce que l'addition de ses diviseurs, un, deux et trois, donne six. Il n'existe pas beaucoup de nombres qui répondent à cette définition. Huit, par exemple, n'est pas un nombre parfait, car si l'on additionne un, deux et quatre, on obtient seulement sept. De même pour neuf, car un et trois additionnés donnent quatre. Les nombres parfaits sont si rares qu'il n'en existe que quatre sur les dix premiers millions de nombres naturels. Ce sont :

$6 = 1 + 2 + 3$

$28 = 1 + 2 + 4 + 7 + 14$

$496 = 1 + 2 + 4 + 8 + 16 + 31 + 62 + 124 + 248$

$8\,128 = 1 + 2 + 4 + 8 + 16 + 32 + 64 + 127 + 254 + 508 + 1\,016 + 2\,032 + 4\,064$

Ci-dessus : Saint Augustin, mosaïque de la basilique Saint-Paul-hors-les-Murs, à Rome (détail).

Le vingtième nombre parfait a une taille gigantesque : il s'agit d'un nombre à cinq mille huit cent trente-quatre chiffres (l'écrire occuperait une page entière) !

Nous connaissons les quatre premiers nombres parfaits depuis plus de deux mille ans. Leur signification est l'objet de débat. À l'époque où les mathématiques, la philosophie et la religion se rejoignaient pour ne constituer qu'une seule science, il paraissait sans doute évident que les chiffres parfaits étaient élus de Dieu. Saint

Augustin (354-430) n'écrivait-il pas dans *La Cité de Dieu*:

« Six est un nombre parfait en lui-même, et non parce que Dieu a créé toutes les choses en six jours, c'est plutôt l'inverse qui est vrai. Dieu a créé toutes les choses en six jours parce que le nombre est parfait... »

Ci-dessous: La rotation de la Lune autour de la Terre était utilisée dans le calcul des horoscopes.

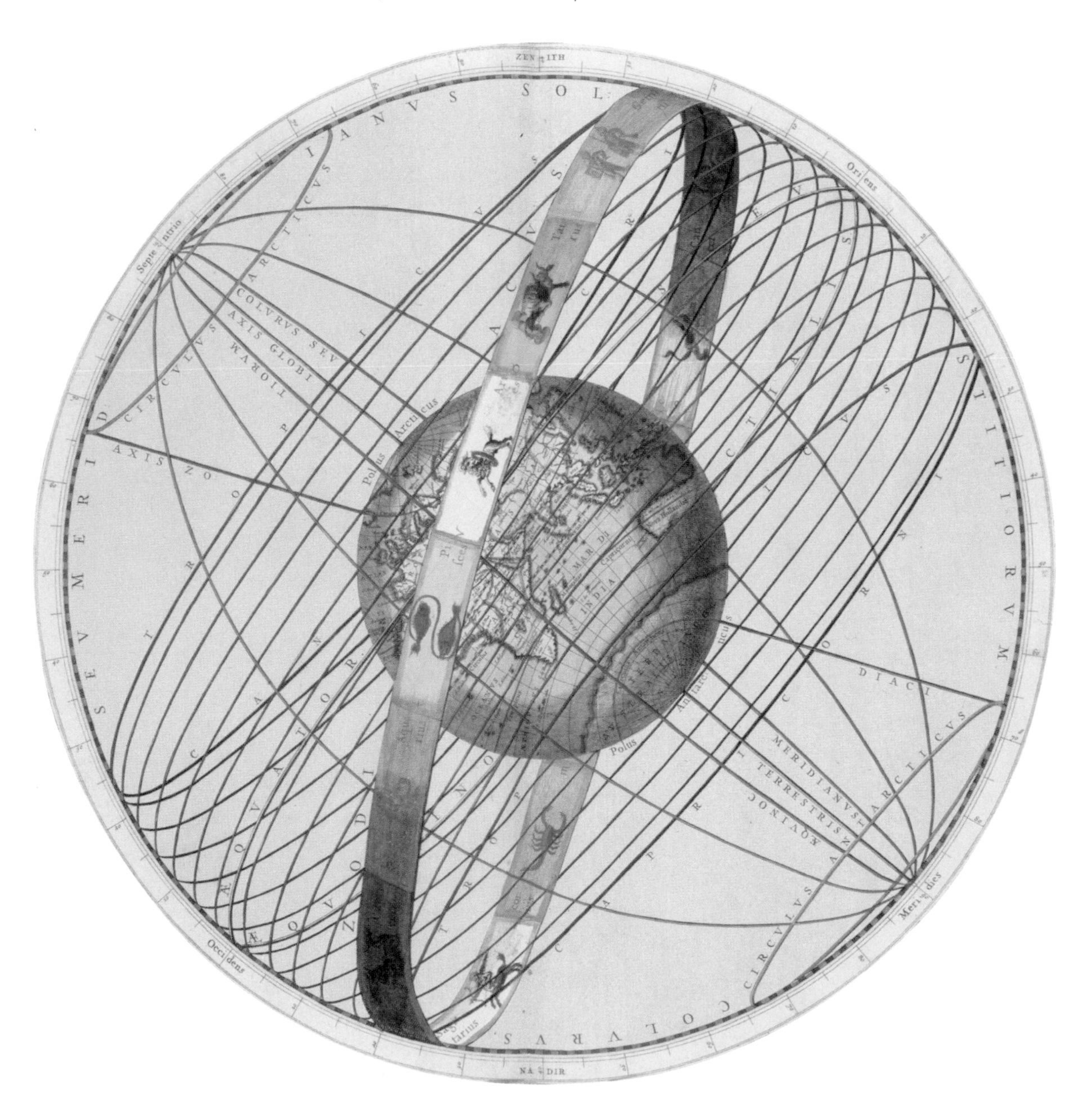

De même, on pensait que 28 avait été choisi par Dieu comme le nombre parfait de jours qui correspond au cycle orbital de la Lune (bien que nous sachions aujourd'hui qu'il faut en réalité 27,322 jours à la Lune pour accomplir son périple autour de la Terre).

C'est sans doute René Descartes qui a le mieux résumé les nombres parfaits :

« Les nombres parfaits comme les hommes parfaits sont extrêmement rares. »

Ci-dessus : Portrait de Pierre de Fermat, le fondateur de la théorie moderne des nombres.

Les nombres amicaux

Si les nombres parfaits sont rares, les paires de nombres amicaux se rencontrent un peu plus fréquemment. Les nombres amicaux, ainsi qu'on les appelle, sont des nombres dont la somme des diviseurs est égale à leur « ami ». Les deux exemples les plus connus sont 220 et 284 :

Les diviseurs de 220 sont:
1 + 2 + 4 + 5 + 10 + 11 + 20 + 22 + 44 + 55 + 110 = 284

Les diviseurs de 284 sont: 1 + 2 + 4 + 71 + 142 = 220

Découverts avec les nombres parfaits, ils portaient cependant une signification différente. Tandis que l'on considérait les nombres parfaits comme les piliers mystiques de la cohésion de l'univers, les nombres amicaux évoquaient une sorte de partenariat indiquant que deux choses étaient destinées à aller ensemble. Il y a deux mille ans, les amoureux échangeaient des talismans et des médaillons portant cette paire de nombres. Des mariages étaient scellés entre futurs conjoints dont les dates d'anniversaire, les horoscopes, la taille (pour ne citer que ces exemples mesurables) représentaient des nombres parfaits. À ce qu'il paraît, quand on demandait à Pythagore comment il définissait un ami, il répondait que l'ami est l'autre Je, comme 220 et 284.

Au XIe siècle, un Arabe voulut tester l'effet érotique de l'expérience suivante : deux partenaires devaient consommer en même temps, l'un, un plat portant le nombre 220, l'autre un mets sur lequel était inscrit le nombre 284. L'histoire ne dit pas à quel résultat il arriva.

En dépit de l'immense intérêt suscité par les nombres amicaux au cours des siècles, seuls 220 et 284 ont pu être identifiés comme tels. On affirme souvent que Pierre de Fermat (celui qui suscita la controverse à propos de son dernier théorème sur lequel nous reviendrons) a découvert la paire suivante : 17 296 et 18 416, bien qu'il fût devancé de plusieurs centaines d'années par un mathématicien arabe du nom de Ibn al-Banna. René Descartes découvrit la troisième paire de nombres amicaux : 9 363 584 et 9 437 056 (bien que certains affirment qu'elle étaient connue avant lui). En 1747, le célèbre mathématicien Euler identifia plus de trente nombres amicaux (sans éviter quelques erreurs embarrassantes). Mais la découverte sans doute la plus surprenante eut lieu en 1866 ; elle est due à un jeune Italien de seize ans, répondant au nom de Niccolo Paganini. Il s'agit de la paire 1 184 et 1 210. C'est la deuxième paire la plus petite, restée ignorée des mathématiciens les plus brillants des deux siècles précédents.

Les nombres premiers

Les nombres parfaits et les nombres amicaux se définissent par les propriétés de leurs diviseurs : on les multiplie entre eux pour les obtenir. Nous avons vu que six a pour diviseurs un, deux et trois et que ces chiffres engendrent le six. Mais que se passe-t-il dans le cas de nombres dans lesquels aucun autre chiffre ne s'insère ? Il nous faut exclure 1, dans la mesure où il s'insère parfaitement dans tous les nombres naturels (nous en avons précédemment fourni la preuve).

Si nous considérons les nombres qui n'admettent pas d'autres diviseurs que 1 ou eux-mêmes, nous avons devant nous les nombres premiers.

Ce ne sont pas des nombres parfaits ou amicaux, dans la mesure où ils ne sont divisibles que par 1 ou par eux-mêmes. Outre cette particularité, ils sont incroyablement répandus. Les dix premiers sont 2, 3, 5, 7, 11, 13, 17, 19, 23, 29. Et la liste est longue ! Ils ne sont pas si rares que les nombres parfaits ou amicaux, mais ils entretiennent une relation forte avec ces autres nombres spéciaux.

Dans le roman de Stephen King, *La Tour sombre : Terres perdues*, les héros, Roland, Eddie, Jake, Susannah (Detta) et Ote cherchent désespérément à quitter une cité en ruine, grâce au dernier train restant. Ce monorail intelligent et retors exige qu'ils répondent à une devinette avant de les laisser monter à bord. Voici le défi à relever : « *Vous devez amorcer ma pompe pour partir et ma pompe s'amorce à rebours.* » Detta comprend qu'il leur faut entrer les nombres premiers sur le clavier en forme de losange situé à l'arrière du train. Elle essaie de deviner de quels nombres il s'agit :

– Les nomb' p'emiers sont comme moi : têtus et spéciaux. Ce doit êt'e un nomb' qu'on a en ajoutant deux aut'es nomb', et il ne se divise pas sauf pa' un et lui-même. Un est p'emier juste pa'ce qu'il l'est. Deux est p'emier, pa'ce qu'on peut le diviser pa' un et deux, mais c'est le seul nomb' pai' qui est p'emier. Tu peux enlever tous les aut'es nomb' pai'.

– Je suis perdu, avoua Eddie.

Ci-dessus : Ératosthène représenté de profil.

– C'est pa'ce que t'es un jeune Blanc stupide, répliqua Detta d'un ton sans méchanceté. Elle examina de plus près le losange et entreprit d'effleurer avec le charbon de bois toutes les cases portant des nombres pairs, y laissant des traces noirâtres.
– T'ois est p'emier, mais aucun p'oduit obtenu en multipliant t'ois ne l'est, remarqua-t-elle.

Susannah toucha de son charbon de bois les multiples de trois restant après l'élimination des nombres pairs : neuf, quinze, vingt et un, et ainsi de suite.
– C'est pareil avec cinq et sept, murmura-t-elle. Il suffit de marquer les nombres impairs comme vingt-cinq qui ne l'ont pas encore été.
– Voilà, ajouta-t-elle d'un air las, il ne reste que les nombres premiers entre un et cent. Je suis certaine que c'est la combinaison qui ouvre la grille.

C'était effectivement le cas, et le groupe de voyageurs put enfin poursuivre son périple ingrat.

Dans cette histoire, Susannah utilise le crible d'Ératosthène pour reconnaître les nombres premiers. Ératosthène était un savant et philosophe, né en 275 av. J.-C. à Cyrène en Afrique du Nord (la Libye d'aujourd'hui). Il a calculé avec une précision étonnante la circonférence de la Terre et l'inclinaison de son axe. On lui doit aussi un calendrier complet incluant les années bissextiles et un catalogue de presque sept cents étoiles. Son crible permettait de trouver les nombres premiers. Comme l'héroïne du roman, il pensait probablement que 1 était le premier nombre premier, conception qui a prévalu pendant des siècles. Après tout, on peut diviser un par un et par lui-même. Il a fallu attendre l'arrivée d'Euclide pour l'exclure de la liste des nombres premiers.

En dépit des efforts des pythagoriciens et des mathématiciens fascinés par les nombres premiers et leur signification mystique, ce fut Euclide qui réalisa les percées décisives en la matière. Il vécut à Alexandrie, en Égypte, au IIIe siècle. On connaît peu de choses de lui, à l'exception de ses travaux sur les mathématiques (certains prétendent que ses découvertes ont été le fruit d'une coopération avec d'autres mathématiciens et non celui d'un seul homme). Quoi qu'il en soit, non seulement il a bel et bien existé en tant qu'homme, mais il possédait en outre un sens de l'humour prononcé si l'on en croit l'écrivain grec Stobaeus :

« [...] *quelqu'un qui s'initiait à la géométrie et qui venait d'apprendre le premier théorème lui demanda : "Que vais-je gagner à apprendre ces choses ?" Euclide appela son esclave et lui ordonna : "Donne-lui une pièce puisqu'il doit absolument gagner quelque chose de ce qu'il apprend."* »

C'est une question que bien des professeurs de mathématiques ont entendue de la bouche de leurs élèves depuis que les mathématiques ont été inventées.

L'œuvre la plus célèbre d'Euclide s'intitule les *Éléments*. Ce monument remarquable constitué de treize livres a posé les fondements des mathématiques modernes. Selon certains, ce serait l'ouvrage le plus traduit, le plus publié et plus étudié de tout ce qui a été produit dans le monde occidental après la Bible (bien entendu, il est plus ancien que la Bible). Il s'agirait du plus grand traité de mathématiques de tous les temps. Plusieurs livres traitent de géométrie, définissant les concepts et les propriétés majeurs des triangles, des rectangles, des cercles, de la proportion, de la géométrie plane et de géométrie dans l'espace. Ces concepts conservent leur validité aujourd'hui. La géométrie

Ci-dessous : Traduction arabe des Éléments *d'Euclide.*

Ci-dessus : L'astronome et géographe Ptolémée et le mathématicien et physicien Euclide.

euclidienne demeure notre référence en matière d'architecture et de design (nous reviendrons sur ce sujet ultérieurement). Euclide nous a même offert une définition exhaustive du un :

Est unité ce selon quoi chacune des choses existantes est dite une.

La minutie d'Euclide était légendaire. En formulant une définition de toutes les vérités qu'il avait explorées, il a réussi à prouver l'existence de nombres et de formes que nous continuons d'utiliser, en particulier les nombres naturels et les nombres premiers. C'est ce que nous appelons aujourd'hui le théorème fondamental de l'arithmétique. Voici ce qu'il énonce :

Chaque nombre naturel supérieur à un est un nombre premier ou peut être écrit de façon unique comme un produit de nombres premiers.

Pour comprendre ce que cela signifie, pensez à un nombre. Ensuite réfléchissez aux nombres naturels à multiplier ensemble pour l'obtenir. Selon le théorème d'Euclide, ces facteurs sont des nombres premiers (si le nombre auquel vous avez pensé était un nombre premier, vous n'avez rien à faire). Vous ne croyez pas Euclide ? Essayons par exemple avec soixante-douze. On obtient soixante-douze en multipliant dix-huit et quatre. On obtient dix-huit en multipliant neuf par deux, et neuf en multipliant trois par trois ; on obtient quatre en multipliant deux et deux. Par conséquent, les facteurs les plus petits de soixante-douze sont $2 \times 2 \times 2 \times 3 \times 3$. Et, vous l'avez sûrement deviné, deux et trois sont des nombres premiers. Selon Euclide, cette méthode fonctionne pour n'importe quel nombre naturel.

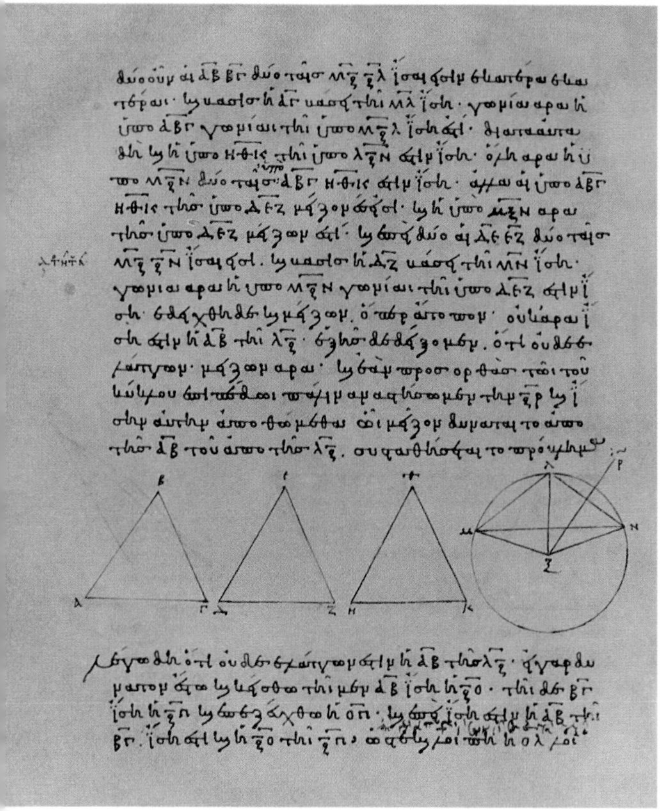

Ci-dessus : Reproduction originale des Éléments *d'Euclide.*

En tant que mathématicien, il ne se contentait pas d'espérer que son théorème soit vrai. S'il s'agissait uniquement d'espoir, nous en parlerions encore comme d'une théorie. Non, Euclide a prouvé que cette idée était juste, et il a utilisé pour cela un des exemples les plus anciens de preuve par la contradiction. Cette forme de preuve est fondée sur l'idée que si j'affirme qu'une chose est toujours vraie, alors quand je tente d'imaginer un contre-exemple qui la rendrait fausse, le résultat n'a aucun sens. Ainsi, par exemple, nous pourrions prouver que tout n'est pas vrai en recourant à ce type de preuve :

« Selon ma théorie, toutes les croyances sont également vraies et ne peuvent être réfutées.
Harry croit en un monstrueux spaghetti volant qui tourne autour du Soleil.
Je nie l'existence du spaghetti monstrueux.
Mais selon ma théorie, la croyance de Harry est vraie ET la mienne également, pourtant nous croyons des choses opposées. Harry pense qu'il a raison et j'estime qu'il a tort. Nous ne pouvons avoir raison tous les deux, par conséquent la théorie doit être fausse. »

Euclide entendait donc prouver que tous les nombres naturels supérieurs à un sont des produits de nombres premiers. Il tenta d'imaginer un contre-exemple : un nombre naturel qui ne pouvait pas résulter d'un produit de nombres premiers. Peut-être, en fait, pourrait-il y avoir d'autres nombres que le un répondant à ce critère. Il suffisait d'un seul nombre pour réfuter sa théorie, il décida de choisir le plus petit imaginable. Ce nombre hypothétique devant être un produit d'au moins deux autres nombres : $a \times b$, n'appartenant pas aux nombres premiers. Mais il sélectionna le nombre le plus petit qui n'est pas un produit de nombres premiers, de sorte que a et b doivent être des produits de nombres premiers (sinon nous contredisons le fait qu'il ait choisi le plus petit). Cependant, s'ils sont des produits de nombres premiers, alors le nombre créé en les multipliant doit être un produit de nombres premiers, ce qui nous met en contradiction avec le contre-exemple. C'est de cette façon qu'il procéda.

Il utilisa une méthode identique pour prouver qu'il existe une infinité de nombres premiers (vous en trouverez toujours un qui est supérieur de peu au précédent).

Euclide montra également que les nombres premiers et les nombres parfaits (dont les facteurs s'ajoutent pour donner la valeur du nombre, si vous vous souvenez bien) entretiennent une corrélation forte. Il montra que si un nombre premier peut être obtenu en additionnant une séquence de nombres qui doublent à chaque fois, alors le nombre premier multiplié par le facteur le plus grand sera un nombre parfait. Nous pouvons par exemple aboutir au nombre premier 7 en additionnant la séquence suivante :

$1 + 2 + 4 = 7$

et (la somme) × (le dernier) = 7 × 4 = 28
qui est un nombre parfait.

ou obtenir le nombre premier 31 par l'addition de la séquence :

$1 + 2 + 4 + 8 + 16 = 31$

puis 31 × 16 = 496, qui est un nombre parfait.

Curieusement, il fallut presque deux mille ans avant qu'un autre mathématicien, Euler, réussisse à démontrer que tous les nombres parfaits pairs obéissent à cette forme. Nous ignorons s'il existe des nombres parfaits impairs. Mais rien ne vous empêche d'explorer la question si vous en avez envie !

Bien que l'on utilise des nombres premiers pour trouver des nombres parfaits, le nombre un fut déclaré hors-la-loi selon le théorème fondamental de l'arithmétique. Il ne possédait plus d'utilité (en fait il constituait une gêne pour le théorème) et par conséquent, il y a environ trois cents ans, tout le monde tomba d'accord pour l'exclure des nombres premiers (mis à part quelques erreurs survenant ça et là). Et pour l'empêcher de réintégrer le clan des nombres premiers, on ajouta une nouvelle règle à la définition, qui stipule de manière injuste qu'« *un nombre premier doit être supérieur à 1* ». On peut se demander si le train

Ci-dessous : Leonhard Euler assis à son bureau.

dans *La Tour sombre* avait un ordinateur rouillé en guise de cerveau, car s'il avait connu cette règle, les héros de l'histoire n'auraient jamais trouvé la solution de la devinette.

Les nombres premiers forts

Un ordinateur est capable de calculer des nombres premiers sans difficulté majeure, mais il y met un certain temps. Le crible d'Ératosthène n'est pas la méthode la meilleure pour obtenir des nombres premiers géants, la plupart des générateurs les identifient à partir de nombres premiers plus petits (vous pouvez voir si votre résultat est bien un nombre premier en vérifiant si tous les nombres premiers inférieurs sont des facteurs). Nous disposons aujourd'hui de moyens efficaces pour fabriquer des nombres premiers, mais certains restent exceptionnellement difficiles à trouver. On les appelle des nombres premiers forts. Un nombre premier est fort quand la valeur moyenne de ses voisins est inférieure à sa propre valeur. Ainsi, dix-sept est le septième premier. Le sixième et le huitième premier, soit treize et dix-neuf, s'additionnent pour donner trente-deux, dont la moitié est égale à seize. Ce qui est inférieur à dix-sept, donc dix-sept est un nombre premier fort. Il existe certains nombres premiers un peu particuliers, qu'on appelle les nombres premiers sûrs. On les obtient en multipliant un autre premier par deux et en ajoutant un. Trouver si un nombre très élevé est un premier, surtout quand il s'agit d'un premier sûr ou d'un premier fort, est compliqué, même pour un ordinateur puissant.

Les nombres premiers forts et la cryptographie sont utilisés aujourd'hui dans les systèmes de sécurité sur Internet. Ce sont de grands nombres premiers dont l'identification des facteurs prendrait des années aux ordinateurs les plus puissants. Les premiers forment la base de la technique d'enchiffrement universellement utilisée pour encrypter (chiffrer) les fichiers informatiques. Lors de votre prochain achat en ligne, rappelez-vous que votre paiement est sécurisé grâce aux nombres premiers présents dans le système de sécurité !

Un en fractionnement

Même s'il n'est pas un nombre premier, le chiffre 1 a toujours de quoi provoquer la confusion chez les gens. Il existe par exemple un dilemme à son sujet qui nous rend perplexe. Prenez une pomme, coupez-la en trois. Vous obtenez trois tiers. Qu'avez-vous si vous multipliez un tiers par trois ? Un ? En êtes-vous si sûr ?

En notation fractionnelle, la réponse est évidente :

$\frac{1}{3} \times 3 = 1$

Mais que se passe-t-il si nous écrivons en notation décimale ?

0,333 333 33... × 3 = 0,999 999 99...

Ce qui nous laisse avec notre dilemme : où est passé le reste ? Est-ce que la fraction décimale engendre une erreur de telle sorte que nous obtenons une réponse fausse, ou peut-on dire que 0,999 999 99... (avec un nombre sans fin de 9) constitue une autre manière d'écrire 1 ?

La réponse ne se trouve nulle part, oui et non, c'est selon. Aussi étrange que cela paraisse, 0,999 999 99... vaut 1. C'est simplement un moyen quelque peu alambiqué d'écrire 1. Il y a différentes méthodes pour le prouver, dont la plus facile est peut-être de recourir à une formule algébrique simple (voir l'encadré à droite et l'origine de l'algèbre dans le chapitre qui suit).

Sachant qu'il est nettement plus commode d'écrire 1, c'est généralement ce que nous faisons. De la même manière que nous pouvons exprimer des idées à l'aide de mots différents (pour signifier « petit », on a le choix entre les termes : minuscule, en miniature, menu, exigu, fin...), nous avons aussi diverses possibilités d'écrire 1. Ainsi : 0,999 999 99... ou $1/1$ ou encore $43/43$, voire (10 − 5)/(26 − 21). Peu importe la façon de le dire, ce que nous désignons, c'est toujours l'unique, le nombre naturel solitaire, le un.

Pourquoi 0,999 999 99... = 1 ?

Si nous le multiplions par 10, nous obtenons :

0,999 999 99... × 10 = 9,999 999 99...

Maintenant, si nous soustrayons le premier nombre du second :

0,999 999 99...
− 0,99999999...
= 9,000 000 00

Vous observez que la réponse est forcément 9, car à l'exception du premier chiffre, qui est soit 9 soit 0, tous les autres sont des 9 qui deviennent 0.

Innovons. Donnons à 0,999 999 99... un nouveau nom. Appelons le a.

Si nous répétons la même opération, en utilisant cette fois a, nous obtenons :

$10a - a = 9$

Dix de quelque chose moins un, font neuf, que nous pouvons réécrire ainsi :

$9a = 9$

et si neuf de quelque chose est égal à neuf, en divisant les deux termes par neuf, nous avons :

$a - 1$

Et pour terminer, rappelons-nous que a était la nouvelle désignation de :

0,999 999 99... = 1

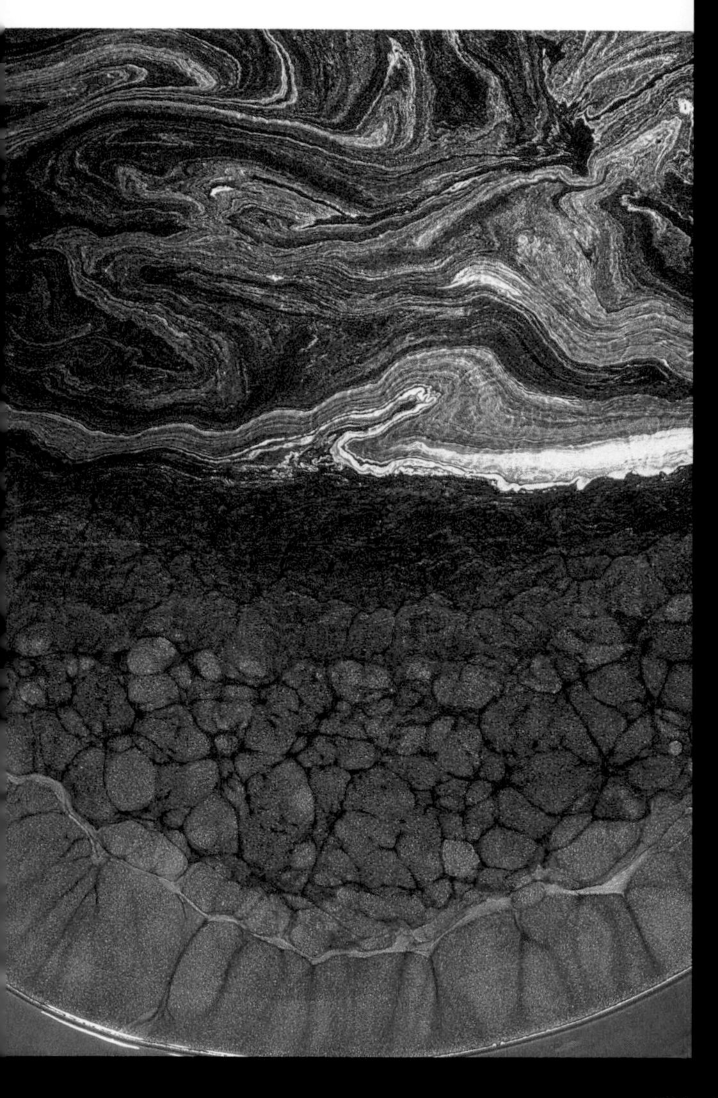

Les nombres sont des modèles ingénieux inhérents à la structure de notre univers. Tous les nombres naturels, en particulier les nombres premiers et les nombres parfaits, ainsi que les fractions, sont comme un langage, riche et diversifié, pour décrire le monde. Ils peuvent servir à dire ce qui est bon et juste, ce qui est logique , mais aussi tous les rapports de la vie. C'est du moins ce que pensaient les pythagoriciens. Mais ils se trompaient !

LE SENS DES

CHAPITRE $\sqrt{2}$

Les pythagoriciens découvrirent leur erreur assez vite mais ils jugèrent la vérité si choquante et si hérétique qu'elle fut étouffée. Ironiquement, celle-ci jaillit de l'une de leurs grandes réussites, le fameux théorème de Pythagore, qui énonce :

Dans un triangle rectangle, le carré de l'hypoténuse est égal à la somme des carrés des deux autres côtés.

Cet excellent résultat pythagoricien illustre l'ordre et la simplicité des nombres derrière la forme. Imaginons par exemple un triangle rectangle dont les petits côtés mesurent trois et quatre centimètres. Le théorème sert à déduire des deux premières mesures la longueur du côté le plus long, qui doit mesurer cinq centimètres parce que :

$$3 \times 3 + 4 \times 4 = 5 \times 5$$

Cette formule est valable pour tout triangle rectangle. En connaissant la longueur de deux des côtés, on peut appliquer ce théorème pour calculer celle du troisième. Tout semble parfait, mais il se pose un énorme problème. Prenons un carré d'un mètre de côté, et traçons la diagonale. Nous obtenons deux triangles rectangles dont les petits côtés mesurent un mètre. Selon le fameux théorème, la longueur de la diagonaledevrait être :

$$1 \times 1 + 1 \times 1 = a \times a$$

où a est la longueur que nous recherchons. Elle est assez facile à trouver : un multiplié par un égale un et un plus un égale deux :

$$2 = a \times a$$

Nous savons donc que la longueur de la diagonale multipliée par elle-même égale deux. Qu'est-ce que ce chiffre ? Il doit être supérieur à un car $1 \times 1 = 1$, ce qui est beaucoup trop petit. Il doit être inférieur à 2 car $2 \times 2 = 4$, ce qui est beaucoup trop grand. La réponse doit donc être une fraction d'un nombre entier. Pourquoi pas $7/5$? Multiplié par lui-même, il donne 1,96. Ou bien $707/500$? Multiplié par lui-même, il donne 1,999396. Ou peut-être encore $7072/5000$? Il donne 2,00052736.

IRRATIONNELS

La vérité choquante est qu'il n'existe aucune fraction qui, multipliée par elle-même, donne deux. Donc, s'il n'existe aucun nombre naturel ni aucun nombre rationnel qui, élevé au carré, égale deux, il doit exister un autre type de nombre, mystérieux, anormal, un nombre que l'on ne peut pas mettre par écrit, qui possède une valeur inconnue, inconnaissable. Ces nombres sont dits *irrationnels*.

Pour les pythagoriciens, c'était une découverte effroyable. Pis encore ! Tous les carrés donnent le même résultat. Un carré de deux mètres de côté doit avoir une diagonale d'une longueur élevée au carré égale à huit. Si les côtés font trois mètres, il nous faut trouver un nombre qui, élevé au carré, égale dix-huit. Aucun ne peut être écrit sous forme de fraction ou de nombre entier. Combien de nombres irrationnels pouvait-il bien exister ? Voir ces non-nombres apparaître si souvent semblait une attaque permanente des croyances religieuses des pythagoriciens. Ils firent donc ce que fait toute bonne secte religieuse : ils étouffèrent la vérité et prétendirent que les nombres, inavouables, n'existaient pas.

Mais la vérité (comme toujours !) finit par éclater. Quelque temps après la mort de Pythagore, la secte devint impopulaire. Le ressentiment contre son mystère et son caractère exclusif s'étant amplifié, les villageois se soulevèrent et chassèrent les pythagoriciens de Crotone. Un disciple éminent du nom d'Hippasus décida de révéler certaines de leurs découvertes, notamment l'existence des nombres irrationnels. Il brisa le serment du secret et il fut immédiatement exclu de l'ordre. Mais il ne resta pas longtemps à l'écart des pythagoriciens. Il devint professeur de géométrie, mais il se noya en mer peu de temps après. Certains dirent que les dieux l'avaient puni pour sa trahison, d'autres qu'il avait été assassiné par des pythagoriciens assoiffés de vengeance.

Les pythagoriciens, quant à eux, ne survécurent pas très longtemps. Bien qu'ils se soient largement implantés dans d'autres villes d'Italie, ils se divisèrent en multiples factions et se politisèrent quelques années après la mort de Pythagore. En 460 av. J.-C., tous les lieux de réunion de la société furent incendiés et détruits ; un document conservé raconte l'épisode de la maison de Milon à Crotone où plus de cinquante pythagoriciens furent assassinés.

Les nombres irrationnels étaient un secret trop lourd à garder. Une fois révélés au monde, ils n'allaient plus jamais être oubliés.

Plonger dans l'irrationnel

Aujourd'hui, les nombres irrationnels sont très bien compris. On sait que les nombres naturels et les fractions constituent des îlots d'ordre dans un immense océan de désordre.

Il existe un ensemble infini de nombres rationnels (on peut toujours ajouter un à un nombre) mais il existe *encore plus* de nombres irrationnels, car entre deux nombres entiers ou deux fractions, il existe un ensemble infini de nombres irrationnels. Et entre deux nombres irrationnels, il en existe encore un nombre infini...

Qu'est-ce donc qu'un nombre irrationnel? L'exemple fourni par ce fameux carré d'un mètre de côté est la racine carrée de 2, qui s'écrit $\sqrt{2}$ (et souvent se dit simplement « racine de deux »). Ce nombre est impossible à écrire en entier mais il commence ainsi:

1,414 213 562 373 095...

et il se poursuit indéfiniment sans jamais former de succession régulière. Il est très différent d'un nombre rationnel. Par exemple 3/7 s'écrit:

0,428571 428571 428571...

et se poursuit aussi indéfiniment mais en répétant un régulièrement une séquence de six chiffres. Tous les nombres rationnels répondent à des modèles. Tous les nombres irrationnels sont dépourvus de modèle. Ils occupent les espaces entre tous les modèles.

Nous devons l'essentiel de nos connaissances sur ce sujet à Georg Cantor, né en 1845, et qui fit toute sa carrière à l'université de Halle, en Allemagne. Parmi ses nombreux succès, il a apporté la notion d'ensemble dénombrable à l'algèbre. Cantor était fasciné par les ensembles infinis et il voulait savoir s'ils étaient dénombrables.

Ci-dessus: Portrait de Georg Cantor, le mathématicien allemand qui imagina la théorie des ensembles.

Compter un ensemble d'objets infinis peut être une tâche interminable mais elle est possible, en théorie.

Mais Cantor découvrit que certaines choses ne sont absolument pas dénombrables. C'est par exemple le cas de l'ensemble des nombres irrationnels. On comprend intuitivement pourquoi, car pour compter quelque chose, il faut pouvoir le numéroter de un à n. Si nous étions assez fous pour vouloir compter les nombres entiers, il est évident que nous pourrions le faire : 1 un, 2 deux, 3 trois, 4 quatre, 5 cinq... Mais comment compter les nombres irrationnels ? Si nous ne pouvons même pas les écrire, comment saurions-nous quel est le suivant ? Si nous ajoutons une quantité infinitésimale à $\sqrt{2}$, obtenons-nous le nombre irrationnel suivant ? Mais alors, qu'en est-il du nombre qui se situe entre ces deux-là ? Cantor comprit (et démontra) qu'il est impossible de les dénombrer.

Ci-dessous : William Shakespeare, célèbre dramaturge anglais du XVIe siècle, obsédait Cantor.

Bien que cela semble bizarre, certains ensembles infinis sont plus vastes que d'autres. Il existe davantage de nombres irrationnels que de nombres rationnels, même si les deux catégories existent en nombre infini.

Outre ses travaux sur les nombres irrationnels et sur les ensembles infinis, Cantor était obsédé par Shakespeare. Persuadé que Francis Bacon était le véritable auteur des pièces de Shakespeare, il passa vers la fin de sa vie beaucoup de temps à faire des recherches, à publier des opuscules et à donner des conférences sur ce sujet. En 1911, Cantor fut invité en tant que mathématicien étranger distingué au cinq centième anniversaire de la fondation de l'université de Saint Andrews en Écosse. Il profita malheureusement de l'occasion pour parler de Francis Bacon et de Shakespeare plutôt que de mathématiques. D'après son biographe, « *pendant la visite, il se comporta de façon excentrique et se mit à parler longuement de la question Bacon-Shakespeare.* »

Cantor souffrit de dépression pendant une grande partie de sa vie et il fit plusieurs séjours en sanatorium. Il y mourut en 1918 à l'âge de soixante-

Ci-dessus : En Égypte, la crue annuelle du Nil effaçait les limites des terrains. Leur division prit le nom de géométrie.

treize ans, malgré ses lettres régulières à sa femme pour lui demander de l'en faire sortir. Il connut une triste fin mais son collègue mathématicien David Hilbert fit néanmoins l'éloge de son œuvre qu'il appela :

« [...] *le plus beau produit du génie mathématique et l'une des réalisations suprêmes de l'activité humaine purement intellectuelle.* »

Mesurer le monde

L'identification des nombres irrationnels permit aussitôt de décrire des formes comme le triangle, le carré et le cercle. Ces concepts étaient très importants pour pouvoir mesurer les distances ou évaluer les mouvements des planètes. Les nombres furent alors utilisés pour représenter les lignes et les formes constituées de lignes.

Lignes et formes avaient toujours été importantes dans les civilisations antiques, notamment pour délimiter les territoires et les champs. Le problème se posait notamment très sérieusement chez les Égyptiens car la crue annuelle du Nil effaçait toutes les limites des fermes et des terrains. Le tracé méticuleux de nouvelles limites effectué tous les ans était appelé *géométrie*, terme composé des mots grecs *gê* « Terre » et *metron* « mesure ». Le mot se répandit parallèlement à l'idée d'utiliser les nombres pour définir les lignes et les formes et aujourd'hui, la géométrie n'est associée qu'aux lignes et aux polygones.

Ci-dessus : Le tableau de Jacques-Louis David La Mort de Socrate *dépeint les derniers instants de Socrate qui tend la main vers la coupe de ciguë.*

Les lignes et les formes simples étaient si répandues (il est impossible de dessiner sans elles) que beaucoup de notions furent approfondies par les mathématiciens dès 800 av. J.-C. Les pythagoriciens examinèrent des formes comme le triangle en étudiant le théorème de Pythagore et en le démontrant. Un important mathématicien du nom d'Hippocrate de Chios (à ne pas confondre avec le grand médecin de l'Antiquité), né vers 470 av. J.-C. en Grèce, fut probablement influencé par les pythagoriciens pour rédiger la première synthèse connue des savoirs en géométrie de son époque. Aristote, qui ne semblait pas l'estimer beaucoup, rapporte qu'il travailla d'abord comme marchand mais que trop stupide pour veiller sur son argent, il fut escroqué par les douaniers à Byzance. Selon Hippocrate de Chios, la lumière prendrait sa source dans les yeux de l'observateur et il essaya d'expliquer les comètes et la Voie lactée comme des illusions d'optique dues à l'humidité suintant des planètes et des étoiles voisines. Ce qui ne retire rien à la qualité de ses démonstrations sur le calcul des aires.

D'autres traités de géométrie vinrent ensuite. Né à Athènes, en Grèce, en 427 av. J.-C., un homme du nom d'Aristoclès est passé à la postérité sous le nom de Platon, qui signifie « large ». On ignore s'il doit ce surnom à ses larges épaules (apparemment liées à ses talents de lutteur), à son large front ou à l'étendue de ses compétences. Platon passa quelque temps à l'armée puis en politique et il se lia sans doute d'amitié avec Socrate car son oncle était un intime du célèbre philosophe grec. Mais il renonça à son ambition d'être un politicien intègre et juste quand Socrate, son mentor de soixante-dix ans, fut condamné à mort en 399 av. J.-C., doublement accusé de corrompre la jeunesse et d'impiété (c'est-à-dire de manquer de respect envers les dieux). Attristé par la mort de son ami, Platon quitta Athènes pour l'Égypte.

En 387 av. J.-C., Platon rentra enfin à Athènes où il fonda une école philosophique dans les jardins aux portes d'Athènes dans lesquels se trouvait le tombeau du héros Académos. Il l'appela Académie, et ce terme désigne depuis un lieu où l'on s'exerce à la pratique d'un art, ou bien une société de savants ou d'artistes. Sous l'influence des pythagoriciens en Italie, on y enseignait les mathématiques en tant que branche de la philosophie et de la religion. Par exemple, on croyait que les quatre éléments (terre, feu, air et eau) étaient composés de minuscules éléments de forme géométrique : la Terre d'éléments cubiques, le feu de tétraèdres, l'air d'octaèdres et l'eau d'icosaèdres. C'est ce qu'on appelle les solides de Platon, expliqués dans l'un de ses dialogues, le *Timée*. Le cinquième solide de Platon, le dodécaèdre, aurait été la forme de l'univers.

Platon apporta de nombreuses et importantes contributions à la philosophie et sa conviction que les mathématiques sont la meilleure formation pour l'esprit influença les savants pendant des siècles. Au-dessus des portes de l'Académie était inscrit : « Que nul ne pénètre ici s'il n'est géomètre ».

Ci-dessous : Les cinq solides de Platon tels que les représentent les gravures de William Davidson dans Philosophia pyrotechnica *(Paris, 1635).*

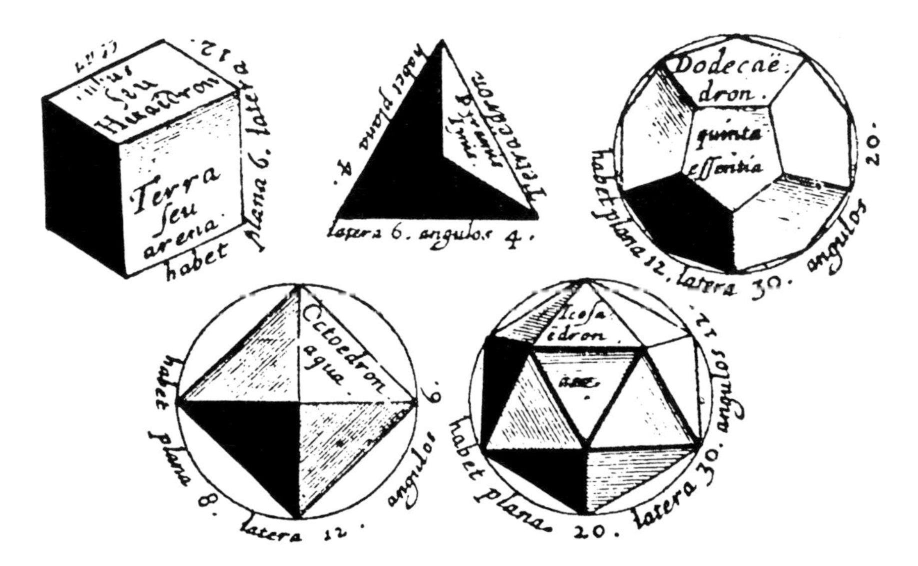

Platon fut très influent mais ses écrits ne sont malheureusement pas très clairs. Il exprima souvent ses idées sous forme de dialogues, car c'était à ses yeux l'une des meilleures façons d'apprendre. La scolarité à l'Académie durait quinze longues années. Les dix premières années étaient consacrées à l'étude des sciences et des mathématiques comme la géométrie plane et dans l'espace, l'astronomie et l'harmonie. Les étudiants passaient ensuite cinq ans à étudier la dialectique, c'est-à-dire l'art de la discussion. Enfin, ils étaient formés à contester la nature fondamentale des choses et à trouver des réponses. Leur but était d'acquérir toutes les connaissances possibles sur les vérités immuables.

Rares sans doute sont ceux qui aimeraient étudier à l'Académie aujourd'hui, mais plusieurs étudiants de Platon devinrent des mathématiciens célèbres et offrirent des contributions importantes à la géométrie. Après une durée de vie remarquable de plus de neuf cents ans, l'Académie de Platon fut finalement fermée en 529 apr. J.-C. par l'empereur chrétien Justinien lors de mesures prises contre les enseignements païens.

Les travaux les plus réussis et les plus importants en géométrie sont sans doute ceux qu'accomplit Euclide, dont nous avons vérifié la validité du théorème qu'il énonça sur les nombres premiers au chapitre 1. Il s'avère que son œuvre, les *Éléments*, n'est peut-être pas entièrement de lui. On croit largement aujourd'hui qu'Hippocrate de Chios est à l'origine d'une partie du contenu des deux premiers livres et que les étudiants de Platon sont les auteurs d'une partie du reste. Mais l'œuvre d'Euclide reste révolutionnaire, non pour ses inventions mais parce qu'elle est la somme de toutes les découvertes mathématiques de son époque, rédigée avec une grande clarté. Euclide définit clairement, et pour la première fois, de nombreux concepts fondamentaux de la géométrie et certains axiomes sur lesquels reposent largement nos mathématiques d'aujourd'hui. Même si elles resemblent parfois à des lapalissades, ses définitions sont en majorité toujours valables et capitales. Un axiome énonce par exemple :

Les grandeurs égales à une même grandeur sont égales entre elles.

Ce qui semble parfaitement évident : si j'ai le même nombre de pommes que mon ami Jean et que vous avez le même nombre de pommes que Jean, vous et moi avons tous les deux le même nombre de pommes. Ce qui s'écrit sous forme mathématique :

Si $a = c$ **et** $b = c$**, alors** $a = b$

Il est bien sûr important que les axiomes soient exacts, sinon toutes nos mathématiques s'écrouleraient. Il n'y a aucun intérêt à créer une vérité fondamentale si elle n'est pas toujours exacte. Par exemple, que dire de l'énoncé suivant : la somme de deux nombres ne peut jamais être supérieure à leur produit ? La chose semble plausible : il est clair que $2 + 3$ n'est pas supérieur à 2×3. Mais malheureusement, cette affirmation n'est pas une vérité : $1 + 3$ est supérieur à 1×3 ; elle ne se vérifie pas non plus avec les fractions et les nombres négatifs. Le génie d'Euclide a donc consisté à trouver quelles vérités étaient sans contradiction possible.

Ci-dessus : L'École d'Athènes (1509) par Raphaël. Platon et Aristote sont debout au milieu du tableau.

Euclide a aussi défini les points et les lignes, en particulier par cet axiome : **On peut toujours mener une ligne droite de tout point à tout point.** En d'autres termes, une ligne tirée entre deux points est toujours une droite. Il dit aussi que tous les angles droits sont égaux entre eux et que deux lignes parallèles ne se rencontrent jamais. Ces propositions ont abouti à ce qu'on appelle la géométrie euclidienne, les formes mathématiques usuelles et logiques qui sont utilisées depuis lors. Dans la géométrie euclidienne, un carré comporte

À gauche : Portrait de Nicolas Kratzer *peint par Hans Holbein le Jeune. L'astronome allemand du roi Henry VIII d'Angleterre est représenté entouré d'instruments de géométrie.*

toujours quatre angles droits et une forme dessinée en un lieu ne se modifie pas si elle est déplacée. Ce qui ne veut pas dire qu'Euclide avait raison. En fait, il avait en partie tort – et il fallut attendre l'invention de la géométrie non euclidienne au XIXe siècle pour savoir pourquoi. Il fallut enfin que Einstein découvre certaines bizarreries de l'espace et du temps pour envisager la courbure de l'espace et pourquoi la gravité perturbe les mathématiques (nous l'étudierons dans un chapitre ultérieur). Néanmoins, les hypothèses et les démonstrations d'Euclide étaient assez bonnes pour que nous continuions à utiliser sans problème la géométrie euclidienne pour tous les plans, les machines et les bâtiments réalisés depuis.

Soulever le monde avec les nombres

La géométrie devint rapidement un outil indispensable aux mathématiciens, aux savants et aux ingénieurs. Les premiers exemples (et sans aucun doute les meilleurs) sont les réalisations d'Archimède. Aujourd'hui, chacun se l'imagine sortant nu dans la rue en criant « eurêka ! », heureux de sa découverte sur le déplacement de l'eau dans son bain. Mais en réalité, Archimède était obsédé par la géométrie.

Né sans doute quelques années avant la mort d'Euclide, Archimède était avant tout un mathématicien, ami des successeurs d'Euclide à Alexandrie. Il leur envoyait des copies de ses dernières théories mathématiques, dont il découvrit vite qu'ils les faisaient passer pour les leurs. Au lieu de s'en offusquer (comme le feront plus tard des mathématiciens tels que Bernoulli), il semble qu'Archimède ait trouvé la chose amusante et décidé de les prendre en défaut en leur envoyant deux pseudothéories (délibérément erronées) pour voir s'ils en revendiqueraient encore la paternité. Il raconte cette histoire dans la préface de son traité *Des spirales*:

« [...] *de cette façon ceux qui prétendent les trouver tous, sans en produire aucune démonstration, seront confondus de se faire fort de trouver des solutions impossibles.* »

Il est clair qu'Archimède était un mathématicien malin et il fut très célèbre de son vivant. Contrairement à d'autres comme Pythagore pour qui les nombres étaient imprégnés de symbolisme mystique, Archimède était inspiré par les mécanismes et la géométrie qu'il observait autour de lui. Il l'explique dans le texte intitulé *La Méthode*:

« [...] *certaines propriétés, en effet, qui m'étaient d'abord apparues comme évidentes par la mécanique, ont été démontrées plus tard par la géométrie, parce qu'une étude faite par cette méthode n'est pas susceptible de démonstration.* »

Archimède était obsédé par la géométrie au point qu'un auteur romain dit de lui qu'il en oubliait même de se laver:

« *Souvent les serviteurs d'Archimède l'emmenaient contre son gré aux bains, pour le laver et l'oindre, mais là encore, il continuait à dessiner des figures géométriques, jusque dans les braises de la cheminée. Et pendant qu'ils l'enduisaient*

Ci-dessous: Portrait d'Archimède.

d'huiles et de parfums doux, il dessinait avec ses doigts des lignes sur son corps nu, tellement il était absorbé et plongé dans l'extase ou la transe grâce au délice que lui procurait l'étude de la géométrie. »

L'esprit pratique d'Archimède se manifeste dans ses nombreuses inventions. Il inventa la pompe hélicoïdale appelée aujourd'hui vis d'Archimède, qui permet de faire monter de l'eau grâce à un tuyau par rotation d'ingénieuses pales hélicoïdales. Toujours utilisé, ce procédé exploite un principe analogue à celui qui permet aux hélices des bateaux et des avions de repousser l'eau ou l'air. Archimède joua aussi un rôle majeur dans la défense de sa patrie, la Sicile, assiégée par les Romains en 212 av. J.-C. Il faisait partie de la maison du roi Hiéron II de Syracuse, qui lui avait demandé de concevoir des machines extraordinaires pour broyer les bateaux. Nous connaissons un nombre étonnant de détails sur ces anciennes machines de guerre car Plutarque, biographe et moraliste romain, a écrit la *Vie de Marcellus*, un des commandants romains qui participa à la deuxième guerre punique :

« [...] *non qu'il les donnât pour des inventions d'un grand prix : il ne les regardait lui-même que comme de simples jeux de géométrie qu'il n'avait faits que dans des moments de loisir.* »

Mais le récit que fait Plutarque de la bataille ne ressemble pas moins à un film d'action :

Ci-dessous : Illustration montrant le fonctionnement de la vis d'Archimède.

Ci-dessus : Archimède inventa des machines formidables qui servirent à défendre la Sicile contre les invasions romaines, notamment des engins censés soulever les bateaux dans les airs avec une main de fer ou un bec-de-grue.

« Mais quand Archimède eut mis ces machines en jeu, elles firent pleuvoir sur l'infanterie romaine une grêle de traits de toute espèce et des pierres d'une grosseur énorme, qui volaient avec tant de raideur et de fracas, que rien ne pouvait soutenir le choc, et que, renversant tous ceux qui en étaient atteints, elles jetaient le désordre dans tous les rangs. Du côté de la mer, il avait placé sur les murailles d'autres machines qui, abaissant tout à coup sur les galères de grosses antennes en forme de crocs, et cramponnant les vaisseaux, les enlevaient par la force du contrepoids, les laissaient retomber ensuite, et les abîmaient dans les flots ; il en accrochait d'autres par la proue avec des mains de fer ou des becs-de-grue, et, après les avoir dressées sur leur poupe, il les enfonçait dans la mer, ou les amenait vers la terre par le moyen de cordages qui tiraient les uns en sens contraire des autres ; là, après avoir pirouetté quelque temps, elles se brisaient contre les rochers qui s'avançaient de dessous les murailles, et la plupart de ceux qui les montaient périssaient misérablement. On voyait sans cesse des galères enlevées et suspendues en l'air tourner avec rapidité, et présenter un spectacle affreux ; quand les hommes qui les montaient avaient été dispersés et jetés bien loin comme des pierres lancées avec des frondes, elles se fracassaient contre les murailles, ou, les machines venant à lâcher prise, elles retombaient dans la mer. »

Ces armes extraordinaires gagnent en crédibilité quand on découvre qu'Archimède a aussi inventé le levier et la poulie mobile. On raconte qu'il fit une démonstration de la poulie au roi Hiéron en lui montrant qu'une galère chargée pouvait être déplacée par un seul homme. Archimède aurait dit : « *Donnez-moi un levier et je soulèverai le monde.* » Tenir tête aux bateaux romains n'était peut-être pas à ses yeux un exploit si impressionnant…

Quand un nombre est inconnu

La géométrie était manifestement un outil important pour dessiner et créer avec exactitude, mais il fallut mille ans pour qu'elle devienne l'outil flexible que nous connaissons aujourd'hui. C'est le mathématicien Muhammad ibn Musa al-Kharezmi, né à Bagdad à la fin du VIIIe siècle, qui inventa une nouvelle manière d'utiliser les nombres en mathématiques. Al-Kharezmi était un résident de la maison de la Sagesse, une académie où l'on traduisait les textes philosophiques et mathématiques de la Grèce antique (comme l'œuvre d'Archimède et d'Euclide). Il s'instruisit probablement au contact de ces textes et il se fit connaître comme mathématicien grâce à son livre *Hisab al-jabr w'al-muqabala* (n'y décelez-vous pas des sonorités connues ?).

Ci-dessus : Timbre russe à l'effigie de al-Kharezmi, mathématicien arabe célèbre dont le nom donnera algorithme en français.

Pragmatique, il déclara que son travail apprendrait au commun des mortels :

« [...] *ce qui est le plus facile et le plus utile en arithmétique, ce dont les hommes ont constamment besoin en cas d'héritage, de legs, de partage, de procès et de commerce, et dans toutes leurs transactions entre eux, ou quand il s'agit de mesurer les terres, de creuser des canaux, de calculs géométriques et autres sujets divers et variés.* »

Al-Kharezmi se concentra sur les équations qui pouvaient se résoudre grâce aux formes. Il n'utilisa aucune des notations que nous connaissons aujourd'hui mais des mots pour expliquer le problème et des images pour le résoudre. Il utilisa

Résoudre les équations du second degré par la géométrie

Voici la méthode de al-Kharezmi : « [Posons] *un carré et dix racines égalent trente-neuf unités. La question dans ce type d'équation est : Quel est le carré qui, ajouté à dix de ses racines, donne un total de trente-neuf ?*

Pour résoudre ce type d'équation, il faut prendre la moitié des racines mentionnées. Dans le cas présent, elles sont au nombre de dix. On prend donc cinq, qui multiplié par lui-même donne vingt-cinq, nombre que l'on ajoute à trente-neuf, ce qui donne soixante-quatre. On prend ensuite la racine carrée de ce nombre, qui est huit, on en soustrait la moitié des racines, soit cinq, et il reste trois. Le chiffre trois est donc la racine de ce carré, qui est lui-même neuf. Neuf est donc le carré. »

Aujourd'hui, nous écririons ce problème ainsi :

$x^2 + 10x = 39$

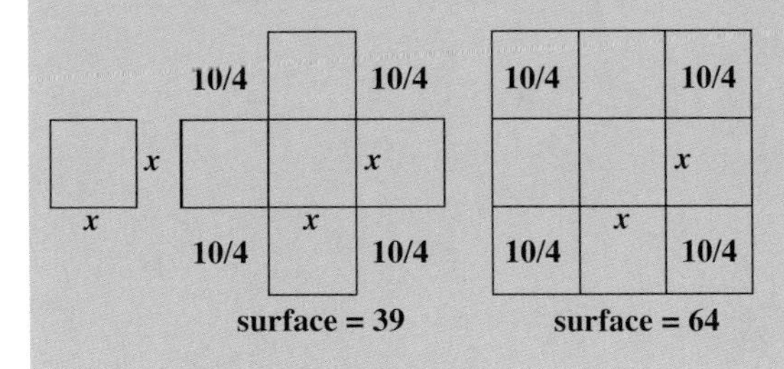

Pour trouver la valeur de x, al-Kharezmi utilise sa preuve géométrique, sans doute plus facile à suivre que son explication ! Elle est ingénieuse car il montre qu'il suffit de tracer quelques carrés pour trouver la valeur de x.

Il faut d'abord dessiner le carré du milieu, dont les côtés ont une longueur x. Sa surface est $x \times x$ ou x^2. Pour tracer des rectangles qui aient une surface totale de $10x$, il faut ajouter quatre rectangles dont les côtés sont x et 10/4, parce que $10/4 \times 4 \times x = 10x$. Le problème indique que ces cinq formes ont une surface totale de 39.

On ajoute maintenant quatre petits carrés dont les côtés font 10/4 pour composer un seul grand carré. On connaît la surface que l'on a ajoutée : c'est $4 \times 10/4 \times 10/4 = 25$. On sait donc que la surface du grand carré doit être $39 + 25 = 64$. Pour trouver la longueur d'un côté du grand carré, il faut connaître la racine carrée de 64, qui est 8 parce que $8 \times 8 = 64$. Enfin, on sait d'après le diagramme que la longueur du côté est $10/4 + x + 10/4 = 8$. En d'autres termes :

$x + 5 = 8$. La valeur de x doit donc être 3.

deux méthodes pour simplifier ses équations et les dessiner plus facilement : *al-jabr* qui signifie « achèvement » et *al-muqabala* qui signifie « équilibrer ». C'est ce que nous mettons en œuvre aujourd'hui quand nous résolvons des opérations algébriques. Par exemple, la méthode *al-jabr* permet de transformer $x^2 = 40x - 4x^2$ en $5x^2 = 40x$ et la méthode *al-muqabala* permet de réduire $50 + 3x + x^2 = 29 + 10x$ à $21 + x^2 = 7x$.

Le second terme s'est perdu au fil des siècles, et nous appelons aujourd'hui *algèbre* la branche des mathématiques ayant pour objet la résolution de ce type d'équation. Le principe est simple : les lettres de l'alphabet sont utilisées pour représenter les nombres inconnus auxquels nous appliquons les opérateurs mathématiques comme si c'étaient des nombres à part entière. Voilà un immense progrès des mathématiques. Nous pouvons désormais décrire et manipuler des nombres, même inconnus. L'algèbre nous donne des équivalents mathématiques du terme vague « machin ». Nous pouvons donc maintenant dire : « le total est deux machins » puis essayer de trouver quel nombre est ce « machin » (sauf que les mathématiciens écrivent en général « le total est $2x$ » et ils essaient de trouver la valeur de x).

Les preuves géométriques de al-Kharezmi figurent parmi les premières méthodes permettant d'imaginer quels nombres se trouvent derrière les inconnues mais il en existe bien d'autres. L'algèbre est maintenant un outil plus courant en mathématiques. Vous avez sans doute remarqué qu'elle a déjà été utilisée plusieurs fois dans ce chapitre et dans les précédents ; c'est une invention si importante qu'il est difficile de ne *pas* l'utiliser. Elle constitue aussi le cœur de la programmation informatique, qui utilise des *variables* dans la majorité des calculs. Celles-ci fonctionnent comme les lettres de l'alphabet en algèbre, si ce n'est qu'elles sont souvent remplacées par des mots entiers (nous pouvons donc employer des termes comme « machin » comme noms de variables). Grâce à sa modélisation de l'algèbre, al-Kharezmi fut l'un des mathématiciens les plus influents de tous les temps.

Une équation évoque mille mots

L'invention de l'algèbre fut capitale parce qu'elle permit de mettre par écrit des nombres qui ne pouvaient pas s'écrire. Le problème des nombres irrationnels cessa de se poser. Il suffisait d'écrire par exemple $x = \sqrt{2}$ pour pouvoir manipuler x comme n'importe quel autre nombre. Mais c'est seulement huit siècles après al-Kharezmi qu'un philosophe et mathématicien français réalisa qu'outre les nombres, l'algèbre pouvait aussi servir à définir les formes géométriques.

Né en 1596 en France, à La Haye (qui s'appelle aujourd'hui Descartes), René Descartes étudia la philosophie et les mathématiques. À cause de sa santé médiocre, il était autorisé à dormir tous les matins jusqu'à onze heures, habitude qu'il conserva presque toute sa vie. Ses études terminées, Descartes voyagea en Europe et s'installa finalement en Hollande. Il entreprit des travaux de physique et de mathématiques mais il craignit de les publier car Galilée avait été emprisonné par l'Inquisition. Malgré cela, il publia un traité de recherche scientifique accompagné de trois annexes sur l'optique, la météorologie et la géométrie. Ses travaux d'optique n'étaient pas particulièrement novateurs et ceux de météorologie étaient pour la plupart faux (il croyait par exemple que l'eau bouillie au préalable gèle plus rapidement). Mais ses travaux de géométrie étaient révolutionnaires. L'un de ses apports majeurs fut la géométrie analytique, née de la combinaison de l'algèbre et de la géométrie. Il eut une idée brillante : si une lettre peut représenter un nombre, deux lettres x, y peuvent représenter un point dans l'espace et plusieurs lettres peuvent représenter une ligne, un cercle ou toute autre forme. Descartes nous a donné les coordonnées dites cartésiennes : les deux lettres (x et y) indiquent qu'un point se trouve à une distance x sur un axe horizontal (appelée abscisse) et à une distance y sur un axe vertical (appelé ordonnée).

Définir des formes géométriques par l'algèbre

Descartes explique qu'une ligne droite peut s'écrire sous la forme $y = mx + c$, ce qui signifie: si l'on sait que l'inclinaison (la pente) de la ligne est m, et que la ligne croise l'axe vertical y en un point c, on peut déterminer la distance verticale y pour toutes les distances horizontales x de la ligne.

Par exemple, pour l'équation $y = 3x - 1$, donnons à x les trois valeurs suivantes: 1, 2, 3

$y = 3 \times 1 - 1 = 2$

$y = 3 \times 2 - 1 = 5$

$y = 3 \times 3 - 1 = 8$

L'équation de la ligne donne trois points sur la ligne (1, 2), (2, 5) et (3, 8). En ayant les coordonnées cartésiennes de n'importe quel problème, on peut le dessiner en reliant les points:

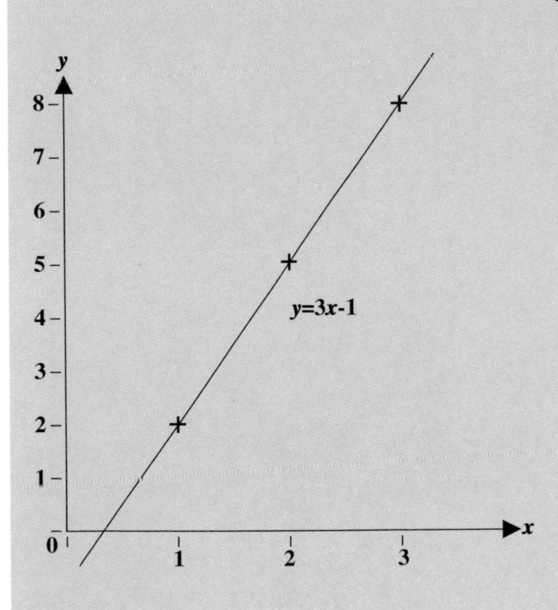

Mais le plus astucieux en géométrie analytique est qu'il n'est pas indispensable de dessiner pour résoudre la question. Pour trouver par exemple où cette ligne croise l'axe x, on peut la tracer et le deviner d'après le dessin, mais on peut aussi simplement se demander quelle est la valeur de x quand $y = 0$. Les règles de l'algèbre permettent de trouver la réponse:

$0 = 3x - 1$

$3x = 1$

$x = 1/3$

Le point recherché est donc: (1/3, 0).
De la même manière, on peut utiliser les équations pour définir les lignes courbes, comme

$y = x^2$

ou même les cercles, comme:
$(x - h)^2 + (y - k)^2 = r^2$

Ce type de géométrie est aujourd'hui un outil essentiel pour la science et l'ingénierie. Les calculs relatifs aux formes géométriques sont beaucoup plus rapides et précis en utilisant l'algèbre qu'en dessinant ces formes.

Descartes était à la fois philosophe et mathématicien. Il adorait les mathématiques qu'il considérait comme le seul sujet permettant de connaître entièrement la vérité. Outre son célèbre « *Je pense donc je suis.* », il a déclaré : « *Avec moi, tout devient mathématiques.* » Descartes avait aussi le sens de l'humour. Il est connu aujourd'hui pour ses contributions à la philosophie et à la géométrie analytique (chaque utilisation de l'adjectif « cartésien » évoque son nom), mais il avait une idée bien précise du souvenir qu'il entendait laisser :

« J'espère que la postérité me jugera avec bienveillance, non seulement pour ce que j'ai expliqué mais aussi pour ce que j'ai volontairement omis pour laisser à d'autres le plaisir de le découvrir. »

DESCARTES COMPOSANT SON SYSTÈME DU MONDE.

René Descartes, né à la Haye en Touraine en 1596, porta d'abord les armes : il servit en qualité de volontaire au siège de la Rochelle et en Hollande sous le Prince Maurice. Il étoit en garnison à Breda, lorsqu'on agita le fameux problême de mathématique d'Isaac Beecman ; Principal du collège de Dort, et il en donna la solution. Il se rendit à Paris pour s'adonner à l'étude de la philosophie, de la morale et des mathématiques, ne voulut plus lire que dans ce qu'il appeloit le grand livre du monde, et s'occupa entièrement des expériences et des réflexions. Son génie étoit propre à changer la face de la philosophie : il avoit une imagination brillante et forte, un esprit très-conséquent, des connoissances nées de la méditation plutôt que puisées dans les livres, beaucoup de courage pour combattre les préjugés. La philosophie Péripatéticienne triomphoit alors en France ; il étoit dangereux de l'attaquer ; Descartes se retira près d'Egmont en Hollande, pour être libre de lui faire la guerre. Il demeura 25 ans dans divers lieux des Provinces-Unies, s'y fit quelques enthousiastes et plusieurs ennemis. L'Université d'Utrecht fut Cartésienne dès sa fondation ; mais un brouillon, nommé Voëtius, y porta le désordre. La philosophie de Descartes ne trouva pas moins d'obstacles en Angleterre. Louis XIII et le Cardinal de Richelieu tentèrent inutilement d'attirer à la Cour cet homme qui faisoit la gloire de la France. Christine, Reine de Suède, fut plus heureuse. Descartes se retira à Stockholm, y jouit de la plus grande considération, et y mourut en 1650. Son corps, porté en France par les soins de Dalibert, fut enterré solemnellement dans l'église de Ste Geneviève, où l'on voit son tombeau. Ce Philosophe laissa un grand nombre d'ouvrages, dont les principaux sont ses principes, ses méditations, sa méthode, le Traité des Passions, celui de la Géométrie, le Traité de l'Homme, et un grand recueil de Lettres en 6 vol. in 12. Il a eu le mérite de dissiper l'ignorance, et de jetter les fondemens de la vraie philosophie. On lui doit l'application de l'Algèbre à la Géométrie, idée qui sera toujours regardée comme la clef des plus profondes recherches de la Géométrie sublime et de toutes les sciences physico-mathématiques. Sa dioptrique est la plus grande et la plus belle application qu'on eût encore faite de la Géométrie à la Physique. Sa métaphysique a eu beaucoup d'influence sur la physique et la morale. Son système du monde suppose une grande imagination, des talens prodigieux, et des combinaisons qui étonnent l'esprit humain. S'il n'a pas rencontré la vérité dans ce grand système, du moins il a ouvert la carrière, et ceux qui sont venus après lui, lui sont redevables d'une grande partie de leur gloire. Avant ce grand homme, on n'avoit point de fil pour sortir du labyrinthe de la philosophie, il en donna un qui fut d'un grand secours à ses successeurs.

A Paris, chez Blin, Imprimeur en Taille Douce, Place Maubert, N° 17, vis a vis la Rue des 3 Portes. A.P.D.R.

Ci-dessus : Cette page des Portraits des grands hommes*, de Antoine-François Sergent-Marceau et illustré par Desfontaines, représente le philosophe René Descartes à son bureau.*

Perdu dans les marges

Descartes n'était pas toujours si enjoué. Il se disputa avec un juriste français, Pierre de Fermat, qu'il essaya de discréditer. Fermat était passionné par les mathématiques et il apporta plusieurs contributions de taille à la géométrie. Même s'il ne publia que rarement ses conclusions, il entretint une correspondance avec d'autres mathématiciens célèbres, mais il eut le tort de qualifier les travaux de Descartes de « tâtonnements dans l'ombre ». Dès lors, Descartes s'en fit un ennemi personnel : même quand les conclusions de Fermat s'avérèrent exactes alors que les siennes étaient fausses, il chercha toujours à ruiner sa réputation.

Comme nous l'avons vu au chapitre 1, Fermat s'intéressait à la théorie des nombres et il redécouvrit quelques nombres amicaux. Mais paradoxalement, aujourd'hui on se souvient surtout de lui pour ce qu'il n'a pas écrit. À sa mort, son fils Samuel publia une traduction des *Arithmétiques* de

Le grand théorème de Fermat

Fermat faisait allusion en marge du texte de Diophante à une équation dérivée du célèbre théorème de Pythagore. Souvenez-vous, c'est une façon simple de calculer un côté du triangle rectangle : si a, b et c sont les longueurs des côtés, $a^2 + b^2 = c^2$. Fermat avait déjà prouvé que si les valeurs de a et de b sont des nombres rationnels, c doit être irrationnel. Sa note marginale faisait allusion à une équation très proche :

$$a^n + b^n = c^n$$

Le grand théorème de Fermat (appelé la conjecture avant qu'un mathématicien réussisse à la prouver) affirme que si la valeur de n est supérieure à 2, il est impossible de résoudre l'équation avec des nombres entiers. C'est d'autant plus étonnant que nous pouvons manifestement résoudre l'équation si $n = 2$. Par exemple, $a = 3$, $b = 4$ et $c = 5$ est une solution parce que :

$$3^2 + 4^2 = 5^2$$

et, naturellement, on revient au théorème bien connu de Pythagore.

Mais si n est supérieur ou égal à 3, il est absolument impossible de trouver une solution.

Diophante (lui aussi parmi les premiers livres d'algèbres importants) annotée par son père. L'une des notes que Fermat avait griffonnées dans la marge disait : « *J'ai une démonstration véritablement merveilleuse de cette proposition, que cette marge est trop étroite pour contenir.* » (Voir l'encadré ci-contre.)

La petite note mystérieuse de Fermat indique que non seulement il jugeait cette conjecture exacte mais qu'il l'avait démontrée. Il manquait juste de place pour l'écrire dans la marge. Trois siècles durant, les mathématiciens s'exaspérèrent de cette petite remarque anodine car personne ne pouvait démontrer la conjecture. Ce juriste français avait-il trouvé quelque preuve remarquable ? Il avait certes l'habitude de ne pas consigner correctement tous ses travaux mais pourquoi des centaines d'autres mathématiciens n'arrivaient-ils pas à la découvrir ?

Aujourd'hui, on pense largement que si Fermat détenait vraiment une validation de la conjecture, il y a de fortes chances qu'elle ait été incomplète ou erronée. En effet, en 1994 le mathématicien britannique Andrew Wiles parvint finalement à démontrer le grand théorème de Fermat, après y avoir consacré l'essentiel de sa carrière. Sa preuve remplit cent cinquante pages !

Curieusement, l'histoire du grand théorème de Fermat avait tellement frappé l'imagination des mathématiciens qu'une fois la preuve trouvée, elle connut la distinction unique d'être adaptée en comédie musicale intitulée *Fermat's Last Tango* (« Le dernier tango de Fermat »). Descartes n'aurait pas été content mais il aurait sans doute apprécié l'ironie du sort : Fermat avait sans le vouloir réalisé exactement le souhait de Descartes, s'assurer le jugement bienveillant de la postérité à cause d'une omission.

La découverte des nombres irrationnels n'a pas empêché les hommes de continuer à penser que les nombres se trouvent au cœur de l'existence. En fait, la nature même des nombres irrationnels, mystérieuse et inconnaissable, qui semblait composer bien des formes géométriques, a fait naître l'idée qu'il pourrait exister des nombres encore plus séduisants au sein de l'univers. Peut-être un nombre irrationnel décrivait-il les formes qui nous entourent. Peut-être Dieu laissait-il des indices en l'utilisant sans cesse dans les formes de la vie.

LE NOMBRE D'OR : PHI

CHAPITRE ϕ

Ci-dessus : Dans sa peinture de La Joconde, *Léonard de Vinci aurait appliqué les principes du nombre d'or.*

Nombreux sont les philosophes et les mathématiciens qui ont cru en un nombre magique. Certains y croient peut-être même toujours... Aujourd'hui, nous l'appelons phi (ou ϕ) et sa valeur est approximativement 1,618 033 988 749 894 848... Comme tous les nombres irrationnels, il continue indéfiniment sans jamais former de schéma répétitif.

Phi correspond souvent aux dimensions et aux proportions des sculptures et architectures de la Grèce antique ainsi que celles des pyramides d'Égypte. Certains prétendent que le corps humain est fait de proportions égales à phi et que phi se trouve au cœur de tout ce qui est beau et agréable à l'œil. Ce nombre est si particulier qu'il a beaucoup de noms : la section dorée, la divine proportion ou, tout simplement, le nombre d'or.

Des lapins, sérieusement ?

Phi joue un rôle si essentiel dans la définition de certaines formes (comme pi dans la définition des cercles, nous le verrons le chapitre π) que sa présence dans les édifices et les œuvres d'art antiques est vraisemblablement plus fortuite qu'intentionnelle. Certains philosophes actuels affirment que Platon connaissait phi et qu'il l'a même intégré dans sa pensée philosophique. Mais malheureusement, Platon s'est souvent exprimé en énigmes sibyllines et rien ne nous prouve que phi se cachait derrière certains de ses calculs. D'autres affirment que le nombre d'or a permis à Léonard de Vinci de trouver les proportions parfaites de sa célèbre peinture de *La Joconde*. Le fait est sans doute véridique car on sait que Léonard a étudié les mathématiques et qu'en 1509 il a illustré un livre intitulé *De divina proportione* (« La Divine Proportion ») du mathématicien Luca Pacioli, consacré à ce sujet. Pacioli croyait certainement que ce nombre était spécial et d'essence divine, car il écrit :

« De même que Dieu ne peut se définir en termes propres et que les paroles ne peuvent nous le faire comprendre, ainsi notre proportion ne se peut jamais déterminer par un nombre que l'on puisse connaître, ni exprimer par quelque quantité

Ci-contre : La coquille du nautile contient l'un des plus beaux exemples naturels de spirale logarithmique.

Ci-dessus : Portrait de Fra Luca Pacioli entouré de ses instruments de mathématiques *par Jacopo de Barbari (1445-1516).*

rationnelle, mais est toujours mystérieuse et secrète, et qualifiée par les mathématiciens d'irrationnelle. »

Les premières recherches sur phi ont peut-être été effectuées deux mille ans plus tôt par Hippasus, le pythagoricien hérétique noyé mystérieusement, ou par son collègue Theodorus. Mais c'est Euclide qui, le premier, a mis par écrit la façon de trouver phi (voir l'encadré page ci-contre). Euclide, rappelons-le, est l'auteur des *Éléments*, qui contiennent la théorie fondamentale de l'arithmétique et la géométrie euclidienne.

Près de mille cinq cents ans après la naissance d'Euclide, Leonardo Fibonacci vit le jour à Pise en Italie. Il grandit en Afrique du Nord où il apprit les nouveaux chiffres arabes et le système de numération pondérée qu'on y utilisait. Il réalisa vite que les symboles de 0 à 9 étaient très supérieurs aux chiffres romains toujours en vigueur en Europe et il contribua à y introduire cette nouvelle forme de notation des nombres. Il écrivit pour cela un livre intitulé *Liber*

Le rapport d'Euclide

Euclide n'utilise pas l'expression « divine proportion » qui est récente mais il explique comment calculer sa valeur. Si l'on prend une ligne allant d'un point *A* à un point *B*, la divine proportion s'obtient en déterminant un point *C* sur la ligne de façon à ce que le rapport des distances *AB*: *AC* soit égal à *AC*: *CB*.

Euclide explique aussi comment trouver ce rapport au sein de nombreuses formes géométriques. Par exemple, dans un pentagone, si l'on relie par une droite chacun des angles deux à deux, les droites se croisent selon la divine proportion. Le rapport des distances *AB*: *AC* est égal à *AC*: *CB* (c'est également valable pour toutes les autres lignes qui se croisent).

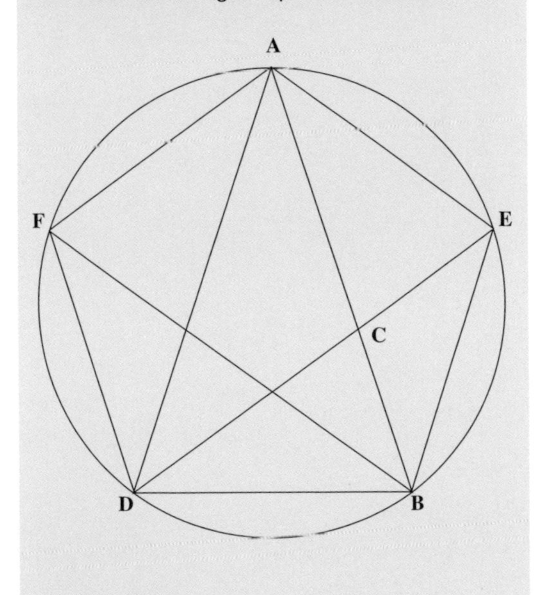

Ci-dessus : Fibonacci, connu aussi sous le nom de Léonard de Pise, est célèbre pour sa suite de nombres liée au nombre d'or.

abbaci, « le livre de calcul » (à l'époque, ce titre signifiait « le livre du boulier »). Il s'adressait plus aux commerçants qu'aux universitaires en utilisant des exemples de la façon d'écrire les nombres, de calculer les bénéfices et les pertes, de convertir les devises et d'évaluer les intérêts. Il ajouta aussi quelques problèmes mathématiques et (sans doute à sa grande surprise s'il l'avait su) c'est pour l'un de ces problèmes que Fibonacci est resté dans les mémoires. Voici l'énoncé qui l'a rendu célèbre :

« Un homme met un couple de lapins dans un lieu isolé de tous côtés par un mur. Combien de couples de lapins ce couple produira-t-il en un an, sachant que tous les mois chaque couple engendre un nouveau couple qui devient productif à partir du deuxième mois ? »

Bien qu'il ait proposé des problèmes prenant pour objet des araignées qui rampent sur les murs ou des chiens qui poursuivent des lièvres, c'est le problème des lapins qui a frappé les imaginations (voir l'encadré ci-dessous). La suite de Fibonacci dévoile phi peu à peu. Plus les nombres de la suite sont grands, mieux l'on voit la véritable valeur de phi. Sachant que phi est irrationnel, il n'existe pas, par définition, deux nombres entiers dont la division donne la valeur précise de phi. Mais la suite de Fibonacci génère des nombres dont la division se rapproche constamment de phi.

Fibonacci a écrit d'autres livres de mathématiques importants mais son œuvre a été largement

La suite de Fibonacci

Le problème s'ouvre sur un couple de lapins. Le deuxième mois, chaque couple devient adulte et engendre un nouveau couple. Combien de couples de lapins obtient-on ? La réponse mois par mois est :

1, 1, 2, 3, 5, 8, 13, 21, 34, 55, 89, 144, 233...

Analysons cette suite en repartant du couple de lapins initial. Au bout d'un mois, on a toujours le couple d'origine. Au bout de deux mois, on a le couple d'origine plus un nouveau couple, c'est-à-dire deux couples. Au bout de trois mois, on a le couple d'origine, le nouveau couple et un autre nouveau couple produit par le couple d'origine, c'est-à-dire trois couples. Au bout de quatre mois, on a les trois couples précédents, plus deux autres couples produits par ceux qui ont plus d'un mois, c'est-à-dire cinq couples. Et ainsi de suite...

Il ressort immédiatement que cette suite respecte un schéma : chaque nombre est le produit de l'addition des deux précédents.

La suite a été appelée suite de Fibonacci. Sa spécificité tient au résultat obtenu en divisant chaque nombre par celui qui le précède dans la suite :

$3/2 = 1,5$

$5/3 = 1,666...$

$8/5 = 1,6$

$13/8 = 1,625$

$21/13 = 1,615384...$

$34/21 = 1,619047...$

$55/34 = 1,617647...$

$89/55 = 1,61818...$

Revenez maintenant quelques pages en arrière et reprenez la valeur de phi. Remarquez-vous à quel point nous sommes proches de cette valeur ? Essayez de diviser entre eux les nombres suivants de la suite et observez le résultat.

La spirale équiangulaire

La spirale équiangulaire est une spirale logarithmique qui doit son nom à Jacques Bernoulli, le frère de Jean, le mathématicien peu scrupuleux que nous avons rencontré au chapitre 0. (Nous reviendrons sur les logarithmes au chapitre e). Pour dessiner la spirale, il faut diviser en carrés un rectangle dont la largeur sur la longueur est égale au nombre d'or et tracer dans chaque carré un quart de cercle dont le rayon est égal au côté de ce carré :

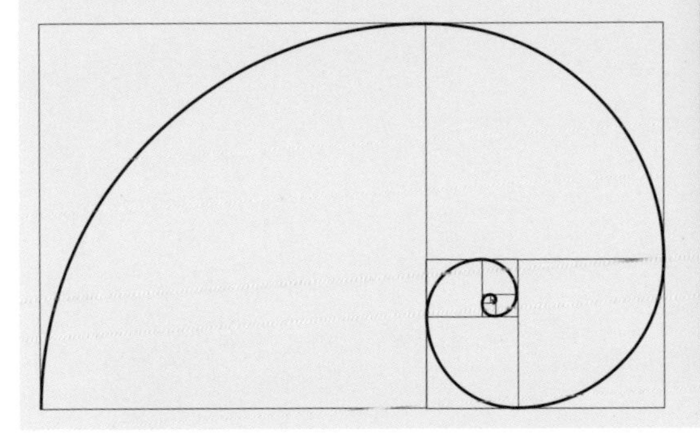

Ci-dessus : Sur cette illustration, les frères Jacques et Jean Bernoulli parlent de géométrie.

oubliée pendant des siècles. Il a contribué à la géométrie et à la théorie des nombres mais aujourd'hui on se souvient de lui surtout pour ces lapins.

Phi ne se trouve pas seulement dans des schémas de reproduction des lapins et dans les pentagrammes. Descartes, philosophe et créateur de la géométrie cartésienne et analytique, fut le premier à remarquer un type particulier de spirale, dit équiangulaire. Comme le pentagramme, la structure de cette spirale contient aussi phi et elle a donc incité de nombreux mathématiciens, biologistes et philosophes à la rapprocher et à la comparer aux spirales existant dans la nature comme les coquillages ou les coquilles d'escargot. Plus l'on examine de près les formes naturelles, plus l'on voit ces spirales. Des livres entiers furent remplis d'illustrations de formes végétales, de schémas de pétales et de graines, ainsi que de spirales de coquilles où l'on peut constamment mesurer phi. Ce sont des preuves supplémentaires, affirme-t-on, que phi est un nombre essentiel à la construction du monde.

Un univers extraordinaire

En 1571, quatre siècles après la naissance de Fibonacci, Johannes Kepler naquit dans le Wurtemberg, dans le Saint Empire romain germanique (en

Ci-dessus : L'astronome Johannes Kepler. Cette œuvre anonyme à l'huile a été peinte en 1627.

Allemagne aujourd'hui). Comme c'était un homme profondément religieux, ses convictions furent jugées assez extravagantes (il finit par être excommunié) : il pensait que des phénomènes comme les mouvements planétaires peuvent s'expliquer par des nombres importants et des formes géométriques dotées d'une signification mystique. Il n'est pas étonnant que Johannes Kepler ait pensé que phi, qu'il qualifiait de « division d'une ligne en moyenne et extrême raison », avait une importance capitale. Il déclara :

« La géométrie contient deux grands trésors : l'un est le théorème de Pythagore, l'autre est la division d'une ligne en moyenne et extrême raison. Le premier peut être comparé à une règle d'or, le second à un joyau précieux. »

La métaphore de Kepler se serait finalement mieux appliquée dans le sens inverse car c'est phi qui fut appelé divine proportion ou moyenne d'or, alors que les triangles du théorème de Pythagore évoquent davantage une pierre précieuse taillée.

Kepler étudia le grec, l'hébreu et les mathématiques à l'université et la première année, il obtint les meilleures notes dans toutes les matières... sauf en mathématiques ! Cela ne l'empêcha pas d'entamer une carrière qui allait être très fructueuse en astronomie et en mathématiques. Dans ses travaux les plus importants, il tenta d'expliquer les mouvements planétaires. Il fut l'un des premiers à adopter le nouveau système copernicien radical qui, au lieu de six planètes (dont la Lune) gravitant autour de la Terre, affirmait l'existence de six planètes (dont la Terre) gravitant autour du soleil, à l'exception de la Lune qui tourne autour de la Terre. La démarche de Kepler pour calculer les trajectoires des planètes fut étonnamment platonicienne. Il pensait que cinq solides géométriques emboîtés les uns dans les autres pouvaient parfaitement expliquer leurs orbites.

Kepler fut très satisfait de ce travail qui semblait tout synthétiser : les solides de Platon, l'observation effective des mouvements planétaires, phi et les triangles rectangles du théorème de Pythagore qui apparaissent sans cesse dans les solides

À droite : Sur cette représentation ancienne, le système planétaire copernicien suppose que les planètes décrivent des orbites circulaires autour du Soleil. Il a servi à Kepler de base à l'étude des orbites planétaires.

La solution de Kepler au mystère du cosmos

Kepler pensait qu'une planète se déplace en décrivant un cercle autour du Soleil. Ou plus précisément que les planètes se comportent comme si elles tournaient autour de larges sphères invisibles ayant le Soleil pour centre. En dessinant une sphère ayant le rayon juste (c'est-à-dire un rayon qui égale la distance entre la planète et le Soleil), il pouvait imaginer le déplacement de la planète. Le problème le plus épineux était de déterminer la distance entre le Soleil et chaque planète (ou quelle devait être la taille de chaque sphère). Il le résolut en utilisant les cinq formes géométriques régulières de Platon pour définir l'espacement des planètes.

Il dessina d'abord une sphère pour représenter l'orbite de Saturne, la planète la plus éloignée. Dans la sphère de Saturne, il traça un cube dont les angles effleuraient la sphère. Dans ce cube, il traça une autre sphère dont les bords effleuraient les faces intérieures du cube. Jupiter suivait la trajectoire de cette sphère. Dans la sphère de Jupiter, il traça un tétraèdre et à l'intérieur de celui-ci une autre sphère : c'était la trajectoire de Mars. Dans la sphère de Mars, il dessina un dodécaèdre et dans ce solide dodécagonal il traça une autre sphère : c'était la trajectoire de la Terre. Dans la sphère de la Terre, il dessina un icosaèdre et dans cette forme à vingt côtés une autre sphère qui était la trajectoire de Vénus. Enfin, dans la sphère de Vénus il traça un octaèdre et dans celui-ci, la dernière sphère, celle de Mercure.

platoniciens. Euclide avait démontré qu'il ne peut exister que cinq solides réguliers convexes et ces cinq formes semblaient constituer des espacements parfaits entre les orbites des six planètes. Kepler y vit une preuve indéniable de l'existence d'un Dieu qui organisait sa création autour des mathématiques.

Il consigna ses travaux dans son premier livre intitulé *Mysterium cosmographicum*, « le mystère du cosmos ». Pendant quelque temps, il sembla avoir en effet percé ce mystère. Sa maquette utilisant les solides platoniciens reproduisait les mouvements réels des planètes avec une précision extraordinaire. L'erreur la plus importante était inférieure à 10 %, ce qui est très satisfaisant pour une maquette, même aujourd'hui.

Mais Kepler n'entendait pas en rester là. Il voulait une maquette parfaite pour pouvoir mieux comprendre le comment et le pourquoi du déplacement des planètes. Il poursuivit ses recherches en étu-

Ci-dessus : Maquette créée par Kepler pour démontrer sa théorie des orbites planétaires.

diant plus en détail l'orbite de Mars ainsi que l'optique et les télescopes. Il réalisa vite que ses idées initiales, malgré leur ingéniosité apparente, n'étaient pas justes car elles étaient en contradiction avec ses observations qui révélaient que l'orbite de Mars décrit une ellipse et non un cercle. C'est l'un des tout premiers exemples consignés de ce qu'on appelle aujourd'hui une erreur d'observation, c'est-à-dire que la justesse d'une idée est confrontée à l'observation de la réalité pour la confirmer ou l'infirmer. Ce procédé aujourd'hui au cœur de la science permet de vérifier la validité des explications des

Les lois de Kepler

Kepler comprit que toutes les planètes décrivent des orbites elliptiques autour du Soleil (c'est la première loi de Kepler). Il réalisa aussi que la vitesse du déplacement de chaque planète dépend de sa proximité au Soleil. Ainsi les planètes accélèrent quand elles passent près du Soleil, et l'on peut calculer leurs changements de vitesse relative en découpant leur trajectoire elliptique en segments de surfaces identiques. Quand la planète est au plus loin du Soleil, on tire un trait qui relie cette planète au Soleil. Une heure plus tard, on refait la même chose. On obtient une surface. Ensuite, quelle que soit la position de la planète, il suffit de dessiner une surface de même aire que la première, délimitée par deux segments reliant l'orbite de la planète et le Soleil: le second indique où la planète doit se trouver une heure plus tard. Quand la planète est proche du Soleil, la surface ayant l'aire voulue est large. Au fur et à mesure de son éloignement, la surface s'étroitise. Ce phénomène s'appelle la deuxième loi de Kepler.

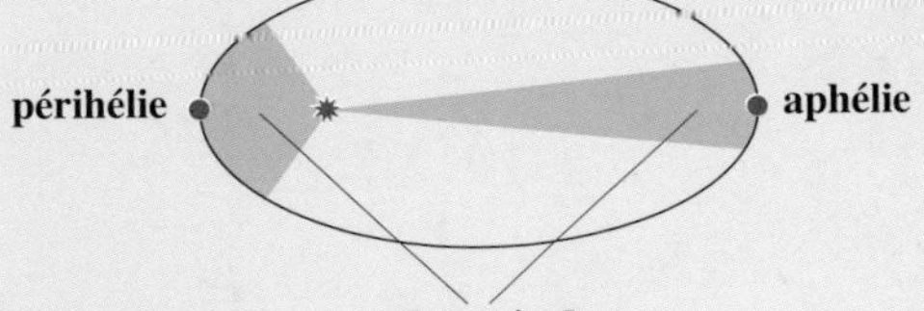

périhélie

aphélie

surfaces égales
pour une même durée

Plus tard, Kepler découvrit une troisième loi selon laquelle, pour deux planètes données, le rapport entre les carrés de leurs périodes est égal au rapport entre les cubes des rayons moyens de leurs trajectoires. Autrement dit:

$$\frac{P1^2}{P2^2} = \frac{R1^3}{R2^3}$$

où *P1* et *P2* sont les temps respectifs qu'il faut aux planètes 1 et 2 pour graviter autour du Soleil (leur temps de révolution) et *R1* et *R2* sont les distances respectives moyennes entre d'une part la planète 1 et le Soleil et d'autre part la planète 2 et le Soleil.

Cette équation permet de trouver les temps de révolution et les distances exactes des planètes entre elles. Par exemple, si *P2* est la Terre, qui prend un an à graviter et qui se trouve à une distance moyenne de une unité astronomique du Soleil (149 508 057 km) et si nous savons que Mercure est à une distance moyenne de 0,3873 UA du Soleil, alors:

$$\frac{P1^2}{1^2} = \frac{0{,}3873^3}{1^3}$$

P1 doit être égal à la racine carrée de 0,0580955, soit 0,241 année terrestre. Il faut donc à Mercure quatre-vingt-huit jours pour graviter autour du Soleil.

phénomènes qui nous entourent. Kepler était un savant assez sage pour renoncer à son idée si les données objectives de l'observation indiquaient clairement qu'il se trompait, même s'il avait écrit un livre et bâti le début de sa carrière sur ladite idée. Finalement, Kepler découvrit les règles mathématiques décrivant les mouvements planétaires avec justesse (voir encadré page précédente).

Les lois de Kepler constituent un exploit impressionnant, d'autant plus qu'il ignorait totalement que la cause des mouvements planétaires est la gravité. C'est Newton qui le découvrit quelques années plus tard et put ainsi perfectionner et préciser les lois de Kepler (nous nous appesantirons davantage sur Newton au chapitre e).

Un dernier écrit, moins connu, de Kepler, constitue de manière inattendue une révolution littéraire : on lui doit la toute première histoire de science-fiction, intitulée *Somnium* (*Le songe ou astronomie*

Ci-dessous : L'astronome Johannes Kepler expose ses découvertes sur le mouvement des planètes à son mécène, l'empereur Rodolphe II de Habsbourg, fidèle protecteur des sciences et des arts.

Ci-dessus : Peinture à l'huile de la Lune et de ses habitants tels que Kepler les décrit dans Somnium.

lunaire). Cette fiction raconte comment un étudiant est transporté sur la Lune grâce à un démon. Avec une imagination remarquable, elle suggère combien le départ de la Terre fut traumatisant pour l'étudiant « *comme s'il était un projectile lancé par un canon et* [qu'il] *voyageait au-dessus des mers et des montagnes* ». Kepler semblait penser qu'il fallait une grosse fusée pour quitter la Terre (n'oublions pas qu'à l'époque on ignorait tout de la gravité et que l'avion était loin d'être inventé). Il explique qu'une fois la vitesse suffisante atteinte, « *les corps se mettent en boule comme des araignées, et nous les transportons presque par notre seule volonté, si bien que la masse du corps se dirige d'elle-même vers l'endroit prévu.* » Il semble s'agir là du concept d'inertie. Kepler avait donc bien eu le pressentiment que le voyage à travers l'espace vers la Lune nécessitait une accélération jusqu'à une certaine vitesse puis qu'elle serait maintenue jusqu'à la décélération qui permettrait d'alunir ; c'est exactement ainsi que les astronautes modernes ont atterri sur la Lune dans les années 1970. Kepler a décrit beaucoup d'autres difficultés affrontées par son héros pendant le voyage, ce qui prouve qu'il avait sérieusement envisagé qu'un tel voyage, bien qu'ardu, était possible.

Une fois l'étudiant arrivé sur la Lune, Kepler explique dans son récit les mouvements des planètes, en escomptant avec justesse qu'un observateur sur la Lune voit la Terre se lever et se coucher tout comme nous voyons la Lune depuis la Terre. Il fait aussi quelques hypothèses sur la vie qui pourrait exister sur la Lune. Il pensait que les créatures habitant la Lune étaient « *d'une taille monstrueuse* » et nomades car aucune ville n'y était visible au télescope.

« Ils parcourent en groupe tout le globe en une de leurs journées : les uns à pied (car leurs pattes sont bien plus grandes que celles de nos chameaux), les autres en volant, les autres sur des embarcations, suivent les eaux qui s'enfuient ; s'il est nécessaire de s'arrêter quelques jours, ils se faufilent dans des grottes que chacun choisit selon son espèce. Les plongeurs sont très nombreux ; tous les êtres vivants ont naturellement une respiration très

lente: ils vivent dans les eaux profondes et leur technique vient en aide à la nature. »

Cette description doit être la toute première de la vie qui pourrait exister dans un autre univers. Kepler fait encore preuve d'une imagination remarquable en inventant de nouveaux genres de créatures adaptés à ce qu'il a observé du paysage lunaire, et ce, des siècles avant Darwin et la théorie de l'évolution.

Il est donc bien légitime que la NASA ait donné le nom de Kepler à un nouvel engin spatial ! Le puissant télescope spatial Kepler a été conçu pour rechercher des planètes ressemblant à la Terre au-delà de notre système solaire. Le lancement du satellite est prévu pour 2009. Johannes Kepler aurait été ravi !

Ne soyez pas absurde

Une autre façon de calculer la valeur de phi est d'ajouter un à la racine carrée de cinq et de diviser par deux. Il est très difficile de le mettre par écrit correctement parce que la racine carrée de cinq est un nombre irrationnel, qui se poursuit par conséquent indéfiniment. Si nous l'écrivons avec dix décimales, notre calcul de phi ne sera correct que jusqu'à la dixième décimale. Ainsi (comme nous l'avons vu au chapitre précédent), écrit-on habituellement :

$$(1 + \sqrt{5}) / 2$$

En mathématiques, quand la démonstration semble bloquée, il suffit souvent d'écrire les choses différemment. Nous ne savons pas toujours comment écrire les nombres irrationnels obtenus à partir de la racine carrée de certains nombres. Une solution consiste à utiliser une lettre comme x pour représenter ces nombres, puis de les manipuler à l'aide de l'algèbre. Mais l'algèbre s'applique en réalité aux nombres dont on ignore la valeur. Le produit irrationnel d'une racine carrée a une valeur que l'on connaît (plus ou moins) mais que l'on ne sait pas écrire. La solution consiste alors à utiliser le symbole de la racine carrée et à écrire le nombre comme un *nombre sourd.*

L'expression nombre sourd a été au début synonyme d'irrationnel. Il semble que les traducteurs arabes du IXe siècle aient traduit le mot grec *alogos* (« irrationnel ») par *asamm* (« sourd », « muet »). Les mathématiciens arabes aimaient imaginer les nombres rationnels audibles et les nombres irrationnels inaudibles. Leur mot fut plus tard strictement traduit en latin par *surdus.*

Aujourd'hui, les nombres sourds sont considérés comme des nombres irrationnels qui ne peuvent être écrits correctement que sous la forme :

$$\sqrt{5}$$

Dès que les mathématiciens imaginent une nouvelle façon d'écrire les nombres, une foule d'autres pensent immédiatement à de nouvelles règles mathématiques applicables. Il n'est donc pas étonnant que l'on puisse aussi manipuler les nombres sourds à l'aide d'un ensemble de règles.

Règles des nombres sourds

Règle 1 : $\sqrt{ab} = \sqrt{a}\sqrt{b}$
Par exemple : $\sqrt{12} = \sqrt{4}\sqrt{3} = 2\sqrt{3}$

Règle 2 : $\sqrt{(a/b)} = \sqrt{a} / \sqrt{b}$
Par exemple : $\sqrt{(3/4)} = \sqrt{3} / \sqrt{4} = \sqrt{3} / 2$

Règle 3 : $a\sqrt{b} + c\sqrt{b} = (a + c)\sqrt{b}$
Par exemple : $5\sqrt{5} + 4\sqrt{5} = 9\sqrt{5}$

Les nombres sourds ne sont qu'une forme de notation parmi d'autres. On utilise aussi couramment les exposants, par exemple :

« x au carré » s'écrit : $x^2 = x \times x$

« L'inverse de x au carré » s'écrit :
$x^{-2} = 1 / (x \times x)$

« Racine carrée de x » s'écrit : $x^{1/2} = \sqrt{x}$

Et « racine cubique de x » s'écrit : $x^{1/3} = \sqrt[3]{x}$

Il existe bien d'autres règles relatives à l'interaction des exposants. Il n'est pas si facile de mettre un nombre par écrit !

Aujourd'hui, les nombres sourds ne sont pas très populaires, malgré les efforts du Belge Simon Stevin, né en 1548, soit vingt-trois ans avant Kepler. Stevin contribua à l'introduction de la notation décimale en Europe et il soutint fermement dans ses travaux que tous les types de nombres, fractionnaires, négatifs, réels ou sourds doivent être traités sur un pied d'égalité.

Stevin était un homme à l'esprit pratique, il devint directeur de l'intendance dans l'armée des états généraux (Pays-Bas du Nord) et conseiller en matière de construction de moulins, d'écluses et de ports. Il inventa aussi une technique pour inonder les plaines devant une armée d'invasion en ouvrant les écluses des digues. Stevin obtint d'excellents résultats en mathématiques et il écrivit onze livres sur des thèmes aussi divers que l'hydrostatique, la musique et l'astronomie. Il contribua à l'introduction des nombres décimaux en Europe. Il découvrit même trois ans avant Galilée que les objets de même matière mais de poids différents tombent à la même vitesse en lâchant deux boules de plomb, l'une dix fois plus lourde que l'autre, du clocher de Delft, haut de neuf mètres.

Malgré les arguments de Stevin et bien que le nombre d'or phi en comporte un, le nombre sourd ne représente plus les nombres couramment. Pour figurer ces nombres irrationnels, les applications pratiques ont maintenant recours aux exposants (ou aux approximations décimales imprécises) qui, par ailleurs, sont plus faciles à représenter en informatique.

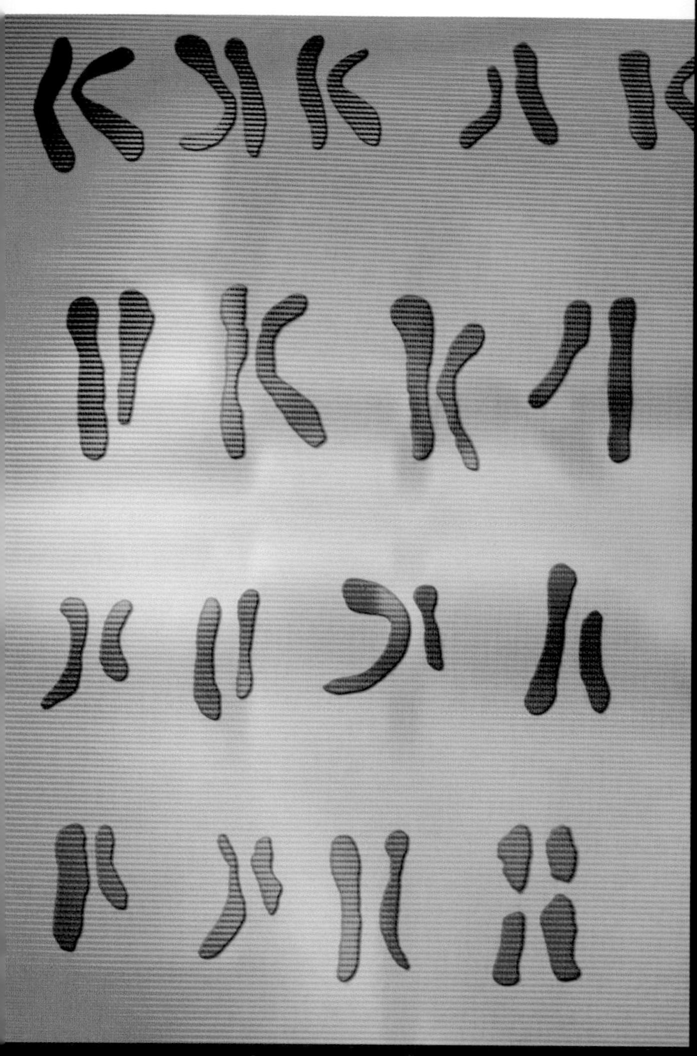

Il existe bien des nombres entre un et deux (ce qui explique que le chapitre 2 soit le septième dans ce livre). Mais il y a quelques millénaires, on considérait deux comme le tout premier nombre. Si un représente une unité, deux désigne une série. Deux est également le premier nombre pair que nous ayons rencontré jusque-là, d'autant plus que l'on définit la « parité » comme l'égalité parfaite entre deux choses.

BÉNÉFIQUE ET PAIR

CHAPITRE 2

Ci-dessus : Le diabolique chiffre deux.
Un diable, détail de L'Enfer, *de Luca Signorelli, cycle de fresques de la Cappella Nuova, dans la cathédrale d'Orvieto, en Italie.*

Être pair a toujours eu une signification qui dépasse la simple définition mathématique. Un nombre pair peut se diviser exactement en deux moitiés. Deux est par conséquent le chiffre pair par excellence. Cette conception est commune à plusieurs religions et philosophies. Les Chinois croient que le chiffre deux reproduit l'essence des deux forces antagonistes du yin (l'énergie femelle, réceptive et introvertie) et du yang (l'énergie mâle, expansive et créative). Non seulement deux est le premier des nombres yin, mais il se prononce en cantonais comme le mot qui signifie « facile ». Le nombre deux est donc souvent placé devant d'autres nombres considérés comme bénéfiques pour en renforcer le sens : 23 veut dire « qui croît facilement », 26 « qui profite facilement » et 29 « très facile », tandis que 24 porte malchance, car il veut dire « qui meurt facilement ». Le nombre 2424 annonce un malheur extrême.

En revanche, les premiers chrétiens pensaient que deux représentait le diable et ce qui éloigne l'âme de Dieu. Chez les zoroastriens, ce chiffre symbolisait un combat éternel et équilibré entre le bien et le mal. Plus prosaïquement, en Russie, si vous envisagez d'offrir des fleurs, préférez un nombre impair, les bouquets à nombre pair de fleurs étant réservés aux obsèques. On pourrait citer bien d'autres exemples de superstitions, les unes fondées, les autres étranges. Avoir deux trous à sa chaussette apporte le malheur, mais quand deux personnes éternuent en même temps, c'est au contraire de bon augure. Deux personnes qui servent du thé provenant de la même théière

Ci-dessus : Buste du baron Gottfried Wilhelm Leibniz, le philosophe et mathématicien qui a développé la notion de nombres binaires. Un éloge du philosophe Voltaire accompagne ce portrait.

courent, paraît-il, un danger, alors que le fait que deux pousses soient issues d'un même pied de chou-fleur est annonciateur d'événements heureux. Les œufs sont aussi le support de plusieurs superstitions : trouver un œuf à deux jaunes laisse présager un décès dans la famille ; mais si vous cassez deux œufs de manière accidentelle vous rencontrerez votre âme sœur. Il reste à espérer qu'elle ne vous tiendra pas rigueur de votre maladresse !

Il existe 10 catégories de gens sur terre : ceux qui comprennent la binarité et ceux qui y sont hermétiques

Les ordinateurs sont certainement les manipulateurs de nombres les plus habiles du monde. Mais, bizarrement, le chiffre deux n'est jamais utilisé dans un ordinateur, qui n'emploie pas davantage les nombres supérieurs à deux. L'ordinateur ne fonctionne qu'à l'aide de zéro et de un. Tout simplement parce que son système de numérotation est en base 2, au lieu de la base 10 ou décimale à laquelle nous sommes habitués. La binarité n'est qu'un moyen comme un autre d'écrire des nombres. Aucun n'est laissé de côté, ils sont seulement exprimés (ou stockés dans la mémoire de l'ordinateur) par une suite de un et de zéro.

Si l'origine de la binarité est ancienne, le premier sans doute à l'avoir étudiée en détail fut Gottfried Leibniz, né en 1646 en Saxe (Allemagne). Philosophe, il se passionnait pour la politique, les inventions et les mathématiques. Dès 1678, il avait conçu des pompes actionnées par le vent et des systèmes pour extraire l'eau des mines des montagnes du Harz, sans toutefois parvenir à les concrétiser. Il a aussi travaillé à l'élaboration d'une machine à calculer automatique, censée effectuer des multiplications en réalisant des séries d'addition. Il lui fallut cependant vingt ans avant de mettre au point un modèle qui fonctionne. Leibniz était un épistolier prolixe, qui correspondit avec plus de six cents mathématiciens, philosophes, ingénieurs et hommes politiques qu'il entretenait de ses multiples projets. Il se lia d'amitié avec Jean Bernoulli, mais une longue controverse l'opposa à Isaac Newton et à ses pairs quant à la paternité réelle de plusieurs concepts mathématiques (y compris l'invention du calcul différentiel et intégral, comme nous le verrons au chapitre suivant). Sa délicatesse

Compter en système binaire

On utilise quatre chiffres binaires ou *bits* en informatique pour compter jusqu'à 15 :

0000	0
0001	1
0010	2
0011	3
0100	4
0101	5
0110	6
0111	7
1000	8
1001	9
1010	10
1011	11
1100	12
1101	13
1110	14
1111	15

Quelle que soit la base, les nombres sont toujours manipulés de la même façon : il y a seulement moins (ou plus) de chiffres. Ainsi, en base 10, nous utilisons dix symboles, allant de 0 à 9 et les quatre premiers chiffes du nombre représentent 10^3 10^2 10^1 10^0, ou les milliers, les centaines, les dizaines et les unités. En base 2, nous n'utilisons que deux symboles, 0 et 1, et les quatre premiers chiffres représentent $2^3 2^2 2^1 2^0$ ou des huit, des quatre, des deux et des un.

(Reportez-vous au chapitre 0 et vous noterez la ressemblance entre le système de comptage binaire et celui du boulier.)

n'était pas à la hauteur de sa créativité ; en réponse à un mathématicien écossais, John Keill, qui l'avait accusé de plagiat, il déclara qu'il « *refusait de répondre à un imbécile* ».

En dépit de ses relations orageuses avec les autres, Leibniz fit d'importantes découvertes en mathématiques. Ses travaux sur la binarité devinrent presque une philosophie. Il était convaincu que l'on pouvait représenter l'univers par le biais de la binarité et de la polarité oui/non, ouvert/fermé, masculin/féminin, clair/obscur, faux/juste. Il suggéra que la vie et la pensée pouvaient être réduites à une série de propositions binaires et commença à traduire les nombres en listes apparemment sans fin de un et de zéro. À l'aube de la vieillesse, il se mit à croire que les nombres binaires représentaient la Création, le un symbolisant Dieu et le zéro figurant le vide.

Tisser des schémas de nombres

La binarité et sa spécificité ont retenu quelques années plus tard l'attention d'un négociant en soierie français, qui était aussi inventeur. Joseph Jacquard est né à Lyon en 1752. Au décès de son père, il hérite de deux métiers à tisser et tente de poursuivre l'activité paternelle tant bien que mal. Ses efforts échouent parce qu'il se préoccupe plus d'améliorer la conception des métiers à tisser que d'en accroître la rentabilité. Il finit par renoncer et devient brûleur de chaux avant de participer à plusieurs guerres (où il perd son fils, tombé à ses côtés). De retour dans ses foyers, il travaille dans une manufacture et consacre ses loisirs à l'élaboration et à la construction d'un métier à tisser amélioré.

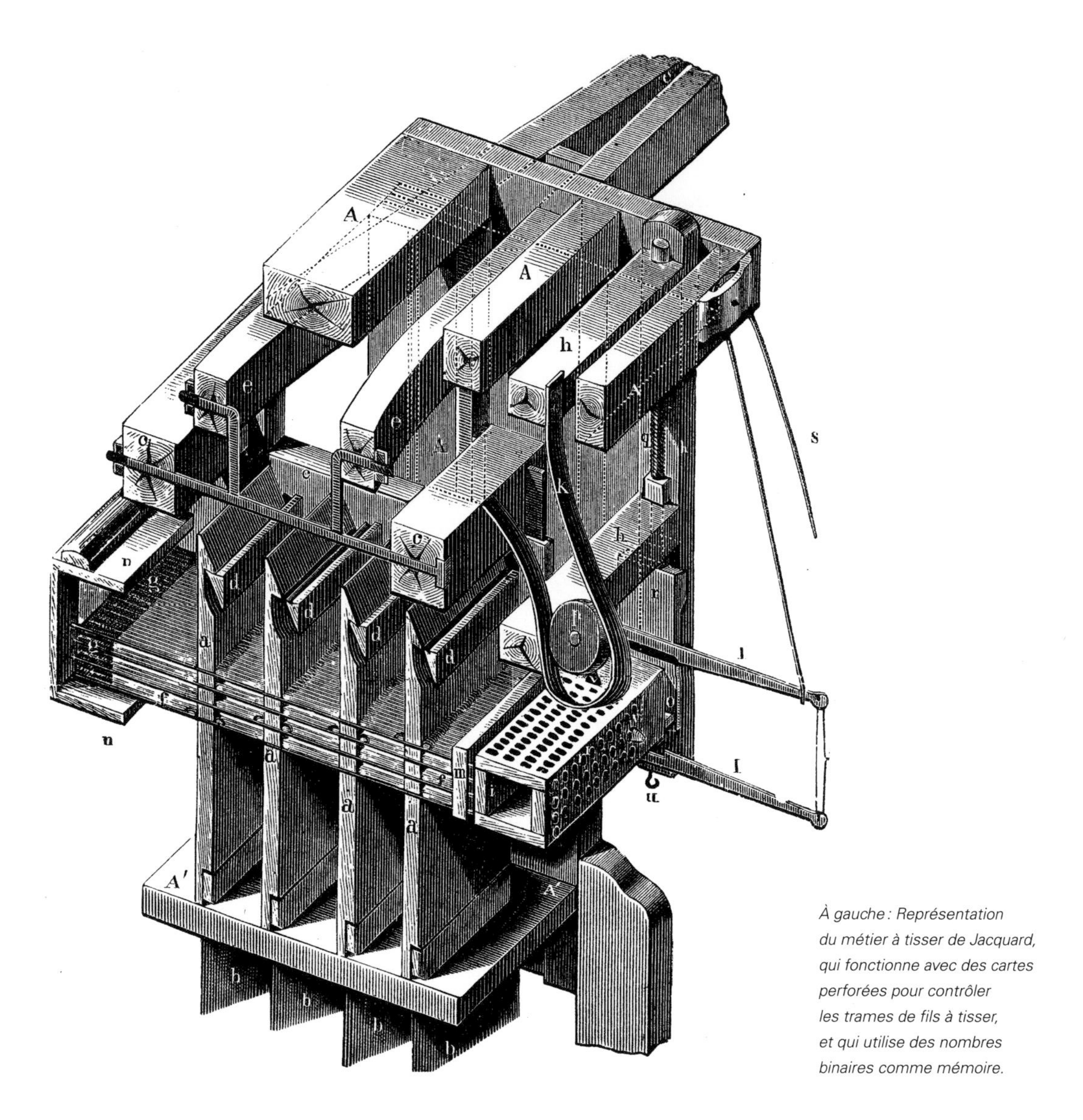

À gauche : Représentation du métier à tisser de Jacquard, qui fonctionne avec des cartes perforées pour contrôler les trames de fils à tisser, et qui utilise des nombres binaires comme mémoire.

La conception en est révolutionnaire, elle permet de programmer le métier à tisser grâce à de grandes cartes perforées qui sélectionnent les fils. Par conséquent, le tissage d'étoffes à trame complexe est grandement facilité et ne nécessite plus autant de savoir-faire, au grand dam des tisserands qui s'opposèrent violemment à cette invention. Mais les avantages du métier à tisser de Jacquard étaient trop importants pour qu'on y renonce. L'invention de Jacquard est déclarée propriété de l'État, il perçoit un dédommagement considérable et bénéficie désormais de pourcentages sur tous les futurs métiers à tisser fabriqués. Il devient rapidement riche, car en 1812 la France comptait onze mille métiers à tisser en fonctionnement.

Même si le métier à tisser de Jacquard est essentiellement mécanique et n'effectue pas d'opérations mathématiques, ses cartes perforées sont le premier exemple d'utilisation de nombres binaires en tant que mémoire. En perforant les cartes, Jacquard stockait en permanence des

Ci-dessus : Joseph Marie Jacquard, inventeur du métier à tisser qui porte son nom.

À droite : Charles Babbage, créateur de la machine à différences.

nombres binaires : le un étant représenté par les trous et le zéro par les espaces non perforés. Son invention allait donner lieu à toute une série de développements.

Trente-neuf ans après la naissance de Jacquard, en 1792, un certain Charles Babbage venait au monde à Londres. L'enfant, de santé fragile, fut envoyé dans le Devonshire sous la férule d'un pasteur qui l'entoura de soins et l'éduqua. Il fréquenta ensuite diverses écoles privées de réputation célèbre, puis bénéficia de l'enseignement d'un précepteur à domicile, et lorsqu'il débuta ses études universitaires au Trinity College de Cambridge, les cours de mathématiques lui parurent d'une simplicité enfantine. Il se familiarisa avec tous les concepts mathématiques de l'époque, notamment ceux de Newton et de Euler, et fut particulièrement impressionné par les idées de Leibniz. Il ne tarda pas à réaliser ses propres exploits en fondant une société de traduction de travaux scientifiques étrangers qui publia une histoire du calcul intégral (relatant les différends entre Newton et Leibniz).

Babbage se maria à l'âge de vingt-deux ans et revint habiter à Londres. Peu de temps après, il publiait ses propres travaux en mathématique et fut élu membre de cénacles scientifiques prestigieux, comme la Royal Society, qu'il contribua d'ailleurs à créer. Pourtant il avait une piètre opinion de celle-ci :

« Le conseil de la Royal Society est un rassemblement d'individus qui se cooptent et vont dîner aux frais de cette société pour se remettre des médailles et se congratuler en levant leur verre de vin. » (Certains diront que les choses n'ont guère changé au cours des deux cents ans qui ont suivi.)

Babbage n'était pas un mathématicien de génie. Il publia quelques théories dont certaines se révélèrent fausses. Mais il doit sa célébrité à une invention dont il eut l'idée alors qu'il avait tout juste vingt ans : une machine permettant d'effectuer des calculs de

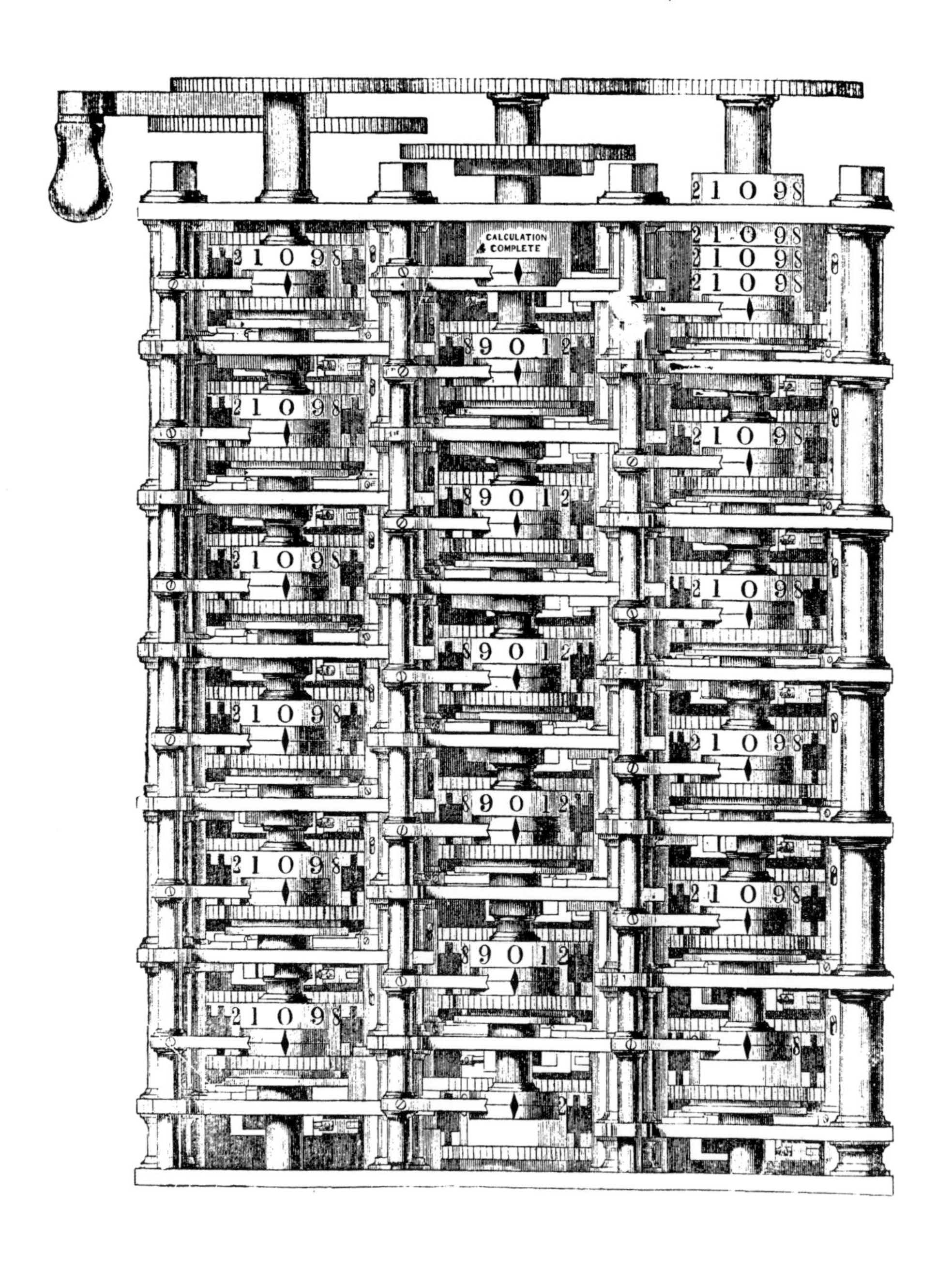

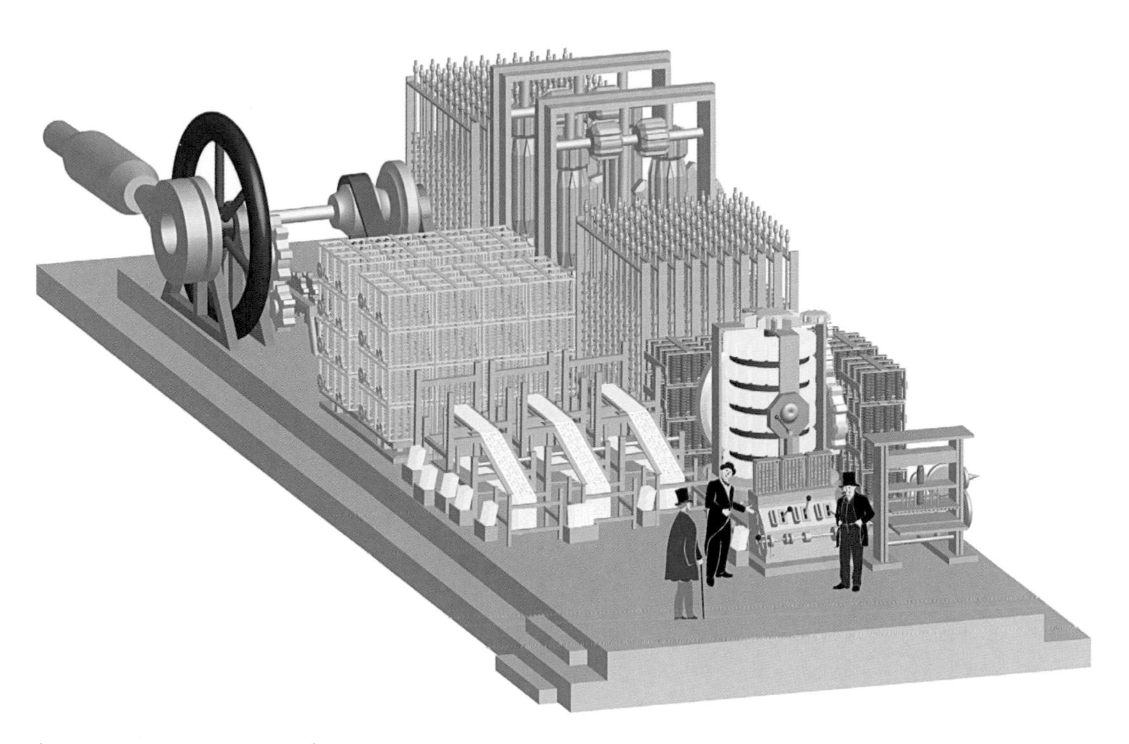

À gauche : Impression provenant d'une gravure sur bois d'une partie de la machine à différences de Babbage (1889).

À droite : Impression d'artiste de l'échelle de la machine à différences de Babbage, actionnée à la vapeur.

manière automatique. Il lui donna le nom de machine à différences. Elle produisait des tables de nombres en calculant et en ajoutant des différences aux nombres précédents.

Son invention recelait un potentiel considérable dans la mesure où pour effectuer en peu de temps des calculs complexes (par exemple en astronomie, pour la conception de machines ou dans l'artillerie), les mathématiciens utilisaient des tables de nombres. Il était plus rapide de déterminer le produit de deux nombres gigantesques en consultant une table que d'avoir à le calculer à chaque fois. En outre, le calcul effectué à la main comportait souvent des erreurs. À peine sorti de l'université, Babbage avait compris qu'il était possible de produire des tables plus précises en un temps record grâce à une machine. En 1822, à l'âge de trente ans, il mettait au point un prototype de sa machine à différences.

Son idée connut un tel retentissement que le gouvernement britannique lui octroya des subsides importants pour concevoir et fabriquer une version plus élaborée. La nouvelle machine comporterait six séries de différences (voir l'encadré page suivante) et devait être capable de calculer des nombres à vingt chiffres au moins. Mais le projet devint monstrueux, s'étendant sur des années et engloutissant d'importantes sommes (en aides gouvernementales et en fonds prélevés sur la fortune personnelle de Babbage). Ce prototype ne vit jamais le jour. Jusqu'à ce que, deux cents ans après la naissance de l'inventeur, en 1991, le London Science Museum expose une machine construite selon ses plans et équipée d'une imprimante.

Vous pouvez aller l'admirer encore aujourd'hui. Elle fonctionne parfaitement.

Babbage poursuivit ses recherches et comprit qu'une machine à calculer automatique pouvait théoriquement offrir d'autres services que de simples tables de nombres. Il conçut une machine susceptible d'être programmée pour effectuer tous les calculs dont l'utilisateur aurait besoin. Sa nouvelle invention avait des dimensions pharaoniques : trente mètres de long sur dix mètres de large ; elle devait être alimentée par un moteur à vapeur. Programmée selon le principe des cartes perforées du métier à tisser de Jacquard, elle serait, selon lui, capable d'imprimer ses propres cartes et dotée en supplément d'une imprimante pour sortir les résultats, d'un dispositif pour dessiner des courbes et d'une cloche annonçant la fin des opérations. Bien qu'entièrement mécanique, cette machine était un véritable ordinateur. Elle aurait été capable d'exécuter des programmes comme le font nos ordinateurs actuels. Ses programmes autorisaient des boucles, des branches conditionnelles et des opérations d'arithmétique, ce qui signifie qu'elle aurait permis tous les calculs connus. Babbage lui donna le nom de machine analytique :

« L'existence d'une machine analytique orientera nécessairement le cours de la science. »

Mais elle ne dépassa jamais le stade de la conception. Elle était trop ambitieuse pour les res-

La machine à différences de Babbage

À l'aide de simples roues dentées de forme adéquate, la première machine à différences de Babbage pouvait calculer une série de nombres faisant appel à deux ordres de différences. En d'autres termes, pour un nombre de départ donné, elle utilisait une seconde différence pour réaliser la première différence, et utilisait la première différence pour obtenir le nombre suivant dans la séquence.

Si la première différence était zéro, la seconde différence deux et le nombre de départ quarante et un, la machine calculait de manière itérative les nouveaux nombres suivants :

0	2	41
2	2	43
4	2	47
6	2	53
8	2	61

Comme vous le voyez, la deuxième différence (le deuxième nombre) est ajoutée à la première différence (le premier nombre) à chaque fois, et la première différence qui en résulte est ensuite ajoutée au troisième nombre précédent à chaque fois.

En effectuant seulement des additions successives de cette manière, Babbage avait démontré qu'une machine pouvait calculer les termes de l'équation : $n^2 + n + 41$.

Gérer environ soixante nouveaux nombres toutes les cinq minutes n'était peut-être pas très rapide, mais le résultat était plus fiable que celui qu'aurait pu obtenir l'homme.

sources technologiques de l'époque. Comme dans le cas de la machine à différences, personne ne réussit à la construire. Et contrairement à celle-ci, aucun prototype n'en fut jamais réalisé. Quoi qu'il en soit, Charles Babbage est considéré comme le père de l'ordinateur, car les calculateurs électroniques fabriqués quelque cent ans plus tard fonctionnaient en s'inspirant étroitement de son invention. Ils utilisaient notamment des cartes perforées comme systèmes d'entrée et de sortie des nombres binaires.

Ci-dessus : Portrait de George Boole. Il posa les fondements de la logique mathématique moderne.

Penser avec logique

La binarité est depuis les débuts au centre du calcul automatisé, et ce n'est pas uniquement dû au fait que les nombres binaires soient faciles à imprimer sur une carte perforée. Le caractère de polarité, ouvert/fermé, vrai/faux, qui est l'essence de la binarité, est aussi essentiel à la logique, et les ordinateurs sont eux-mêmes des dispositifs logiques.

George Boole, fils d'un cordonnier, est né en 1815. Dès son plus jeune âge, il afficha d'extraordinaires aptitudes intellectuelles. Son père l'initia aux mathématiques et demanda à un ami de lui enseigner le latin. Ses moyens financiers ne lui permettant pas d'envoyer le jeune George dans une école prestigieuse, ce dernier apprit le grec seul, mais avec un tel succès que le corps enseignant refusa de croire qu'un garçon de quatorze ans était capable de traduire du grec avec un tel brio et l'accusa d'avoir triché. Deux ans plus tard, devenu professeur, Boole se retrouva chargé de subvenir aux besoins de sa famille après la faillite de l'entreprise paternelle. À dix-neuf ans à peine, le jeune homme avait ouvert sa propre école à Lincoln. Quatre ans plus tard, il reprit un autre établissement scolaire et à vingt-cinq ans il inaugura son propre pensionnat.

On pourrait penser que ses multiples responsabilités lui suffisaient, mais Boole s'était lancé dans l'étude des mathématiques. En dépit de son manque de formation universitaire, il montra très

La logique booléenne

Boole avait compris que les opérateurs logiques ET, OU et NON suffisent pour écrire n'importe quel énoncé logique. Par exemple: « Je prends mon parapluie quand le temps est pluvieux **et** qu'il est soit couvert **ou** dégagé. » Ou encore: « Mon circuit Q produit 1 quand l'entrée A est 1 **et** l'entrée B **ou** C est 1, sinon il produit 0. » En termes de logique, ces deux affirmations sont exactement identiques.

Il doit exister d'autres règles pour traiter ce que nous avons écrit. En effet, elles constituent l'algèbre de Boole et nous permettent de simplifier ou de transformer n'importe quelle expression logique en conservant sa signification d'origine. Utilisons une table de vérité pour créer une expression boléenne correspondante et revenons à notre exemple: supposons que nous devions décider de prendre ou non notre parapluie. Appelons la décision Q. Si Q est 1, nous le prenons, si Q est 0 nous le laissons chez nous. Sachant qu'il existe trois possibilités, désignons chacune par une lettre: A (il pleut), B (le temps est couvert), C (il est dégagé). Ainsi pour chaque valeur possible de A, B et C, il doit exister une valeur pour Q (une décision relative au parapluie). Si nous les listons toutes, nous ne pouvons faire autrement que de compter en binaire:

A B C	Q
0 0 0	0
0 0 1	0
0 1 0	0
0 1 1	0
1 0 0	0
1 0 1	1
1 1 0	1
1 1 1	1

Ainsi Q vaut 1 dans trois occasions seulement: quand A = 1, B = 0, C = 1 ou quand A = 1, B = 1, C = 0 ou quand A = 1, B = 1, C = 1.

Voici, en d'autres termes, le résumé de la table de vérité:

Je prends mon parapluie quand le temps est pluvieux **et non** couvert **et** dégagé **ou** quand le temps est pluvieux **et** couvert **et non** dégagé **ou** quand le temps est pluvieux **et** couvert **et** dégagé.

Et en se rapprochant de l'algèbre de Boole:

Q = (A et ~B et C) ou (A et B et ~C) ou (A et B et C)

Mais il existe une quantité de règles de simplification pratiques qui nous permettent de simplifier cette expression par étapes, jusqu'à:

Q = A et (B ou C)

Ce qui est beaucoup plus facile à comprendre. En fait, c'est aussi plus commode à intégrer dans un circuit. En électronique, les transistors sont utilisés pour fonctionner comme des portes logiques ET, OU et NON. Les 1 et les 0 sont des courants électriques (ouverts ou fermés). Les ordinateurs sont constitués de plusieurs millions de ces portes logiques. Par l'algèbre de Boole, il devient possible d'utiliser uniquement les expressions logiques qui définissent les circuits et de réduire le nombre de portes nécessaires. Dans l'exemple, au lieu d'utiliser dix opérateurs logiques, nous en avons besoin de deux: l'ordinateur est plus rapide et donc plus efficace.

rapidement des dons de créativité et d'originalité. Il fut nommé professeur de mathématiques au Queen's College de Cork à trente-quatre ans et y demeura jusqu'à son décès prématuré, quinze ans plus tard. Il eut néanmoins le temps de créer une discipline qui porte encore son nom : la logique booléenne (voir l'encadré page ci-contre).

Boole passait pour un génie auprès de ses collègues, comme en témoignent ces paroles de l'un d'eux, De Morgan, avec lequel il entretint une abondante correspondance entre 1842 et 1864 :

« Le système de logique de Boole constitue l'une des nombreuses preuves de l'alliance du génie et de la patience [...]. Que les processus symboliques de l'algèbre, transformés en outils de calcul numérique, aient le pouvoir d'exprimer tout acte de pensée et de fournir la grammaire et le dictionnaire d'un système de logique universel, personne n'aurait pu l'imaginer avant d'en détenir la preuve. »

L'histoire raconte qu'en 1864, il fut surpris par une violente averse un jour qu'il parcourait à pied les trois kilomètres entre son domicile et l'université comme il en avait l'habitude. Il donna son cours sans quitter ses vêtements trempés et tomba malade, probablement victime d'une pneumonie. Par une étrange ironie du destin, sa femme possédait une logique bien particulière. Elle était convaincue que le meilleur remède était de soigner le mal par ce qui l'avait provoqué. Autrement dit, elle versa sur le malheureux des seaux d'eau froide tandis qu'il gisait dans son lit. Boole ne se releva jamais.

Ébranler les fondements des mathématiques

Tandis que les nombres binaires, les cartes perforées, les machines à calcul automatique et la logique de Boole annonçaient la conception d'ordinateurs modernes, c'est une découverte qui menaça les mathématiques dans leur ensemble qui fut à l'origine de la théorie qui sous-tend l'informatique.

À droite : Les circuits électroniques tels que celui-ci font appel aux mathématiques de la logique booléenne pour leur réalisation.

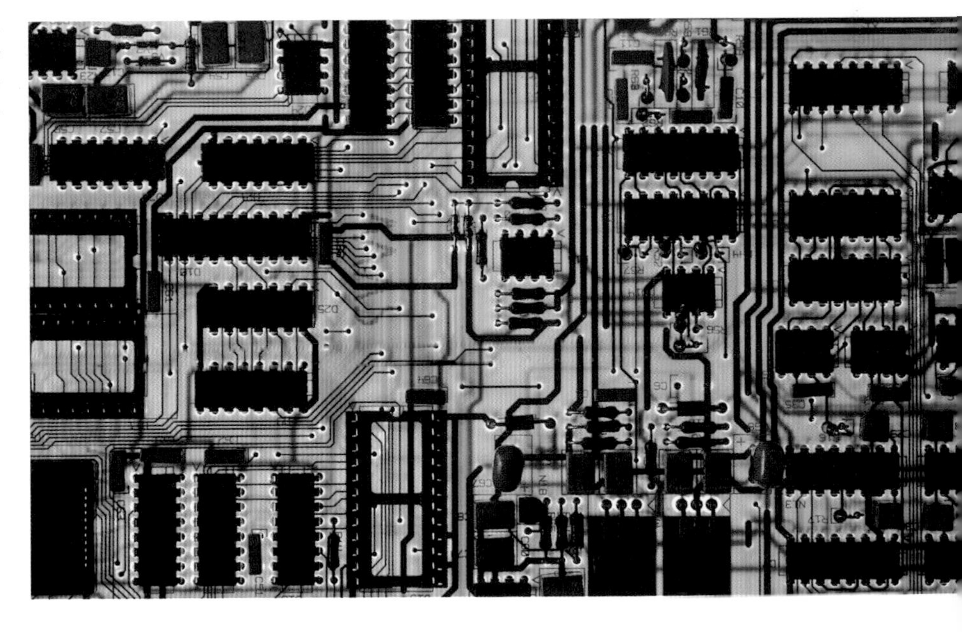

À gauche : Bertrand Russell recevant le prix Nobel de littérature des mains du Roi de Suède Gustave VI Adolphe à Stockholm (1950).

Huit ans après la disparition de Boole, Bertrand Russell naissait en Cornouailles. Ayant perdu ses deux parents à l'âge de quatre ans, il fut élevé par sa grand-mère (contre la volonté de son père qui aurait préféré qu'il soit éduqué dans un milieu athée). Russell suivit des études de mathématiques et de sciences morales au Trinity College de Cambridge. Ses convictions morales et personnelles vont jouer un rôle primordial tout au long de sa vie. Il milita avec ardeur contre les deux guerres mondiales, et ses prises de position lui valurent d'être suspendu plusieurs fois de ses fonctions d'enseignant à l'université et de passer un certain temps en prison. Russell reçut néanmoins l'Ordre du Mérite britannique et le prix Nobel de littérature ; il publia en 1955 avec son ami le manifeste Russell-Einstein appelant à cesser la course aux armements nucléaires. Il ne s'écarta jamais de ses idéaux, qu'ils fussent ou non en accord avec les décisions des gouvernements d'alors. Son courage le rendit populaire auprès de l'opinion publique.

Hormis sa rigueur morale, Russell était avant tout un mathématicien et un logicien. Il démontra que les mathématiques sont réductibles à la logique, c'est-à-dire qu'elles peuvent être réécrites sous forme d'expressions logiques. Ce qui est considérable, car cela nous a permis de comprendre toutes les vérités fondamentales sur lesquelles sont fondées les mathématiques. Puis il découvrit un paradoxe. Une chose qui était à la fois et simultanément vraie et fausse. Nous avons vu dans le chapitre 1 que la preuve par la contradiction repose sur ce type de démonstration : quand quelque chose semble être à la fois vrai et faux, cela signifie que le raisonnement est erroné. Le paradoxe de Russell semblait impliquer que les mathématiques étaient fausses dans leur ensemble (voir l'encadré page ci-contre). Ce fut un désastre total !

Les mathématiciens se révoltèrent à l'idée qu'il puisse y avoir une erreur dans le fondement même des mathématiques. Siècle après siècle, les concepts et les preuves mathématiques s'étaient construits sur une série de vérités fondamentales. Or, selon le paradoxe de Russell, il n'existait plus aucune preuve fiable. L'idée que les mathématiques étaient le seul domaine où on pouvait connaître la vérité avec une certitude absolue, comme le pensait Descartes, avait désormais perdu toute validité.

Cette découverte déclencha une activité intense chez les scientifiques, bien décidés à résoudre le problème. Mais au lieu de réfuter le paradoxe de Russell, ils ne firent que le conforter. En 1931, un mathématicien apporta la preuve définitive que les mathématiques seraient toujours incomplètes. Il se nommait Gödel.

Kurt Gödel est né en 1906 à Brünn, en Autriche-Hongrie (aujourd'hui Brno, République tchèque).

Le paradoxe de Russell

Un barbier ne rase que les gens qui ne se rasent pas eux-mêmes. Doit-il se raser lui-même ?

S'il ne se rase pas lui-même, alors il doit se raser lui-même. Mais s'il se rase lui-même, alors il ne se rasera pas lui-même ! Tout cela n'a de sens que s'il se rase lui-même et qu'il ne se rase pas lui-même en même temps... mais ce n'est pas possible logiquement. Voilà pourquoi c'est un paradoxe.

Le paradoxe de Russell est similaire, mais il concerne des ensembles ou des groupes de choses. Russell savait que si l'on a, disons, un ensemble de tasses et un ensemble de soucoupes, alors on pourrait avoir un ensemble d'ensembles de tasses et de soucoupes. En d'autres termes, le concept « d'ensemble » est une notion mathématique intéressante, et nous pouvons regrouper des ensembles à l'intérieur d'autres ensembles. Les preuves des opérations de base de l'arithmétique telles que l'addition et la soustraction sont faites en utilisant des ensembles de nombres, de sorte qu'ils constituent l'un des piliers fondamentaux des mathématiques. Russell savait qu'il est possible que certains ensembles soient contenus en eux-mêmes. C'est le cas, par exemple de l'ensemble de tous les ensembles non vides. Si vous avez un ensemble de quelque chose, alors il est contenu dans cet ensemble. Dans la mesure où il y a quelque chose dans cet ensemble, c'est lui-même un ensemble non vide et il doit être contenu dans l'ensemble des ensembles non vides. Donc il est à l'intérieur de lui-même. Ou, selon la théorie de l'ensemble, c'est un membre de lui-même.

Le paradoxe de Russell pose la question suivante : s'il existe un ensemble de tous les ensembles qui ne sont pas membres d'eux-mêmes, l'ensemble est-il un membre de lui-même ?

Cet ensemble se contiendra lui-même seulement s'il ne se contient pas lui-même. Mais s'il ne se contient pas lui-même, alors il se contient lui-même. Comme dans le paradoxe du barbier, la seule solution qui ait du sens est si l'ensemble se contient et ne se contient pas lui-même à la fois. Mais c'est logiquement impossible.

Souffrant pendant son enfance de fièvre rhumatismale, il dévore à l'âge de huit ans les ouvrages de médecine traitant de sa maladie. Sa vie durant, il ne cessera d'être obsédé par sa santé, et sera notamment convaincu d'avoir une faiblesse cardiaque. Son hypocondrie est renforcée par l'exemple d'un de ses professeurs, le célèbre mathématicien Furtwängler qui, paralysé, se déplace en fauteuil roulant et charge un assistant d'écrire au tableau sous sa dictée.

Gödel enseigne à l'université de Vienne quand la Seconde Guerre mondiale éclate. Craignant les persécutions (alors qu'il n'est pas de confession juive) et anxieux à l'idée d'être mobilisé, il s'enfuit aux États-Unis avec son épouse. En 1948, il prend la citoyenneté américaine. En logicien passionné, pendant l'audition concernant sa demande de naturalisation, il entreprend de démontrer au juge l'existence d'une faille logique dans la Constitution des États-

Ci-contre : En 1951, Einstein remet à Kurt Gödel le premier prix Albert Einstein pour ses réalisations dans le domaine des sciences naturelles. Au centre, Lewis Strauss, le président de la commission à l'énergie atomique, et à droite, le physicien Julian Schwinger.

Unis, qui permettrait à un dictateur de prendre le pouvoir. Fort heureusement, ses amis Albert Einstein et Oskar Morgenstern le calment et le juge ne lui en tient pas rigueur.

Ses travaux les plus mémorables sont connus sous le nom de théorèmes d'incomplétude. Voici le premier, sans doute le plus célèbre :

Pour toute théorie formelle cohérente qui prouve des vérités mathématiques de base, il est possible de construire un énoncé arithmétique qui est vrai, mais qui ne peut être prouvé dans cette théorie. C'est-à-dire que toute théorie cohérente d'une certaine force expressive est incomplète.

En termes simples, cela signifie que nous ne pouvons pas tout prouver à l'aide des mathématiques, y compris une vérité.

Les implications de cette théorie ne sont guère réjouissantes. Gödel montrait que la quête millénaire des mathématiciens n'aboutirait jamais : il ne serait jamais possible de créer un système mathématique complet, dans lequel tout, des axiomes les plus simples aux preuves les plus complexes, pourrait être vrai de manière univoque. Aussi solides que soient les fondements des mathématiques, il existerait toujours des vérités résistant à la preuve. La conclusion à laquelle Gödel était arrivée trouva sa validation, et il ne resta plus au monde qu'à entériner le fait que les mathématiques n'étaient pas infaillibles. De même que nous ne pourrons jamais écrire la valeur complète d'un nombre irrationnel, il s'avère dans certains cas impossible de prouver une chose mathématiquement, et nous n'y pouvons absolument rien.

Gödel se laissa enfermer dans ses obsessions, ses travaux mathématiques et ses succès ne lui étaient d'aucune aide pour comprendre son état. Son frère, qui était justement médecin, écrit :

« Mon frère avait une opinion très personnelle et très rigide sur tout et était imperméable au dialogue. Pour son malheur, il était convaincu d'avoir toujours raison, en mathématiques comme en médecine, ce qui faisait de lui un patient détestable pour le médecin qui le soignait. Après plusieurs saignements graves dus à un ulcère au duodénum [...], *il s'infligea pour le restant de sa vie un régime sévère (pour ne pas dire exagéré) qui causa un amaigrissement progressif. »*

Vers la fin de sa vie, Gödel portait un masque de ski dès qu'il sortait, afin de se protéger des microbes, et nettoyait avec frénésie les couverts qu'il utilisait pour manger. Il mourut âgé de soixante-douze ans, sans doute de dénutrition parce qu'il refusait de s'alimenter par crainte d'être empoisonné.

Ci-dessus : Alan Turing contribua à casser les codes de la machine Enigma, pendant la Seconde Guerre mondiale.

Cela ne se calcule pas

Indépendamment de leurs croyances personnelles, Russell et Gödel avaient profondément ébranlé les fondements des mathématiques. Les certitudes s'effritaient. Qu'est-ce qui allait devenir impossible à prouver à présent ? Telle était la question qui préoccupait Alan Turing, un Londonien né en 1912. En cherchant à y répondre, il inventa la théorie à l'origine des ordinateurs modernes.

Turing n'était pas heureux à l'école ; ses résultats étaient souvent médiocres mais il possédait une manière originale de résoudre les problèmes. Il agaçait ses professeurs parce que tout en poursuivant ses propres études et ses propres expériences, il remportait néanmoins les premiers prix de mathématiques. Turing continua ses études de mathématiques au King's College de Cambridge, où il prit connaissance des travaux de Russell et de Gödel. À l'âge de vingt-quatre ans, après avoir produit un travail considérable, il publia ses idées sur la décidabilité et sur la logique. Turing réussit à prouver qu'il n'était pas possible de montrer universellement (pour tout exemple donné) qu'un énoncé logique ou arithmétique est vrai ou faux. Cela porta le coup de grâce à la belle perfection des mathématiques. Mais le plus remarquable résidait dans la construction de la preuve. Turing avait imaginé une machine qui lirait un long ruban, suivrait les instructions lues, se déplacerait le long du ruban et écrirait des symboles sur le ruban. Une machine bien étrange (voir l'encadré page ci-contre) !

La machine de Turing n'était pas qu'une brillante invention, car elle était capable d'effectuer des calculs. Le mathématicien avait également eu l'idée d'une machine universelle pouvant simuler le comportement de n'importe quelle autre machine de Turing. Il avait prouvé qu'une telle machine existait et qu'elle était capable de réaliser n'importe quel calcul si on lui fournissait les instructions appropriées. C'était exactement ce qui manquait à l'époque : un calculateur à portée universelle.

La machine universelle de Turing devint le modèle théorique des ordinateurs. Elle nous a appris comment fonctionnent et comment nous devons les concevoir pour les utiliser. Grâce à cette théorie, nous savons que tout ordinateur est parfaitement capable de simuler le comportement d'un autre ordinateur (s'il a assez de temps et une mémoire suffisante). Turing nous l'a appris, avant même que les premiers calculateurs électroniques aient été fabriqués.

Turing ne connut pas l'univers informatisé qu'il avait contribué à former. Il continua à travailler à Cambridge et à Princeton, avant d'être recruté en 1938 par les services du gouvernement pour travailler sur un projet ultra-secret de déchiffrage de cryptages militaires. Lorsque la Seconde Guerre mondiale éclata, il travaillait à Bletchley Park, où il mit au point une méthode imaginative et brillante qui permit de casser les codes de la machine Enigma utilisée par les nazis pour communiquer dans l'armée. On a dit que ses recherches avaient sauvé la vie de plus de soldats que n'importe quelle autre action des alliés.

Une fois la guerre terminée, Turing retourna à Cambridge, puis occupa un poste à l'université de Manchester où il poursuivit ses recherches. Il avait conçu le projet d'un calculateur électronique pour le National Physics Laboratory de Londres, mais évolua rapidement vers des sujets tels que l'intelligence artificielle et les schémas de croissance générés par des interactions chimiques. Turing considérait que la biologie et le cerveau humain étaient des processus susceptibles d'être informatisés. Quelqu'un écrivit à ce sujet :

« [...] *il participait activement aux débats sur les oppositions et sur les similitudes entre la machine et le cerveau de l'homme. Il défendait avec esprit*

La machine de Turing

L'étrange machine imaginaire à ruban est devenue célèbre sous le nom de machine de Turing. Il s'en servit pour démontrer que certains problèmes sont indécidables en mathématiques. Il l'a prouvé en imaginant que cette petite machine bizarre réalisait un calcul en suivant les symboles inscrits sur son ruban. Puis il a posé la question : est-il possible de dire si cette machine sera bloquée dans une boucle sans fin et continuera à calculer ou si elle s'arrêtera de calculer et fournira une réponse ? Il serait tout à fait possible qu'elle continue indéfiniment.

Turing conclut que s'il était possible de prévoir si sa machine s'arrêtait ou non, alors une autre machine devrait être capable de le faire, car il savait que sa machine imaginaire pouvait théoriquement effectuer n'importe quel calcul mathématique. Il conçut donc une seconde machine de Turing qui contrôlerait la première et s'arrêterait, affichant en sortie « ne s'arrête pas » au cas où la première ne stopperait pas ou qui continuerait à calculer si, au contraire, la première s'arrêtait.

Et nous en arrivons maintenant au point crucial. Turing imagina ce qui arriverait si la deuxième machine considérait ce qu'elle faisait elle-même, et se mettait à décider de cesser ou non de calculer. Il se trouva brusquement face à un paradoxe : si la machine continuait indéfiniment elle finirait par s'arrêter ; mais si on l'arrêtait alors elle continuerait à fonctionner indéfiniment. C'est impossible du point de vue logique, nous ne serons jamais capables de dire si elle s'arrête ou non. Bien qu'obscure et improbable, il existe en réalité un grand nombre de problèmes indécidables ou non calculables, ce qui plonge les programmeurs dans l'embarras.

Ci-dessus : Bletchley Park, Buckinghamshire, 1926. Quartier général des cryptographes alliés où ont été déchiffrés les codes allemands d'Enigma et de Lorenz.

et vigueur l'idée qu'il revenait à ceux qui voyaient un fossé insurmontable entre les deux d'en démontrer la différence. »

En 1943, à la cafétéria des laboratoires Bell, on l'entendit déclarer de sa voix haut perchée :

« Non, je n'ai pas l'intention de développer un cerveau supérieur puissant. Tout ce qui m'intéresse c'est un cerveau médiocre, un peu comme celui du président de l'American Telephone and Telegraph Company. »

Aujourd'hui encore, le test de Turing représente l'exemple le plus connu de test d'intelligence pour les ordinateurs. Il fonctionne ainsi : imaginez que vous êtes assis en face d'un ordinateur, en train de discuter en ligne avec deux interlocuteurs. Si vous êtes capable d'avoir une conversation élaborée avec deux personnes sans prendre conscience que vous discutez en fait avec une personne et avec un ordinateur, et sans pouvoir faire la distinction entre l'un et l'autre, alors on peut dire de l'ordinateur qu'il est intelligent et qu'il réussirait le test de Turing. À ce jour, un certain nombre de programmes ont réussi le test, mais uniquement lorsque la discussion portait sur un sujet très restreint. Aucun n'a satisfait au test dans les cas où il n'y avait pas de limite fixée au sujet.

À l'époque où Turing concevait ses inventions, Internet n'existait pas. Les ordinateurs avaient les dimensions d'une pièce tout entière pour une puissance inférieure à celle de nos calculatrices de poche actuelles. Turing était un visionnaire remarquable.

En 1952, son homosexualité le mène devant les tribunaux, en vertu de la loi sur la sodomie en vigueur à l'époque en Grande-Bretagne. On lui retire alors son autorisation d'accès à Bletchley Park et le gouvernement juge qu'il représente un risque pour la sécurité du pays. Il meurt en 1954 à l'âge de quarante-deux ans, tandis qu'il effectue des

Ci-dessous : La machine à coder Enigma, utilisée par les nazis.

Ci-dessus : Robert Oppenheimer et John von Neumann devant l'un des tout premiers ordinateurs (1952).

expériences d'électrolyse. On trouve des traces de cyanure sur une pomme entamée posée à côté de lui. La thèse du suicide est officiellement retenue, mais sa mère ne cessera de défendre celle de l'accident.

D'aucuns prétendent qu'un constructeur informatique nommé Apple Macintosh se serait inspiré de cet événement pour créer son logo représentant une pomme à moitié croquée. En réalité, ce serait celle de Newton sous son pommier.

Concevoir des architectures d'ordinateur

Turing avait posé les fondations théoriques et Babbage avait conçu le premier calculateur mécanique, mais il fallut attendre l'arrivée d'un autre génie pour réaliser la première machine électronique jamais construite. Né en 1903 à Budapest, en Hongrie, John von Neumann était un enfant précoce, doté de capacités extraordinaires. Son père l'exhibait avec fierté devant ses invités lors des soirées mondaines, parce qu'il était capable de mémoriser une page de l'annuaire en quelques secondes et de réciter les noms, les adresses et les numéros de téléphones sans se tromper. Le jeune garçon développa un don particulier pour les mathématiques, mais à la demande de son père, soucieux de son avenir professionnel, il s'orienta vers des études de chimie à l'université de Budapest. Il occupait ses loisirs à suivre des cours de mathématiques, où tout le monde s'accordait à reconnaître son talent. Un de ses professeurs confia quelques années plus tard :

« John était le seul étudiant que je redoutais. Si j'évoquais un problème non résolu, il était fréquent qu'à la fin du cours il vienne me voir avec la solution complète griffonnée sur un bout de papier. »

Von Neumann passa son doctorat de mathématiques et poursuivit ses recherches post-doctorales dans différentes universités. À vingt-cinq ans, il était déjà célèbre dans le monde des mathématiciens qui saluaient en lui un jeune génie. Il s'établit donc à Princeton, où il devint professeur et se joignit à plusieurs scientifiques éminents, dont Albert Einstein, pour travailler à l'Institut d'études avancées récemment fondé. Son génie ne l'empêchait pas de mener une vie sociale animée – les soirées qu'il donnait étaient légendaires. Il serait trop long de citer ici ses nombreuses réalisations, mais parmi ses travaux de mathématicien on ne peut omettre de mentionner l'étude d'équations extrêmement complexes visant à décrire l'hydrodynamique (la prévision du flux de l'eau). Il comprit très vite que la résolution de ces équations nécessitait un calculateur et il dessina les plans du EDVAC (electronic discrete variable automatic computer), l'une des premières machines électroniques. Celle-ci présentait des similitudes avec les travaux de Babbage, mais elle utilisait des valves électriques au lieu de fonctionner à l'aide de rouages mécaniques. L'EDVAC était composé de quatre éléments logiques : l'unité centrale arithmétique qui effectuait les calculs, l'unité centrale de contrôle, qui déterminait ce qui se passerait ensuite,

À droite : T. Kite Sharpless en train de faire une démonstration de l'ordinateur EDVAC.

la mémoire de stockage des nombres et les dispositifs d'entrée et de sortie comme le clavier et l'imprimante. L'architecture, dite architecture de von Neumann, est le modèle qui préside à la construction de la majorité des ordinateurs.

Von Neumann n'a pas uniquement conçu l'ordinateur classique, il a également créé l'automate cellulaire, une sorte d'ordinateur parallèle que l'on utilise encore aujourd'hui pour analyser et modéliser des systèmes complexes. Il se trouve qu'il eut à superviser le doctorat d'un certain Alan Turing au cours des années 1936-1938. Et comme ce dernier, il contribua également à l'effort de guerre par ses travaux en mathématiques et en physique qui menèrent au développement de la bombe à hydrogène.

En dépit de son génie (ou plutôt à cause de celui-ci), von Neumann réagit très mal à l'annonce du cancer qui allait l'emporter à cinquante-deux ans, si l'on en croit un de ses proches :

« *Quand von Neumann comprit que sa maladie était incurable, sa logique le força à réaliser qu'il cesserait d'exister, et donc qu'il cesserait de penser* [...] *C'était à fendre le cœur d'assister à la frustration de son esprit, quand tout espoir fut abandonné de lutter contre un destin qui lui apparaissait tout aussi inévitable qu'inacceptable* [...] *: son esprit, l'amulette sur laquelle il s'était toujours reposé, devenait de moins en moins fiable. Puis vint le moment de l'écroulement psychologique total : crises de panique, cris de terreur incontrôlables chaque nuit.* »

Son ami Edward Teller déclara :
« *Quand son esprit cessa de fonctionner, je pense que von Neumann souffrit plus que je n'ai jamais vu un être humain souffrir. Son sentiment d'invulnérabilité, ou plus simplement son désir de vivre, était en lutte contre des faits inaltérables. Il parut redouter terriblement la mort jusqu'au dernier moment* [...] *Ses réalisations, l'influence qu'il exerçait, ne pouvaient plus le sauver comme cela avait été le cas dans le passé. John von Neumann, qui savait vivre si pleinement, ne savait pas comment mourir.* »

Von Neumann a déposé les armes en 1957, à cinquante-trois ans. Son œuvre survit dans les ordinateurs du monde entier, mais les mathématiques restent son premier amour. Et pour reprendre ses mots :

« *Quand les gens ne croient pas que les mathématiques sont simples, c'est uniquement parce qu'ils ne réalisent pas combien la vie est compliquée.* »

Créer la révolution de l'information

Vivant dans un monde où l'ordinateur est roi, nous avons tendance à oublier toute la machinerie qui sous-tend notre existence. Nous ne nous soucions pas des milliards de dispositifs électroniques (élaborés entre autres par von Neumann) qui peuplent notre environnement. Nous pouvons nous permettre de les ignorer, parce que nous savons qu'ils accomplissent leur tâche (certains plus rapidement, d'autres grâce à des dispositifs plus élaborés ou avec une mémoire plus vaste) peu importe, il s'agit dans tous les cas de machines universelles de Turing. Au lieu de penser aux ordinateurs, nous nous préoccupons plutôt de l'information.

Ci-dessus : Claude Shannon avec sa souris électronique aux laboratoires Bell. La souris possède une mémoire telle qu'il lui suffit d'un seul essai pour retrouver son chemin dans le labyrinthe.

C'est un concept si évident qu'il en devient banal dans un monde où il est possible de faire une photo numérique sur un minuscule téléphone portable, de l'envoyer par e-mail à un ami, lequel la mettra en ligne, et où n'importe qui d'autre, en quelque lieu qu'il se trouve, pourra la télécharger. La révolution de l'information a véritablement transformé notre univers. Les économies dépendent du commerce électronique sur Internet, les gouvernements utilisent la Toile pour communiquer avec les citoyens, et une foule de gadgets qui nous permettent d'appeler ou de voir qui nous voulons, de n'importe où sur la planète sont accessibles. En 2004, le jeu sur ordinateur EverQuest affichait une économie si florissante que Norrath devint le soixante-dix-septième pays le plus riche du monde – quand bien même il s'agit d'un pays virtuel qui n'existe pas physiquement. Aujourd'hui, les entreprises les plus riches et les plus performantes sont souvent des fabricants de logiciels ou vendent presque exclusivement en ligne (par exemple Microsoft, Ebay et Google).

C'est un autre génie qui nous a expliqué ce qu'est l'information. Claude Shannon est né en 1916 à Gaylord, aux États-Unis. Contrairement à von Neumann et aux autres personnalités que nous avons décrites, ce n'était pas un mathématicien pur. Dans ses recherches à l'Institut de technologie du Massachusetts (MIT) il s'intéressait davantage aux réalisations concrètes telles que les ordinateurs fonctionnant à partir de relais électriques. Il travailla notamment dans les laboratoires Bell du New Jersey, où il créa la révolution de l'information grâce au *bit* (de l'anglais *binary digit*), en montrant qu'un bit est l'unité fondamentale de l'information. Il prouva qu'il était possible de représenter n'importe quoi grâce aux deux états les plus simples, on/off (ouvert/fermé), des chiffres binaires. Ce fut une avancée considérable à l'époque où la conception et la construction d'ordinateurs connaissaient un fort développement. Grâce à lui nous pouvons réaliser l'opération de correction d'erreur et contrôler la perte d'information au cours de la transmission. Nous avons appris à compresser l'information – ce qui se concrétise dans le MP3 pour la musique, la télévision numérique et le format JPEG pour les images numériques (voir l'encadré page ci-contre).

Shannon finit par retourner au MIT en tant que professeur, où il laissa libre cours à son inventivité et à son sens de l'humour. Il s'amusait par exemple à arpenter les couloirs sur un monocycle et en jonglant. À un moment donné, il travailla à la conception d'un bâton sauteur *(pogo stick)* motorisé et inventa entre autres choses un monocycle à deux places. Si l'on en croit ses collègues :

« On ne savait jamais si ces activités participaient d'une nouvelle avancée technique ou s'il cherchait seulement à s'amuser [...] *Un jour il eut l'idée d'un monocycle à plate-forme décentrée. Quand il circulait dans les couloirs en se dandinant comme un canard sur son nouvel engin, les gens sortaient de leur bureau pour le voir. »*

Shannon continua ses recherches (inventant entre-temps des moyens de transport aux formes bizarres), s'intéressant à l'intelligence artificielle et créant des programmes de jeux d'échecs. Il est le père de l'un des premiers robots autonome contrôlé par ordinateur, une souris robot capable de naviguer dans un labyrinthe. Vers la fin de sa vie, en voyant la manière dont les ordinateurs et l'information qu'ils généraient transformaient le monde, il déclara modestement :

« On a peut-être exagéré l'importance de la théorie de l'information bien au-delà de ce qu'elle a accompli réellement. »

Atteint par la maladie d'Alzheimer, il est décédé en 2001.

Aujourd'hui nous savons que l'information est la sève qui coule à l'intérieur des ordinateurs. La machinerie électronique qui sert à calculer contribue à générer, à transformer, à stocker et à véhiculer cette information sur les immenses réseaux d'Internet et sur les réseaux du téléphone sans fil. L'information (qui n'est rien de plus qu'un nombre inimaginable de un et de zéro) circule nuit et jour. Ce flux va grossissant à mesure que les ordinateurs deviennent de plus en plus rapides et que les capacités des réseaux augmentent. Il n'y a pas si longtemps, nous utilisions tous des modems qui nous permettaient d'envoyer ou de recevoir seulement 48 000 bits par seconde. Maintenant, nous disposons de réseaux à large bande d'une capacité allant de un à seize mégabits, autorisant un flux de 16 000 000 bits par seconde. L'information est l'un des moteurs de notre monde moderne. Nous l'avons longtemps assimilée aux chiffres, avant de comprendre qu'elle concernait aussi le texte. Et maintenant elle devient audio, vidéo et se présentera bientôt en trois dimensions.

Nous connaissons tous le dicton : le temps, c'est de l'argent. Il n'est plus vrai. Aujourd'hui nous dirions : l'information, c'est de l'argent. Des nombres en base 2 se propageant à la vitesse de la lumière gouvernent le monde.

Le codage par plages

Le codage par plages est un exemple classique de compression technique appliquée au fax. Imaginez que vous envoyez une image en noir et blanc par fax. Si nous examinons la page, point par point, en la balayant de gauche à droite, de haut en bas, nous pouvons rédiger une longue liste de valeurs. Un « n » signifierait un point noir, un « b » symbolisant un point blanc. Sur la plupart des documents, on observe qu'il y a davantage de blanc que de noir (qu'il s'agisse d'une image ou d'un texte). Par conséquent une liste de bits pour chaque point noir ou blanc donnerait un nombre impressionnant de « b » ; on aurait quelque chose qui ressemble à ceci :

bbbbbbbbbbnbbnbbbbnbbnbbbbbbbbbbnbb
bbnbbbnbbnbbbbbnnbbbbbbbbbb

Le codage par plages remplace par un code la répétition de tous ces éléments. Ainsi pour remplacer huit « b » d'affilée, on écrit « b », ce qui n'utilise que deux caractères au lieu de huit. En suivant ce schéma, voici ce que donnerait l'exemple ci-dessus :

10bnbbn4bnbbn11bn4bn3bnbbn5bnn10b

Bien entendu, l'information est stockée sous forme binaire et non en lettres comme ici, mais l'idée est la même. Moins on utilise de chiffres pour représenter la même information, plus on peut la transmettre rapidement et stocker de larges volumes de données. Cela signifie des fax et des e-mails plus rapides, un plus grand nombre de morceaux de musique sur votre MP3 et un plus large choix de chaînes sur votre télévision !

En 2004, l'entreprise qui préside à la destinée de l'incontournable moteur de recherche Google annonça son intention de lever des fonds pour se développer. Au lieu d'indiquer comme on le fait d'habitude un chiffre rond de l'ordre de un milliard ou de un milliard et demi de dollars, elle fixa le chiffre de 2 718 281 828 dollars. Pourquoi avoir annoncé un nombre aussi précis ? Il s'agissait en fait d'une plaisanterie de mathématiciens, car dans le monde des mathématiques, ce nombre est connu sous le nom de e.

L'INVENTION

CHAPITRE e

Google n'en resta pas là. Le groupe fit placarder sur tout le territoire américain d'immenses affiches portant ce message mystérieux :

(premier nombre premier à dix chiffres trouvé dans les chiffres de e qui se suivent).com.

Ceux qui réussissaient à résoudre l'énigme et qui se rendaient sur le site en question étaient confrontés à une autre devinette encore plus obscure. Les questions successives résolues, ils aboutissaient à une page Internet leur offrant des postes chez Google : ils étaient suffisamment brillants pour avoir franchi avec succès toutes les étapes.

e représente l'un des mystérieux nombres irrationnels qui sont au cœur des mathématiques. Sa valeur (jusqu'aux vingt premières décimales) est 2,718281828459045235 36. Il n'a jamais été aussi célèbre que le nombre d'or, ou que pi, le rapport entre la circonférence et le diamètre du cercle. Il n'a jamais provoqué de meurtres comme l'irrationnelle √2 et n'a jamais mené à l'invention de l'informatique comme la base 2. Mais si e revêt une importance capitale, c'est que sa découverte et son utilisation sont à l'origine de plusieurs concepts mathématiques fondamentaux. Avant l'apparition des ordinateurs, nous dépendions de e pour calculer avec exactitude. Sans lui, les sciences et les techniques n'auraient pas connu de semblables progrès au cours des derniers siècles. Si nous ne l'avions pas découvert, nous en serions encore à construire laborieusement des machines compliquées en espérant qu'elles fonctionnent ; nous n'aurions peut-être pas d'automobiles, ni d'avions de ligne. Et nous n'aurions sans doute pas inventé l'ordinateur.

SUPRÊME

Calculer sans calculateurs

L'histoire de e débute avec un mathématicien écossais du XVIe siècle qui ignora toujours la relation entre ses travaux et ce qui allait devenir une nouvelle constante mathématique.

John Napier est né en 1550 à Édimbourg, dans une famille aisée. Après avoir suivi des études à la St Andrews University, il paracheva sa formation à travers l'Europe par l'étude de la théologie. À l'âge de vingt-quatre ans, Napier et son épouse s'installèrent dans un château construit par sa famille et se consacra à la gestion et à l'administration de ses terres. Mais il s'intéressa aussi aux inventions et aux mathématiques. Il expérimenta également des procédés agricoles, dont l'utilisation du sel pour améliorer les sols. Il inventa enfin un outil mathématique appelé logarithme, qui aide à la résolution de calculs complexes. En 1614, il rédigea un manifeste en latin, *Mirifici logarithorum canonis descriptio* :

« Constatant qu'il n'existe rien (à juste titre, chers étudiants en mathématiques) d'aussi fastidieux dans la pratique des mathématiques, et qui gêne et empêche autant le travail des calculateurs que les multiplications, les divisions, l'extraction des racines carrées et cubiques de nombres immenses, qui en outre prennent du temps et sont sujettes à d'innombrables fautes d'inattention, j'ai réfléchi à une manière simple et sûre de remédier à ces inconvénients. Et à l'issue d'une longue réflexion, j'ai trouvé de brèves et bonnes règles qui mériteront (peut-être) d'être appliquées ultérieurement. Mais parmi elles, il n'y en a pas de plus utile que celle qui épargne les laborieuses opérations de multiplication, de division et d'extraction des racines, et qui élimine du processus les nombres à multiplier, à diviser, ou dont il faut extraire la racine carrée, en les remplaçant par d'autres nombres qui parviennent au même résultat avec le secours seul de

À gauche : Portrait de John Napier, vers 1600, le mathématicien écossais qui inventa les logarithmes et des procédés mécaniques de calcul.

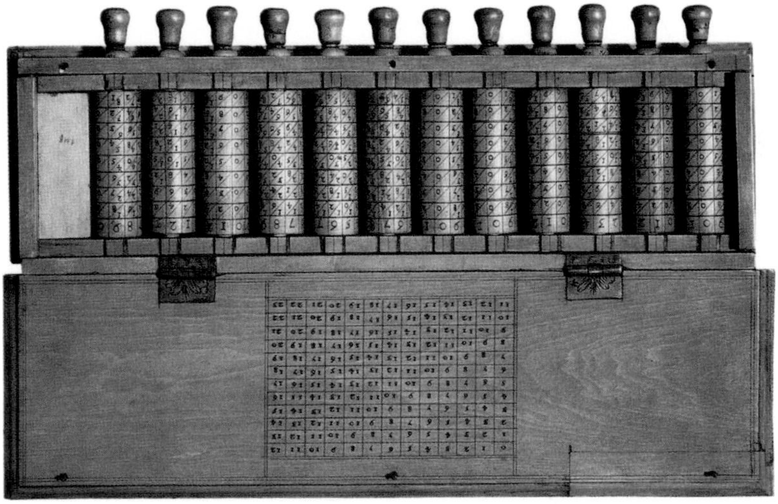

À gauche : Le système de calcul créé par Napier en 1617. Composé de cylindres gravés avec les tables de multiplication, il est connu sous le nom d'os de Napier.

l'addition et de la soustraction, de la division par deux ou de la division par trois. »

Bien entendu, le terme de « calculateurs » tel qu'il l'utilise ici désigne l'homme qui effectue le calcul. Il y a quatre cents ans, personne n'aurait imaginé l'existence de calculateurs électroniques. Et pourtant, si vous examinez attentivement une calculatrice, vous y verrez l'invention de Napier. Si elle dispose d'une touche marquée « log », vous avez devant les yeux son logarithme, cet outil qu'il a créé pour rendre la pratique des mathématiques plus aisée.

Napier avait compris que les logarithmes possèdent des propriétés très particulières. Ils transforment les multiplications en additions, et les divisions en soustractions. Ils simplifient également les opérations complexes comme le calcul des racines et des puissances en les réduisant à des multiplications. À l'époque où tous les calculs étaient réalisés à la main, ces méthodes magiques de simplification étaient aussi importantes que l'invention de l'ordinateur. Du jour au lendemain, les calculs les plus complexes purent être effectués rapidement et sans erreur ; il suffisait pour cela d'une table de logarithmes et de savoir additionner et soustraire.

L'usage des logarithmes s'étendit en peu de temps à toute l'Europe. Sans les logarithmes, Kepler n'aurait jamais compris le mouvement des planètes. Newton n'aurait pas découvert la loi de la gravité. Les générations de mathématiciens suivantes prirent le relais. Deux cents ans plus tard, Laplace lui-même déclarait avec humour :

« [...] *en raccourcissant les tâches ennuyeuses, ils ont prolongé du double la vie de l'astronome.* »

Il ne fallut pas longtemps pour que les logarithmes soient optimisés pour arriver à la fameuse règle à calcul. En faisant glisser le curseur le long des nombres disposés en face de leurs logarithmes, on obtenait les mêmes résultats qu'en effectuant des opérations compliquées. Les règles à calcul ont été en usage jusqu'à l'invention des calculatrices de poche, au début des années 1980. Vos grands-parents, vos parents ou vous-même en possédez peut-être une. Un conseil : gardez-la précieusement.

Les logarithmes

Le logarithme est le nom compliqué d'une chose très simple. Il a trait aux opérations mathématiques de base. Quand nous multiplions le même nombre plusieurs fois, nous pouvons l'écrire $10 \times 10 \times 10 \times 10 \times 10$, mais il est beaucoup plus commode de l'écrire 10^5.

Comme nous l'avons vu dans un précédent chapitre, on utilise des exposants comme celui-là pour écrire différents nombres :

$10^5 = 10 \times 10 \times 10 \times 10 \times 10 = 100\,000$

$10^{-5} = 1 / (10 \times 10 \times 10 \times 10 \times 10) = 0{,}00001$

$10^{1/5} = \sqrt[5]{10} = 1{,}58489...$

Le dernier résultat est d'environ 1,58489 parce qu'il s'agit du cinquième de la racine de 10. Multipliez ce nombre cinq fois par lui-même et vous obtiendrez 10.

Maintenant essayons quelque chose de nouveau. Entrez 1,584893192461114 sur votre calculatrice et tapez log, le résultat est... 0,2 ou ⅕. Si vous entrez 0,00001 et tapez log, le résultat est –5. Si vous entrez 100000 et tapez log, vous obtenez 5.

Ce qui signifie que log est la réciproque de la fonction exponentielle :

$\log 10^{1/5} = 1/5$

$\log 10^{-5} = -5$

$\log 10^5 = 5$

Facile, n'est-ce pas ? Si nous utilisons d'autres nombres que 10, nous pouvons indiquer la base numérique à l'aide de l'opérateur log. Ainsi :

$\log_{10} 100\,000 = 5$ car comme nous l'avons vu $100\,000 = 10 \times 10 \times 10 \times 10 \times 10 = 10^5$

$\log_3 81 = 4$ parce que $81 = 3 \times 3 \times 3 \times 3 = 3^4$

L'opérateur log nous indique combien de fois nous devons multiplier une base numérique par elle-même pour obtenir le nombre donné. Ou en algèbre : $\log_a a^b = b$

L'utilisation des logarithmes est si facile en raison d'une propriété commode des indices :

$10^3 \times 10^4 = 10^{3+4}$

Cette propriété est valable pour n'importe quel nombre. Nous pouvons donc dire de manière générale :

$10^x \times 10^y = 10^{x+y}$

Napier a eu le génie de comprendre que l'opération inverse des logarithmes pouvait être utilisée pour convertir la multiplication du membre de gauche en addition dans le membre de droite. Ce qui donne :

$\log (x \times y) = \log x + \log y$

Donc si $x \times y$ paraît trop difficile à résoudre, nous pouvons chercher dans la table le logarithme de chaque nombre à résoudre, ajouter les résultats et vérifier le résultat (ou celui qui s'en approche) sur la table de logarithmes.

2.7182818

Supposons par exemple que nous voulions multiplier :

2,34 × 3,45

Si nous cherchons les logarithmes de 2,34 et de 3,45 dans la table de logarithmes, nous trouvons :

0,3692 et 0,5378

Nous les additionnons (ce qui est plus facile que de multiplier les nombres précédents) et nous obtenons :

0,9070

Nous vérifions le résultat dans la table de logarithmes et constatons que le log le plus proche est 8,07.

Donc le résultat raisonnablement précis sera :

2,34 × 3,45 = 8,07

Nous avons trouvé la réponse en additionnant des logarithmes au lieu faire la multiplication. On emploie le même procédé pour transformer une division en soustraction et une racine en multiplication. Les logarithmes recèlent encore bien d'autres possibilités, découvertes après la mort de Napier. Comme nous l'avons vu, le logarithme est la réciproque de l'exponentiation et peut être appliqué à différentes bases numériques :

$\log_a a^b = b$

Que se passe-t-il si nous utilisons e comme base numérique ?

$\log_e e^b = b$

Ou, pour l'écrire en abrégé (c'est la touche « ln » sur votre calculatrice) :

$\ln e^b = b$

Nous pouvons maintenant calculer combien de fois il faudrait multiplier la mystérieuse valeur de e par elle-même. Il s'avère que le logarithme naturel, ou népérien, nous permet de calculer n'importe quel autre logarithme. En termes plus précis :

$\text{Log}_b\, a = \ln a / \ln b$

Pour calculer une table de logarithmes, il suffit de créer une table de logarithmes naturels, et de diviser une valeur par une autre. C'est encore un autre procédé astucieux pour faciliter les calculs. Et ce n'est que la première des étonnantes propriétés de e.

5904523536

Les courbes naturelles

Jacques Bernoulli, le frère aîné de Jean (dont nous avons fait la connaissance au chapitre 0) est né en Suisse en 1654. Il fut le premier de sa fratrie à s'opposer à la volonté de son père et à préférer les mathématiques à la philosophie et à la théologie. Comme son cadet, Jacques était un excellent mathématicien. Il possédait en outre un goût affirmé pour la controverse.

Au lieu d'entrer dans la carrière cléricale, il décida d'enseigner les mathématiques en s'inspirant principalement de l'héritage de ses illustres prédécesseurs Descartes et Leibniz. Il initia son jeune frère aux mathématiques et travailla en collaboration avec lui jusqu'à ce que leurs relations se détériorent par suite de divergences intellectuelles. D'après un auteur :

« Sensibilité, irritabilité, une passion commune pour la critique et un besoin de reconnaissance exacerbé, éloignèrent les frères l'un de l'autre, Jacques ayant un esprit plus lent mais plus profond. »

Ci-dessus : Portrait de Jacques Bernoulli, le mathématicien qui découvrit e.

On doit à Jacques d'avoir découvert le premier à découvrir le nombre e. Ce fut par le plus pur hasard, car ce qui l'intéressait principalement était de déterminer le point de convergence de différentes séries de nombres : il étudiait la question des intérêts composés. Au xviie siècle, l'idée d'intérêt sur les prêts était déjà connue ; elle représentait même l'une des applications les plus anciennes des mathématiques. Jacques se demandait comment calculer l'intérêt sur l'argent. Il savait qu'en ajoutant l'intérêt au capital à des intervalles de plus en plus fréquents (mensuellement au lieu d'annuellement par exemple) celui-ci augmentait plus rapidement. Mais que se passerait-il si on calculait l'intérêt chaque semaine ? Ou chaque jour ? Ou chaque seconde ? Il découvrit rapidement qu'en déposant l'équivalent d'un euro d'aujourd'hui à 100 % TEG on obtiendrait, pour des intérêts composés :

calculés annuellement :	2,00 euros
calculés bi-annuellement :	2,25 euros
calculés par trimestre :	2,44 euros
calculés mensuellement :	2,61 euros
calculés hebdomadairement :	2,69 euros
calculés chaque jour :	2,71 euros
calculés continus :	2,71 euros

À droite : L'euro. Bernoulli s'intéressait au concept d'intérêt composé et aux méthodes qui permettent de le calculer.

Quel était ce nouveau nombre étrange ? Quelle signification avait 2,718... ? Nous comprenons mieux e (appelé ainsi en référence au mathématicien Euler quelques années plus tard) en analysant la manière dont Jacques a étudié le problème des intérêts composés (voir l'encadré ci-dessous).

Découverte enthousiasmante. Ce nombre curieux représentait-il une autre constante fondamentale au même titre que le nombre d'or ou pi ? Il semblait entretenir un rapport avec l'exponentiation dans la mesure où il était créé par des termes successifs élevés à chaque fois à une puissance supérieure. Autrement dit : le premier terme se situe à la puissance un, le deuxième est au carré, le troisième est au cube, et ainsi de suite.

Séquence de l'intérêt composé de Bernoulli

Le problème de l'intérêt composé peut s'écrire à l'aide d'une formule mathématique. Bernoulli voulait explorer cette série de nombres :

$$\left(1+\frac{1}{1}\right)^1, \left(1+\frac{1}{2}\right)^2, \left(1+\frac{1}{3}\right)^3, \left(1+\frac{1}{4}\right)^4, \left(1+\frac{1}{5}\right)^5 \ldots$$

Cela paraît très simple, mais Bernoulli était curieux de savoir ce qui arriverait si la séquence progressait sans fin. La valeur croîtrait-elle de manière démesurée, diminuerait-elle jusqu'à zéro, ou observerait-on quelque chose d'autre ? En l'analysant, c'est cette troisième hypothèse qui semble se confirmer :

1 ; 2,25 ; 2,37 ; 2,44 ; 2,488 ; 2,52...

Lorsque nous atteignons le centième terme de la séquence, la valeur est de 2,704. Plus nous progressons dans la séquence, plus sa valeur converge vers la valeur réelle de e. En mathématiques, cela s'écrit :

$$\lim_{n \to \infty}\left(1+\frac{1}{n}\right)^n = e$$

Ce qui veut dire que plus n devient grand, plus la valeur de l'équation se rapproche de e.

Bernoulli comprit vite que ce nouveau nombre avait un rapport avec l'exponentiation et les logarithmes, qui sont la réciproque de l'exponentiation. Il réalisa qu'il s'agissait en fait d'un phénomène très répandu dans la nature. En utilisant e, on pouvait construire des courbes logarithmiques, qui sont des spirales que l'on rencontre partout : dans les coquillages, les pétales de fleurs, les cornes des animaux… Nous avons vu cette spirale dans le chapitre pi. On l'appelle la spirale équiangulaire, mais Bernoulli lui a donné le nom de spirale logarithmique. Il est aisé de deviner pourquoi (voir l'encadré à droite).

Bernoulli était tellement fasciné par la spirale logarithmique qu'il lui prêtait des propriétés quasiment magiques. Il mourut à cinquante et un ans et suivant son désir, une spirale logarithmique est gravée sur sa tombe, à Bâle, accompagnée de l'inscription latine *Eadem mutata resurgo, ce* qui se traduit par « Changée en moi-même, je renais. »

Malheureusement le graveur a eu un geste maladroit et le résultat ne ressemble pas tout à fait à une véritable spirale logarithmique, mais à une spirale d'Archimède !

Les coordonnées polaires

Dans le système de coordonnées cartésiennes, x et y nous donnent des coordonnées horizontales et verticales pour tracer des lignes et des courbes. Mais il existe un autre système, celui des coordonnées polaires. Au lieu de x et y, nous utilisons un angle θ et une distance r. Ainsi, dans ce système, lorsqu'il s'agit de tracer des lignes et des courbes, nous prenons un angle et nous parcourons une certaine distance. C'est exactement le système utilisé en navigation, lorsque les marins se servent d'un compas pour trouver l'angle (la position) et une règle graduée pour savoir quelle distance parcourir. Newton a été le premier à utiliser les coordonnées polaires, mais nous y reviendrons ultérieurement.

Quand on veut dessiner une spirale logarithmique, le moyen le plus sûr de réussir est de se servir des coordonnées polaires. Pour tout angle θ, nous pouvons déterminer la distance r d'un point central pour tracer notre courbe à l'aide de cette équation (le nombre b contrôle la forme de la spirale et dans quelle direction elle tourne) :

$$r = ae^{b\theta}$$

Avez-vous remarqué e au milieu de l'équation ? Si nous savons jusqu'où la courbe doit aller, nous pouvons calculer l'angle en écrivant l'équation à l'inverse (souvenez-vous que le logarithme est l'inverse de l'exponentiation) :

$$\theta = 1/b \log_e(r/a)$$

Voilà pourquoi Bernoulli lui a donné le nom de spirale logarithmique.

2.7182818182

Des cailloux et des fluxions

Isaac Newton est né en 1642 en Angleterre, dans le Lincolnshire, onze ans avant Jacques Bernoulli. Son père étant mort peu de temps après sa naissance, Newton connut une enfance difficile. Ce n'était pas un élève brillant, mais il possédait un talent pour la mécanique et fabriquait des moulins à vent, des clepsydres, des cerfs-volants, et il mit au point une sorte de voiture fonctionnant grâce à l'énergie de l'homme. Mais il ne s'entendait ni avec son beau-père ni avec sa mère et était malheureux chez lui. À dix-neuf ans, il écrivit que l'un de ses péchés avait été de :

« menacer mon père Smith et ma mère de les réduire en cendres et d'incendier leur maison. »

Il fut finalement autorisé à étudier au Trinity College de Cambridge où il commença à s'intéresser sérieusement aux mathématiques ; il étudia les œuvres d'Euclide et de Descartes et se lança dans des recherches en géométrie et en optique. À vingt-deux ans, titulaire du *bachelor* (équivalent de la licence), il dut quitter pendant deux ans Trinity College, fermé à cause de la Grande Peste de Londres. Fort heureusement Newton résista à la terrible épidémie et retourna à Cambridge en 1667.

Entre-temps, on pense que deux événements déterminants pour lui s'étaient produits. Le premier concerne cette fameuse pomme tombée de l'arbre alors qu'il séjournait à Woolsthorpe. Cet événment, somme toute anodin, combiné à la connaissance que Newton avait des lois de Kepler, le conduisit à formuler sa loi universelle de la gravitation quelques années plus tard. Elle apportait enfin une explication valide au mouvement des planètes tel que l'avait décrit Kepler. Leur mouvement, à l'instar de celui d'une pomme tombant d'un arbre, est provoqué par la gravité. On encouragea Newton à publier ses idées sur le sujet en 1685.

Ci-dessus : Isaac Newton, dont la loi universelle de la gravitation décrit le mouvement des planètes.

L'autre élément concernait ce que lui-même nommait les fluxions. Newton réfléchissait au mouvement des objets dans le flux du temps. Il pensait que si nous savions où se situaient ces objets à différents

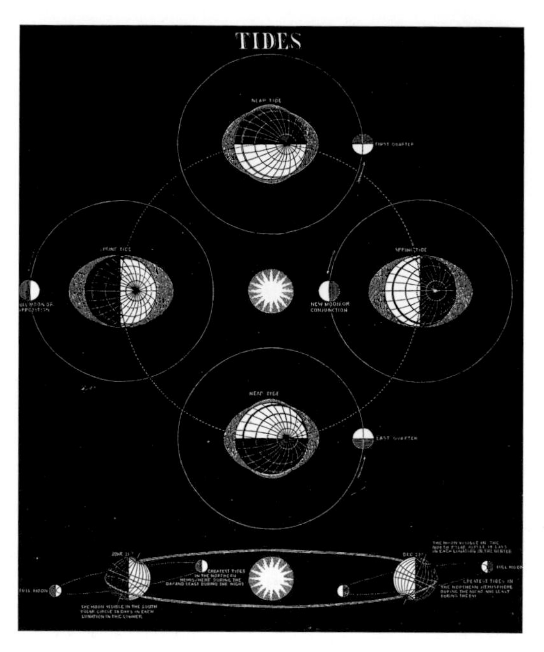

Ci-dessus : Illustration montrant les effets de la gravité sur les marées.

points dans le temps, alors il serait possible de calculer la vitesse des objets à n'importe quel point dans le temps. Si l'objet se trouvait à un point x et y qui changeait, alors le changement en x et y serait les fluxions (son taux de changement instantané), tandis que x et y qui changent, seraient les fluants (la quantité variante ou fluctuante).

Si ces termes ne nous sont pas familiers, c'est tout simplement dû au fait qu'ils ne se sont pas imposés. Contrairement à ses idées sur la gravité, le terme de fluxion qu'il avait inventé, n'était pas destiné à être intégré dans les sciences et les mathématiques modernes. Mais l'idée de Newton de transformer une équation de la position en une équation de la vitesse et une équation de l'accélération constituait une innovation révolutionnaire. C'est ce que l'on a appelé plus tard le calcul différentiel (voir l'encadré page suivante).

Pendant des années, Newton a gardé secrètes ses idées à ce sujet, et cela lui causa un grand tort,

La loi de la gravitation universelle de Newton

La loi de la gravitation universelle de Newton énonce que tout objet de l'univers est attiré par un autre objet, proportionnellement au produit de leurs masses, et que l'attraction se réduit en proportion du carré de la distance entre les deux objets.

Ainsi, étant donné deux objets qui se situent à une distance r l'un de l'autre, de masses m_1 et m_2 : la force de gravitation F_g qui déplacera ces deux objets l'un vers l'autre sera :

$$F_g = G\,\frac{m_1 m_2}{r^2}$$

G est la constante gravitationnelle, couramment estimée à 0,000000000066742. En d'autres termes, la gravité est une force extrêmement faible, sauf si les masses en jeu sont énormes (comme celles des planètes et des étoiles). C'est pourquoi nous voyons les pommes tomber vers la Terre et non la Terre être attirée par une pomme : la masse de la Terre domine complètement et écrase la minuscule force de gravitation de la pomme. Mais la Lune est suffisamment importante pour avoir un effet significatif sur la Terre. Elle gravite autour de la Terre parce que sa masse est plus petite, mais son attraction sur la Terre crée un énorme bourrelet dans nos mers, ce qui provoque les marées.

Ci-dessus : Isaac Newton faisant la démonstration de son spectre.

car Leibniz avait décidé de publier ses propres travaux qui se révélèrent être aussi une forme de calcul différentiel indépendante et originale. Newton se mit en colère, il accusa Leibniz de lui avoir volé ses idées au cours de leurs échanges épistolaires. On apporta plus tard la preuve qu'il s'agissait seulement d'un malentendu provoqué par les délais d'acheminement et de délivrance du courrier. Quoi qu'il en soit, Newton continua à s'en prendre violemment à Leibniz. Le différend qui en résulta divisa les mathématiciens anglais de leurs homologues du continent pendant des décennies. Malheureusement pour Newton, la version de Leibniz était plus élaborée (nous utilisons encore sa notation aujourd'hui) : la poursuite de la querelle entre les deux hommes pesa encore longtemps sur les mathématiques anglaises. Le Britannique Charles Babbage devait écrire quelque deux siècles plus tard :

« Il est lamentable de constater que cette découverte, qui, plus que tout autre, témoigne du génie de l'homme, doive néanmoins s'accompagner d'une série de critiques qui ne font pas honneur à son cœur. »

La bicyclette et le calcul différentiel

Si le calcul vous effraie, rappelez-vous qu'en latin il signifie « caillou ». Le calcul différentiel consiste à trouver des dérivées des fonctions. Pour cela, on réalise une opération appelée *différentiation.* Pour effectuer l'inverse (et trouver une anti-dérivée) on recourt à *l'intégration.*

Ce n'est pas aussi compliqué qu'il y paraît. Imaginez que vous gravissiez une colline. Sur votre carte, vous voyez la forme de la colline : une énorme protubérance qui peut atteindre plusieurs centaines de mètres de hauteur avant de décroître de nouveau. Imaginez maintenant que vous ayez emporté votre bicyclette. Bien que vous distinguiez la forme globale de la colline, ce que vous avez *réellement* besoin de connaître, c'est s'il y a des passages escarpés. Car si tel est le cas, vous ne pourrez pas y accéder en emportant votre bicyclette avec vous. Que faire ? Un mathématicien (comme Newton) tenterait de calculer le dénivelé en utilisant la différentiation. Supposons qu'il n'existe qu'un seul chemin pour atteindre le sommet, et qu'il s'exprime par l'équation suivante :

$$y = 5x^3 - 7x^2 + 3x + 2$$

Où y représente la hauteur de la colline et la distance horizontale sur le sol. Cette équation nous indiquera la hauteur de la colline à un point donné (le terrain est accidenté). Ensuite, pour déterminer la déclivité de la colline, nous procédons à une différentiation qui transforme l'équation en :

$$y = 15x^2 - 14x + 3$$

Cette équation nous indique quelle est la pente de la colline à un point donné. Si nous savons que le chemin est trop escarpé à un endroit précis, nous en déduisons qu'il est impossible d'emporter la bicyclette.

La différentiation nous permet aussi de calculer la vélocité (vitesse) compte tenu de la position d'un objet dans le temps, ou l'accélération, en fonction de la vitesse.

L'intégration fonctionne exactement de manière inverse. Si nous connaissons le dénivelé d'une colline, nous pouvons en déduire sa forme (c'est-à-dire qu'elle nous permet de calculer l'aire sous une courbe). Par l'intégration, nous déduisons aussi la vitesse à partir de l'accélération.

Il existe de nombreuses règles délicates (on doit en général les apprendre par cœur, ce qui explique que beaucoup de gens détestent le calcul) concernant le processus selon lequel une équation ou une fonction se transforme en une autre. Voici un exemple :

$\ln x$ différencié devient $1/x$

$1/x$ intégré devient $\ln x + c$

(Nous ne savons jamais exactement si la constante c existera ou non, mais nous l'indiquons au cas où.)

Une expression mathématique n'est pas affectée par l'intégration ou la différentiation :

$$e^x$$

Notre mystérieux nombre e ne subit curieusement pas de changement à travers la différentiation ou l'intégration. Si notre colline avait une forme de type $y = e^x$, alors sa déclivité serait aussi e^x. Sa pente serait égale à sa hauteur. Ou si vous vous déplaciez le long de la colline en voiture à e^x, votre vitesse serait de e^x et votre accélération serait de e^x. Bizarre.

Personne n'ignorait que Newton avait une personnalité difficile. Son assistant et successeur William Whiston commentait son comportement ainsi :

« Newton était le personnage le plus anxieux, le plus précautionneux et soupçonneux qu'il m'ait été donné de rencontrer. »

Malgré tout, sa contribution à la science et aux mathématiques est considérable.

Outre ses travaux sur la gravité et sur le calcul différentiel, il possédait une solide connaissance des propriétés de la lumière et de son comportement à travers la lentille. Son obsession de l'alchimie et de la théologie nous sont moins connues. Il y consacrait pourtant la majeure partie de son temps. En 1727, après sa mort, ses écrits furent remis à la Royal Society qui ne jugea pas opportun de les faire imprimer. Si vous voulez en avoir une idée par vous-même, lisez les lignes suivantes, extraites de l'un de ses manuscrits sur l'alchimie :

« L'esprit de cette terre est le feu dans lequel Pontanus digère ses matières féculentes, le sang des nouveau-nés dans lequel le Soleil et la Lune se baignent, le Lion vert impur qui, selon Riply, est le moyen de jouir des couleurs du Soleil et de la Lune, le brouet que Médée a versé sur les deux serpents, la Vénus dans la médication de laquelle Soleil vulgaire et le Mercure des sept aigles ont ordonné que Philalethes soit plongé [...] »

Plus tard, New ton quitta le domaine des études et de la recherche pour occuper un poste élevé dans l'administration. Il fut en charge à l'hôtel des Monnaies de l'émission de la monnaie nationale. Il utilisait ses talents de mathématicien et de chimiste à lutter contre les faussaires. Il resta trente et un ans à ce poste et fut annobli pour services rendus à la Couronne. Distinction posthume, il est enterré à l'abbaye de Westminster, à Londres, aux côtés des grands d'Angleterre. Après sa mort, une forte concentration de mercure aurait été trouvée dans son corps – due sans l'ombre d'un doute à ses nombreuses expériences d'alchimie.

À droite : Une réunion de la Royal Society à Crane Court, sous la présidence d'Isaac Newton. Gravure non datée.

Bien, bien, bien ! Qu'avons-nous là ? Trois petits cochons ? Qui jouent au tric-trac ? À am stram gram ? Maintenant je suis prêt à vous donner une troisième chance, mais j'entends dire que certains se sont faits attraper en deux temps, trois mouvements par une organisation tripartite. Vous devez me dire la vérité, toute la vérité et rien que la vérité.

LE TRIANGLE

CHAPITRE 3

ÉTERNEL

Il n'y a pas de feu tricolore : à vos marques, prêts, partez ! ? Bien sûr ! Trissons nos applaudissements ! Avez-vous mendié, emprunté ou volé, dans le passé, le présent ou le futur ? Non ? Ai-je attrapé le mauvais Pierre, Paul ou Jacques ? Oh ! Oh ! Oh ! Le trèfle vous portera-t-il chance ? Bien sûr, si vous êtes le trio triomphant, la triplette de... Troyes !

Un triple saut périlleux ! À cheval sur un tricycle ? En trois coups de cuillère à pot ! Je ne peux pas vous imiter. D'accord, je vous laisse tranquille, mais n'oubliez pas d'apprendre votre règle de trois, votre abécédaire et de manger trois bons repas par jour et peut-être vos trois souhaits seront-ils exaucés. C'est trois fois rien !

Cette petite histoire saugrenue n'a peut-être pas beaucoup de sens mais elle illustre la fréquence avec laquelle le nombre trois apparaît dans nos vies, dans nos discours et même dans de nombreux mots. Essayez de compter le nombre de fois où trois apparaît sous une forme ou une autre dans l'histoire ci-dessus (1).

Le chiffre trois joue un rôle essentiel dans de nombreuses religions : pensez à la sainte Trinité (le Père, le Fils et le Saint-Esprit) ou aux trois Néphites des Mormons. Les Babyloniens et les Celtes de l'Antiquité associaient le nombre trois à la Création car c'est une troisième entité distincte née de l'union de deux. Trois a fini par influer largement sur notre langage de bien des façons. Les préfixes ter-, tri- et tre- entrent dans la composition de nombreux mots, comme tryicycle, trio, triplette...

Dans la littérature populaire, le nombre trois peut structurer le récit : le bûcheron du conte de Perrault est invité par Jupin à faire trois vœux, Boucle d'Or rencontre trois ours, les petits cochons sont trois frères... Les pièces de théâtre classique ont souvent trois actes, car la forme narrative basique est le trois : situation initiale, péripétie, résolution. Beaucoup de chansons et de comptines ont des rythmes ternaires, itératifs ou non. En voici quelques-unes :

« Au clair de la lune, trois petits lapins,
Qui croquaient des prunes, comme trois p'tits coquins... »

« Derrière chez moi, il y a un étang,
Trois beaux canards y vont nageant. »

« Malborough s'en va t-en guerre,
mironton, mironton, mirontaine... »

« J'ai vu le loup, le renard et la belette... »

Trois p'tits chats, trois p'tits chats,
trois p'tits chats, chats, chats... »

1. *(La réponse est 27, c'est-à-dire 3^3 ou 3 × 3 × 3 qui additionnés font 9, soit 3 × 3.)*

Ci-dessus : La pyramide triangulaire du musée du Louvre à Paris est composée de plaques de verre elles aussi triangulaires.

Le chiffre trois a aussi fait l'objet de nombreuses superstitions. Les catastrophes sont censées se produire trois par trois mais une troisième tentative peut être couronnée de succès. Rencontrer un chien à trois pattes est censé porter chance mais entendre une chouette ululer trois fois porte malheur. Cracher trois fois éloignerait le diable.

Trois est si important que l'on répète trois fois le mot « vérité » en prêtant serment devant un tribunal : « dire la vérité, toute la vérité, rien que la vérité ». On l'utilise au début des courses : « à vos marques, prêt, partez » et pour fêter le vainqueur : « hip, hip, hip, hourra ». On prend traditionnellement trois repas par jour et le couvert se compose de trois ustensiles : couteau, fourchette et cuillère.

Si vous contestez l'importance de trois, donnez-en trois bonnes raisons !

Placer des élastiques

Avec ses trois côtés et ses trois sommets, le triangle est une forme qui illustre parfaitement le trois. Il possède de nombreuses propriétés importantes que nous examinerons de plus près au chapitre pi. L'une d'entre elles, utilisée dans les graphiques informatiques, est son aptitude à former un dallage, c'est-à-dire à se disposer en mosaïque parfaite. Une surface plane sur laquelle on pose une poignée de spaghettis crus se couvre de triangles de spaghettis. Plus de trois lignes droites entrecroisées forment toujours un triangle (dans la géométrie euclidienne). Si l'on incurve ensuite la surface et qu'on forme des triangles suffisamment petits, on obtient une approximation de cette surface composée de triangles. C'est ainsi que presque toutes les images sont dessinées en informatique : tout est transformé en millions de petits triangles soigneusement disposés que l'on recouvre de lumière, de couleur et parfois de photographies pour qu'ils semblent réels.

L'agencement des formes s'avère essentiel dans de nombreux domaines scientifiques et technologiques. Au lieu de s'intéresser aux angles ou aux dimensions des formes, il est parfois plus important de savoir comment ces formes se situent les unes par rapport aux autres.

Comme toutes les branches des mathématiques, celle-ci porte un nom spécifique. Leibniz, notre ami qui aimait tant les nombres binaires, l'a appelée *analysus situs*, « analyse du lieu ». On l'a aussi appelée *geometria situs*, « géométrie du lieu ». Nous l'appelons aujourd'hui topologie, du grec *topos*, « lieu » et *logos*, « étude ».

La topologie évoque plus des élastiques que des spaghettis. Plantons une série de punaises dans un panneau et tendons un élastique autour d'elles. Lorsqu'on déplace les punaises, on modifie la forme du même coup. La topologie est l'étude de la façon dont on peut créer, modifier, comparer et organiser des formes ainsi créées. On pense en général à une surface de caoutchouc (un morceau de ballon par exemple) tendue sur les punaises pour obtenir une sorte de trampoline et non un simple contour. En topologie, il n'y a donc pas de grande différence entre le cercle et le carré – parce qu'il est facile d'étirer l'un pour obtenir l'autre. Il existe par contre une grande différence entre le cercle et la forme du chiffre 8 car il faut découper deux trous dans la feuille pour obtenir un 8.

Il existe une plaisanterie traditionnelle entre topologues :

Question : Comment appelle-t-on quelqu'un qui boit dans son beignet et mange sa tasse à café ?

Réponse : un topologue.

(Je n'ai pas prétendu que la plaisanterie était drôle). En topologie, la forme (l'« espace topologique ») du beignet est identique à celle de la tasse à café. Imaginez que vous enfonciez votre pouce dans le côté d'un beignet pour faire un creux en forme de tasse et que vous écrasiez le reste de l'anneau pour en faire la poignée. Si l'on peut transformer une forme en une autre en l'étirant mais sans découper ni combler de trous, les deux formes sont topologiquement équivalentes (ou homomorphes). C'est logique si l'on considère que les formes ne sont que de simples surfaces (faces)

À droite : Le mathématicien Leonhard Euler réussit à poursuivre ses travaux prolifiques malgré sa cécité.

qui, reliées entre elles, forment des arêtes et des sommets. En étirant une forme, nous ne faisons que changer les dimensions de ses éléments, nous n'en changeons pas le nombre. En revanche, en découpant un trou dans une forme, nous ajoutons des arêtes ou des sommets, ou nous réagençons complètement les précédents. Par exemple, il est facile de faire un triangle en tendant un élastique autour de trois punaises mais si on veut faire un trou dans ce triangle, il faut utiliser un autre jeu de punaises et un autre élastique.

Traverser les ponts

Leonhard Euler était le fils de Paul Euler (qui avait eu Jacques Bernoulli comme professeur de mathématiques et qui avait même séjourné avec Jean chez Jacques quand ils étaient tous les deux étudiants à l'université), et naquit en 1707 à Bâle, en Suisse. Il fréquenta une école médiocre mais son père lui enseigna les mathématiques et Leonhard devint vite brillant en la matière. Leonhard Euler parvint bientôt à convaincre Jean de lui donner des cours particuliers de mathématiques. À l'âge de seize ans, il avait obtenu sa maîtrise de philosophie en comparant les idées de Descartes et de Newton. À vingt ans, il avait terminé ses études universitaires de mathématiques et il avait déjà publié deux articles sur ses travaux.

C'était le début de la carrière de mathématicien la plus prolifique et la plus extraordinaire de tous les temps. Euler obtint un poste de professeur à l'Académie des Sciences de Saint-Pétersbourg et à l'âge de vingt-six ans, il succéda à Daniel Bernoulli au poste de professeur principal de mathématiques. Il fit faire à la théorie des nombres des progrès remarquables : il donna un nom à de nombreuses constantes mathématiques telles que e, étudia en profondeur pi en combinant les travaux de Newton et de Leibniz sous la forme que nous connaissons aujourd'hui. Il contribua aussi à des disciplines pratiques comme la cartographie, l'enseignement des sciences, le magnétisme, les pompes à incendie, les machines et la construction navale.

Vers cette époque, Euler étudia un problème qui l'aida à créer le champ de la topologie. La ville de Königsberg en Prusse (l'actuelle Kaliningrad en Russie) est traversée par un large fleuve, le Pregel, qui la divise en quatre quartiers. Sept ponts ont été construits pour relier les différentes rives du fleuve.

Euler se demanda s'il était possible, en se promenant dans la ville, de traverser une seule fois chaque pont et de revenir à son point de départ ? En 1736, il démontra que la réponse était non (voir l'encadré page suivante).

Euler fut aussi le premier à remarquer une relation très simple entre les sommets, les arêtes et

Ci-dessous : Carte de la ville de Königsberg en Prusse (Kaliningrad en Russie) où Euler élabora sa preuve des « sept ponts de königsberg ».

Ci-dessus : Les pyramides d'Égypte illustrent la relation simple trouvée par Euler entre sommets, arêtes et faces.

les faces des solides à faces planes (polyèdres). Malgré les centaines de mathématiciens qui étudiaient ces formes depuis des milliers d'années, il fallut toute la perspicacité d'Euler pour observer que si l'on additionne le nombre de sommets au nombre de faces et qu'on soustrait le nombre d'arêtes, la réponse est toujours 2 :

$$f + s - a = 2$$

Pour vérifier la justesse de cette équation, pensez à la pyramide égyptienne qui a cinq sommets, cinq faces (4 triangles et une base carrée) et huit arêtes :

$$5 + 5 - 8 = 2$$

Avant Euler, des mathématiciens comme Pythagore et Descartes avaient consacré leur vie à étudier les dimensions et les angles des formes. Euler était convaincu que les relations entre les éléments peuvent être plus importantes que leurs dimensions, ce qui était un concept extrêmement original.

Euler aimait la vie de famille. Marié à l'âge de vingt-six ans, il fut le père de treize enfants dont cinq seulement parvinrent à l'âge adulte. Il racontait qu'il avait fait ses plus grandes découvertes en tenant un bébé dans ses bras, alors qu'un autre jouait à ses pieds. Il souffrait de diverses maladies et sa vue commença à baisser, peut-être à cause de la cataracte. En 1741, quand il s'installa à Berlin

La preuve de Königsberg

Pour élaborer sa preuve des sept ponts de Königsberg, Euler dessina la carte de la ville en la simplifiant. Au lieu de quatre zones compliquées et de sept ponts, il traça quatre points reliés par sept liens.

Euler avait transformé une forme complexe en une série de nœuds et d'arêtes – ce qu'on appelle aujourd'hui un graphe. Il avait en effet compris que ce sont les propriétés topologiques qui sont importantes et non les dimensions ou les distances.

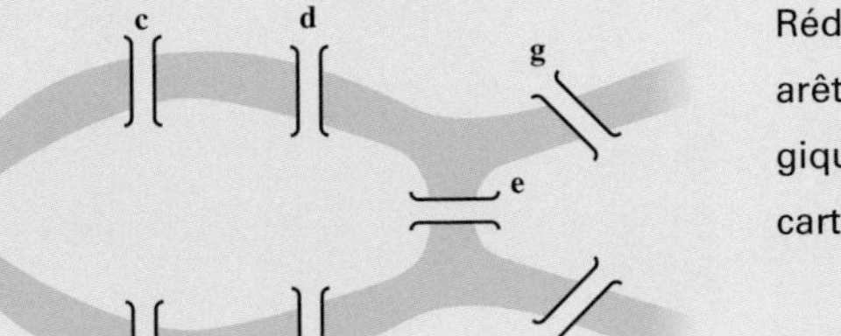

Réduire les zones à des nœuds et les ponts à des arêtes ne changeait pas les propriétés topologiques mais facilitait la compréhension de la carte.

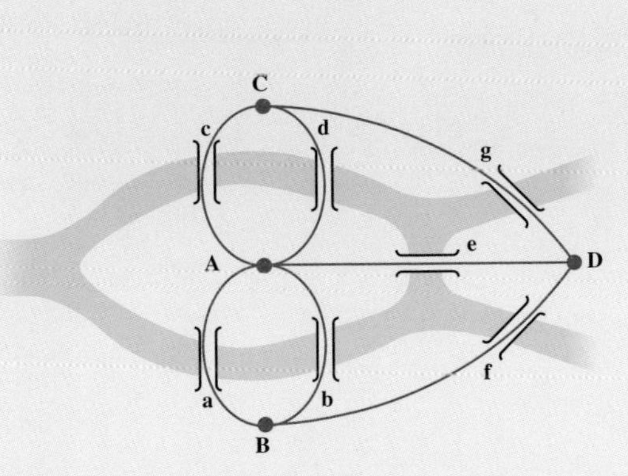

Dans le cas présent, le graphe montre clairement que chaque zone ou nœud est reliée aux autres nœuds par trois arêtes et un nœud par cinq arêtes. Euler prouva que dans tout graphe, si un nœud est associé à un nombre impair d'arêtes, il n'est pas possible de traverser le graphe en ne suivant chaque arête qu'une seule fois. Intuitivement, c'est très facile à comprendre :

Si une zone est liée à trois ponts, on se trouve tôt ou tard dans cette zone et incapable d'en sortir, ou ailleurs et incapable d'y revenir. Il faut un nombre pair de connexions pour pouvoir faire l'aller et retour.

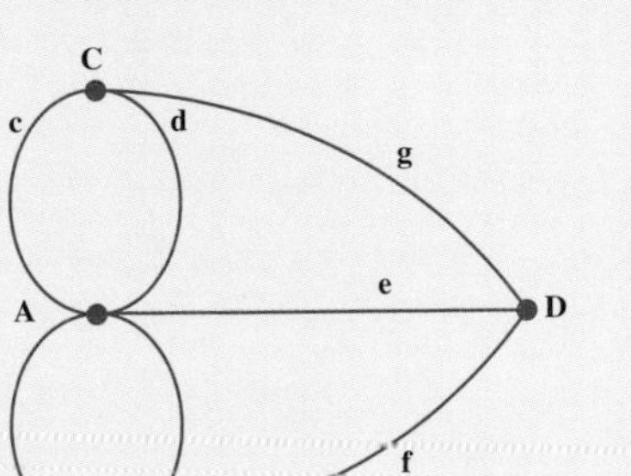

Cette façon de parcourir un graphe fut appelée circuit eulérien. On s'intéresse toujours aux graphes et aux topologies et des recherches considérables sont effectuées sur les topologies des réseaux locaux parce que les technologies comme Internet s'appuient sur les connexions rationnelles entre les nœuds (ordinateurs). Sans Euler et son étude des ponts, Internet n'existerait peut-être pas.

Ci-dessus : Photographie d'August Möbius prise vers 1860-1865.

pour diriger le département de mathématiques de la nouvelle Académie de Berlin, il était presque aveugle de l'œil droit. Il y accomplit néanmoins un travail phénoménal. Il dirigeait l'observatoire et les jardins botaniques, il sélectionnait le personnel, il gérait les finances et la publication des calendriers et des cartes. Il conseillait le gouvernement sur les loteries d'État, les assurances, les pensions et l'artillerie et il surveillait les travaux des pompes et des canalisations à la résidence royale. En même temps, il trouva le temps d'écrire trois cent quatre-vingts articles et plusieurs livres. Il élabora des idées nouvelles sur le calcul, les orbites planétaires, l'artillerie et la balistique, la construction navale et la navigation, le mouvement de la Lune. Il écrivit même des ouvrages scientifiques pour le grand public. Ses trois livres intitulés *Lettres à une princesse d'Allemagne* se composent de plusieurs centaines de lettres adressées à la princesse d'Anhalt- Dessau, nièce de Frédéric le Grand, à qui il contribua à enseigner les rudiments des mathématiques et de la philosophie.

Après avoir passé vingt-cinq ans à Berlin, Euler retourna à Saint-Pétersbourg à l'âge de cinquante-neuf ans. Peu après son retour, il tomba de nouveau malade et perdit complètement la vue. Mais il continua ses recherches en mathématiques, aidé désormais par plusieurs mathématiciens dont son propre fils. Chose étonnante, malgré sa cécité totale, sa mémoire exceptionnelle lui permit de produire pendant cette période presque la moitié de la totalité de son œuvre (soit des centaines de nouveaux articles). Euler apporta sa contribution à presque toutes les branches des mathématiques mentionnées dans ce livre. Il perfectionna la géométrie, la géométrie analytique et la trigonométrie (nous reviendrons sur ce sujet au chapitre suivant), la théorie des nombres, le calcul, le calcul différentiel, la mécanique, l'acoustique, l'élasticité, la mécanique analytique, la théorie du mouvement de la Lune, la théorie ondulatoire de la lumière, l'hydraulique, la musique et bien d'autres domaines. L'essentiel de notre notation mathématique a été inventé par Euler. Dans tous les manuels, salles de classe et laboratoires modernes, le langage mathématique utilisé est celui qu'il a contribué à créer.

Des trous de ver en papier

August Möbius naquit en 1790 à Schulpforta en Saxe (en Allemagne aujourd'hui), sept ans après la mort d'Euler. Il étudia chez lui jusqu'à l'âge de treize ans et commença déjà à manifester un intérêt pour les mathématiques. Il entra à l'université de Leipzig où il étudia l'astronomie et les mathématiques (bien que sa famille eût préféré qu'il étudie le droit). Il obtint son doctorat d'astronomie à l'âge de vingt-cinq ans et manqua de peu d'être incorporé à l'armée prussienne, chose à laquelle il s'opposa vigoureusement :

« C'est l'idée la plus horrible que je n'aie jamais ouïe, et quiconque osera essayer, tenter, s'y hasarder ou aura l'audace de me le proposer ne sera pas à l'abri de mon épée. »

Möbius commença à enseigner à l'université de Leipzig et il fit des progrès lents mais réguliers en mathématiques. Il est resté dans les mémoires pour ses travaux de topologie, notamment le ruban de Möbius, cette forme plus compliquée qu'il n'y paraît et qui porte son nom. En réalité, ce n'est pas Möbius qui la découvrit. Le mathématicien Johann Listing fut le premier à la concevoir et à publier un article à ce sujet mais, étant donné le travail que Möbius accomplit dans ce domaine, le ruban porte son nom (ce qui est peut-être un peu injuste à l'égard de Listing).

Les curieuses propriétés du ruban de Möbius ont amené certains chercheurs à le comparer à un trou de ver dans l'espace. Le trou de ver est une notion théorique selon laquelle une zone de l'espace peut

Ci-dessous : Les propriétés du ruban de Möbius ont été comparées à des trous de vers dans l'espace comme celui-ci.

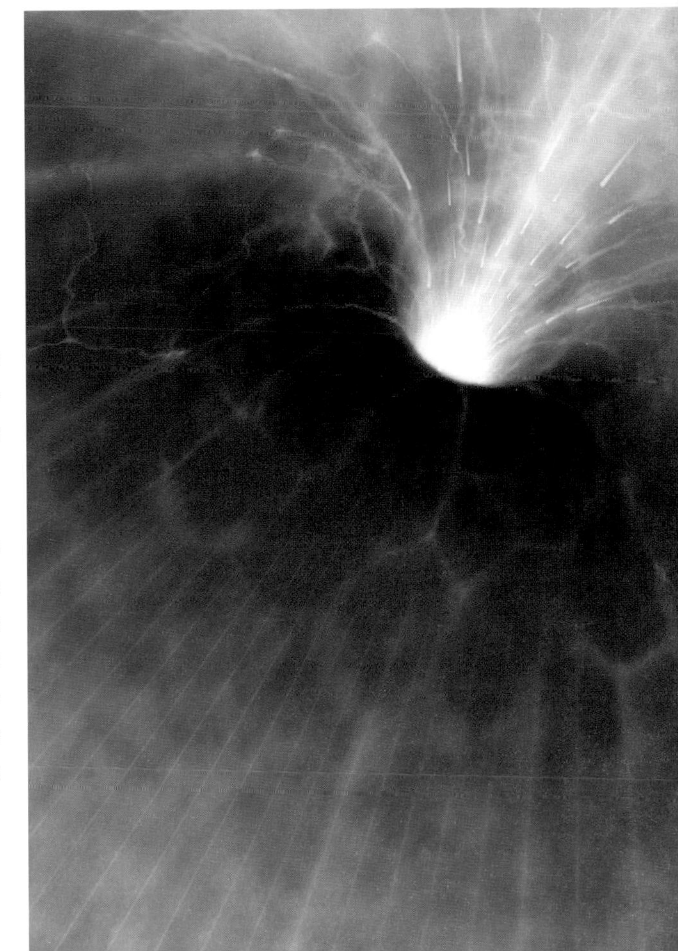

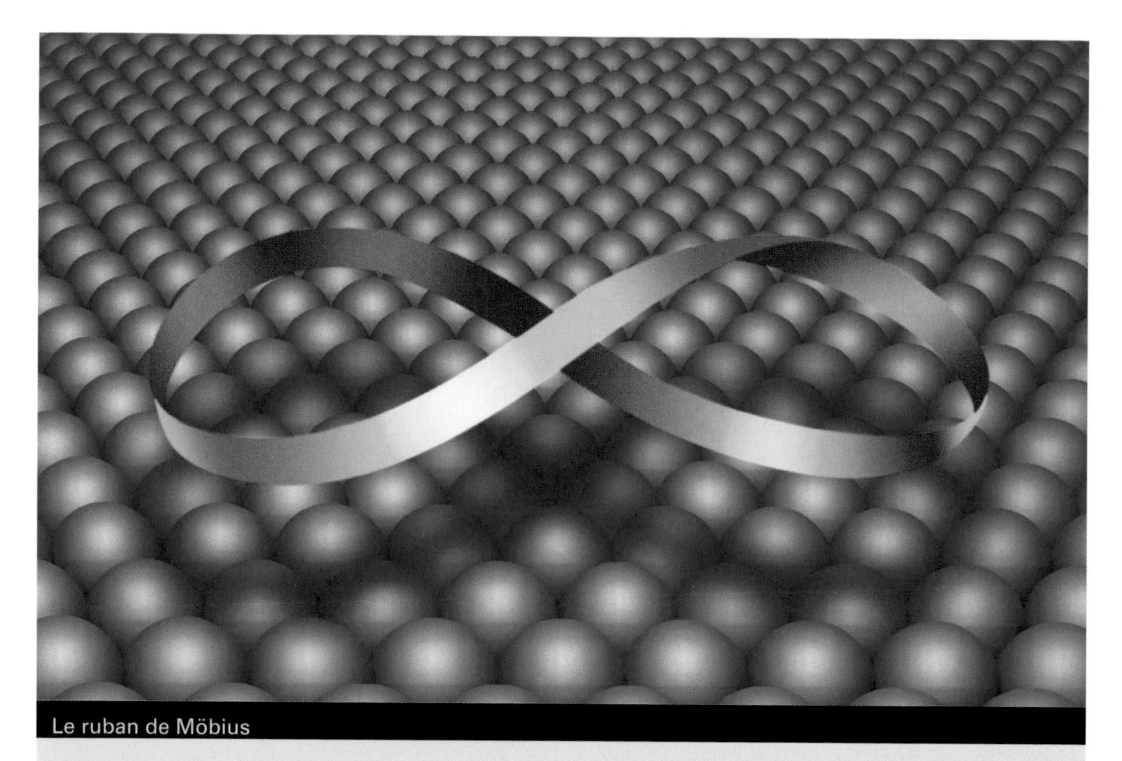

Le ruban de Möbius

Le ruban de Möbius est très simple à fabriquer. Découpez une longue bande dans une feuille de papier, prenez les deux extrémités, tordez-en une à 180 degrés et fixez-les l'une à l'autre par un morceau de ruban adhésif. Vous avez fait un ruban de Möbius.

Möbius était fasciné par cette forme étrange parce qu'elle possède des particularités topologiques extrêmement curieuses. Par exemple, elle n'a qu'une seule face et un seul bord. Si vous êtes sceptique, fabriquez un ruban de Möbius et parcourez-le du doigt sur toute sa longueur comme le ferait une fourmi. Vous constaterez que vous suivez tout le ruban, à l'intérieur et à l'extérieur, et que vous revenez au point de départ. Suivez un bord et vous parviendrez au même résultat.

Pour constater par vous-même l'étrangeté du ruban de Möbius, coupez-le dans le sens de la longueur pour essayer d'en faire deux rubans. Prenez des ciseaux, percez délicatement un trou et coupez parallèlement au bord, au milieu du ruban, jusqu'à ce que vous reveniez au point de départ. Lisez à ce propos ce petit limerick d'un poète anonyme :

Un mathématicien confia
Que le ruban de Möbius n'a qu'un côté
Et vous rirez bien
Si vous en coupez un en deux
Car il reste en un seul morceau quand il est divisé.

Essayez autre chose : faites un autre ruban de Möbius et coupez-le en trois. De nouveau, percez délicatement un trou et coupez parallèlement au bord, sur environ un tiers de la largeur. Vous verrez vite que, bien qu'essayant de le couper en trois, vous ne le coupez qu'une fois. Le résultat est bien inattendu !

être reliée à une autre zone, éventuellement causée par une sorte de trou noir. Traverser ce trou de ver transporterait directement dans une autre partie de l'univers. Le ruban de Möbius peut servir à démontrer ce concept. Imaginez que cette forme étrange n'a qu'un seul côté. Si l'on y fait un trou avec un perforateur, on ne fait pas de trou entre les deux côtés puisqu'il n'y en a qu'un ! On fait un trou entre une partie de la forme et une autre, comme un trou de ver.

La vie actuelle est affectée par de nombreux domaines et preuves de la topologie. La topologie est devenue une discipline composée de nombreuses spécialités comme la topologie combinatoire, géométrique, de basse dimension, générale et même la topologie sans point. Elle nous aide à tout comprendre, que ce soit les nœuds ou le temps. Par exemple, un théorème qui porte le nom charmant de théorème de la boule chevelue énonce qu'il est impossible de brosser les poils d'une boule chevelue à plat et dans le même sens en tous points de la surface. On conçoit intuitivement qu'il y aura toujours une partie de la boule (le haut et le bas par exemple, si l'on brosse le milieu) dont on ne peut pas brosser tous les poils à plat dans le même sens. La topologie permet de le prouver. Mais le plus intéressant est que la même trouvaille s'applique au vent. Si l'on imagine les vents qui soufflent autour de la Terre (à cause de sa rotation et du réchauffement des terres et des mers par le Soleil), le même théorème dit qu'il est impossible d'avoir un vent régulier soufflant plus ou moins dans le même sens sur toute la planète. Il y a toujours des régions où les vents proviennent de directions très différentes, provoquant cyclones et anticyclones. Donc, même sans les complications dues aux terres et aux mers, les variations météorologiques sont inévitables à cause de la topologie de la Terre.

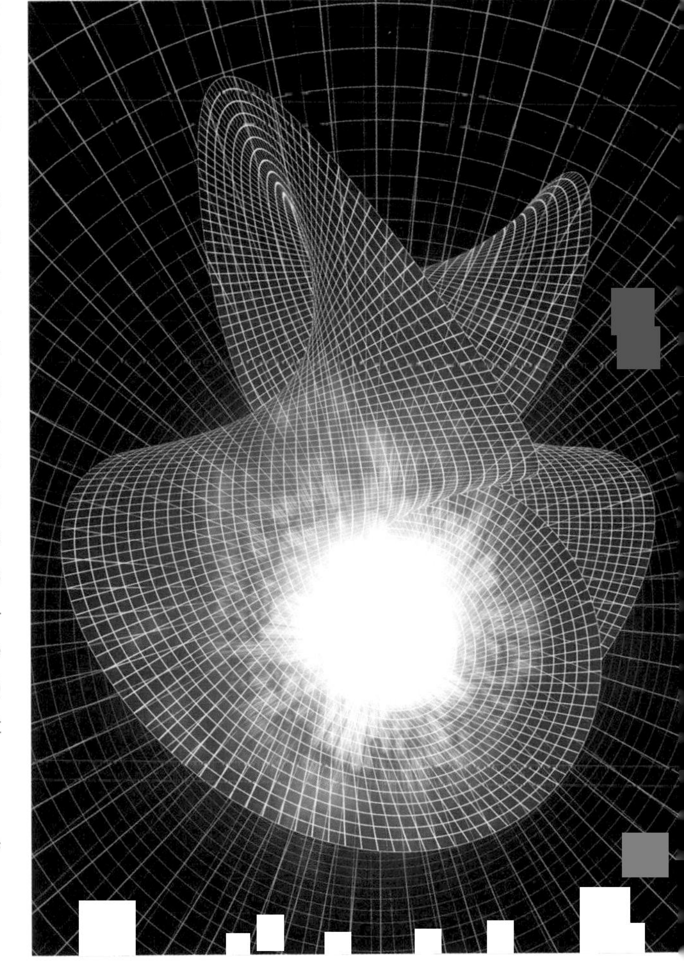

À droite : Cette image numérique représente un quadrillage courbe autour d'un objet astronomique, ou un espace-temps gondolé, autre exemple de topologie. Les trous de ver seraient analogues à un trou dans un ruban de Möbius et pourraient donc permettre de traverser l'espace-temps.

Ci-dessus : Augustus De Morgan, professeur de mathématiques, fut le premier à étudier le problème des quatre couleurs.

Des cartes coloriées

Le 23 octobre 1852, Francis Guthrie, étudiant en mathématiques à la University College de Londres, posa une question à son professeur Augustus De Morgan. Premier professeur de mathématiques de la nouvelle université, De Morgan était connu par ailleurs pour ses recherches sur la logique (nous l'avons vu au chapitre 2). Mais malgré son intelligence supérieure et son obstination, De Morgan ignorait la réponse à la question de son étudiant. Le jour même, il écrivit à son collègue sir William Hamilton à Dublin :

« Un de mes étudiants m'a demandé aujourd'hui de lui donner la raison d'un fait dont j'ignorais – et j'ignore toujours – l'existence. Il dit que si l'on divise une figure d'une façon ou d'une autre et que l'on colorie les compartiments différemment de façon à ce que les régions adjacentes ne soient pas de la même couleur, quatre couleurs sont nécessaires et suffisantes... Si vous répliquez par un cas très simple qui me fait passer pour un stupide animal, je pense que je ferai comme le sphinx [...] *»*

De Morgan faisait allusion au sphinx de la mythologie qui se précipita du haut de son rocher lorsqu'Œdipe résolut l'énigme qu'il lui avait soumise. Celle-ci était bien plus facile que la conjecture des quatre couleurs : « Quel animal marche sur quatre pattes le matin, deux à midi et trois le soir ? » La réponse est l'homme. Si l'on compare la journée à une vie, le matin correspond à la petite enfance, midi à l'âge adulte et le soir à la vieillesse, où l'on marche avec une canne.

Mais Hamilton ne connaissait pas non plus la réponse et il répondit trois jours plus tard :

« Je ne vais pas m'attaquer à votre quaternion de couleurs de sitôt. »

Le problème topologique est connu sous le nom de problème des quatre couleurs et la question posée par l'étudiant Francis Guthrie fut appelée conjecture des quatre couleurs. Le problème est manifeste quand on observe une carte du monde. Il faut appliquer sur une carte qui représente tous les pays des couleurs différentes pour que ceux-ci soient faciles à distinguer. Il semble évident que deux pays adjacents ne doivent pas être de la même couleur. La question de Francis Guthrie était : peut-on prouver que quatre couleurs suffisent pour colorier l'ensemble d'une carte ?

Les mathématiciens ne se souciaient pas vraiment d'aider les cartographes mais ils trouvèrent le problème fascinant. Pendant des années, De Morgan continua à demander à ses collègues s'ils pouvaient résoudre la conjecture jusqu'à ce que Alfred Kempe publie une preuve en 1879. Kempe était assez connu car il avait été élu membre de la Royal Society et fait chevalier. Chose embarrassante pour lui, un autre mathématicien découvrit par la suite que sa preuve était fausse. Francis Heawood consacra soixante ans au même problème et il parvint à prouver que Kempe avait tort et qu'il fallait disposer au minimum de cinq couleurs.

Cependant, les mathématiciens n'étaient toujours pas satisfaits. Cinq couleurs pouvaient certainement colorier toutes les cartes mais quatre ne suffisaient-elles pas ? Ou même trois ? Il fallut encore quatre-vingts ans et un supercalculateur pour répondre à cette question.

Le théorème des quatre couleurs

Il s'avère que l'on peut démontrer de nombreux théorèmes sur le coloriage des cartes si l'on en a envie. Intuitivement, on comprend qu'un plan fait de lignes parallèles et entrecroisées (un échiquier par exemple) nécessite seulement deux couleurs. Certaines cartes n'ont besoin que de trois couleurs. Mais un exemple simple montre que trois couleurs ne suffisent pas pour toutes les cartes ; en voici une preuve « oculaire » :

Il est impossible de colorier cette figure avec trois couleurs seulement, n'est-ce-pas ?

La preuve de la conjecture des quatre couleurs fait appel à une méthode analogue à celle d'Euler quand il redessina ses cartes sous forme de graphe où deux nœuds reliés l'un à l'autre ne devaient jamais avoir la même couleur :

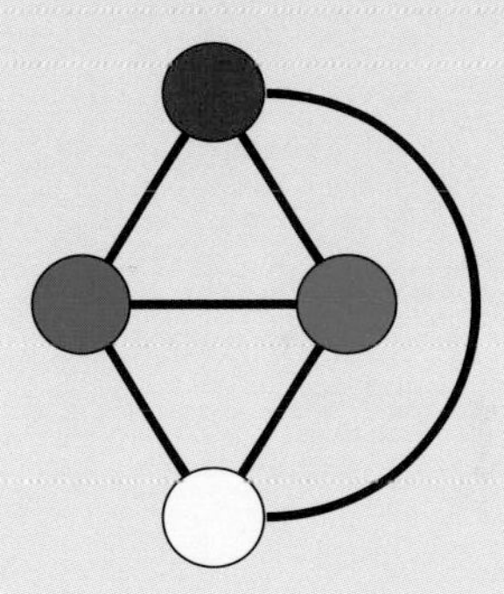

On utilisa ensuite un supercalculateur pour établir une multitude de graphes spéciaux et vérifier que quatre couleurs étaient suffisantes dans tous les cas. Les mathématiciens avaient calculé que tous les autres graphes étaient équivalents à ces graphes spéciaux. La preuve définitive générée par ordinateur était phénoménale et il fallut des années pour vérifier l'absence d'erreur. Mais autant que l'on sache, Francis Guthrie avait raison. Trois est peut-être un nombre spécial et magique mais il ne suffit pas pour colorier une carte.

Dans l'espace moderne urbanisé, les formes rectangulaires et cubiques prédominent. À l'inverse, dans le monde naturel, la rotondité est la forme essentielle. Le Soleil qui brille dans le ciel est sphérique, les arbres ont un tronc circulaire, les fleurs ont une corolle ronde, certains fruits comme les cerises ou les oranges sont ronds. Un galet lancé dans un lac diffuse des rides circulaires. Regardez une goutte d'eau tomber et vous constaterez qu'elle est parfaitement sphérique. Si vous faites des bulles, vous verrez flotter des sphères tremblotantes. Vos propres yeux

LE FASCINANT

CHAPITRE π

ne sont-ils pas ronds aussi ? Les cercles sont omniprésents dans la nature mais il n'existe qu'un seul nombre capable d'embrasser cette rotondité et cette circularité, c'est pi.

Pi est un rapport. C'est le résultat du rapport entre la ligne droite qui relie deux côtés du cercle en passant par le centre (le diamètre) et la limite extérieure du cercle (la circonférence). On sait depuis des millénaires que ces deux mesures du cercle sont liées, mais encore faut-il savoir comment. Par quoi faut-il multiplier le diamètre pour obtenir la circonférence? La solution évidente consiste à tracer un cercle, mesurer la circonférence et le diamètre et diviser la première par le deuxième. Ce procédé donne un résultat légèrement supérieur à trois. Il faut donc multiplier le diamètre par un peu plus de trois pour trouver la circonférence; mais par quel nombre exactement? Que signifie « un peu plus »?

Certains croient encore que pi égale $^{22}/_{7}$, mais ce nombre est rationnel (écrit sous forme décimale, il se compose de nombres qui se répètent périodiquement). Or pi est irrationnel. Sa valeur est proche de $^{22}/_{7}$ mais aucune fraction ne peut l'exprimer parfaitement: l'expansion décimale se poursuivra indéfiniment sans logique particulière. Donc,

NOMBRE PI

comme $\sqrt{2}$, ϕ et e, π est une constante fondamentale qu'il est impossible de connaître totalement. Mais cela n'a pas découragé les nombreuses tentatives des mathématiciens.

Tracer un cercle

Les premières études de pi ont été effectuées avant même que le zéro ait été inventé. Nous avons déjà rencontré l'un des premiers et des plus éminents explorateurs de pi: Archimède qui, souvenez-vous, est né en Sicile trois siècles après Pythagore et juste avant la mort d'Euclide. Outre l'invention de leviers, de poulies, de broyeurs de bateaux et de pompes hélicoïdales, Archimède se consacra longuement aux cercles et aux sphères. Il écrivit à ce sujet plusieurs livres (c'étaient à l'époque des rouleaux de parchemin): *De la sphère et du cylindre*, *Des spirales*, *Des conoïdes et des sphéroïdes* et *De la mesure du cercle*.

On dit que ses compétences en matière de sphères lui permirent d'en fabriquer deux dont s'empara plus tard le général Marcellus lors de l'invasion romaine. L'une était un globe céleste sur lequel étaient peintes les étoiles et les constellations. L'autre était un véritable planétarium reproduisant les mouvements circulaires du Soleil, de la Lune et des planètes tels qu'on les voit depuis la Terre. Dire que les Romains furent impressionnés est un euphémisme. Pour reprendre les termes de l'un d'entre eux, Cicéron, pour être capable de construire un tel engin sans précédent, Archimède devait être *« doté d'un génie supérieur à ce qu'on imaginerait possible pour un être humain de posséder »*.

Archimède fut le premier à comprendre que pi est irrationnel, et que sa valeur n'était pas $^{22}/_{7}$. Comme il savait qu'il n'en trouverait sans doute jamais la valeur exacte, il eut recours à un stratagème pour la calculer approximativement.

Approcher pi en cernant les cercles

Archimède décida d'utiliser les polygones (formes à faces planes) pour se rapprocher des cercles. Il en traça un à l'extérieur du cercle et un à l'intérieur du cercle puis il chercha le rapport du périmètre à la diagonale des deux polygones. La forme extérieure étant plus grande que la forme intérieure, il savait que la véritable valeur de pi se situait entre les deux rapports.

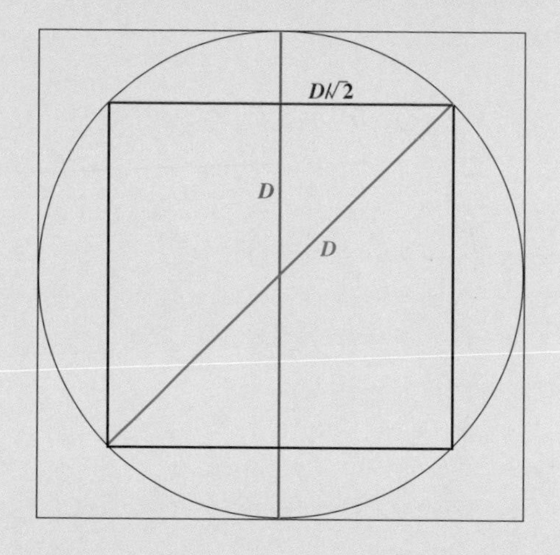

Prenons un exemple simple : imaginons qu'il ait utilisé seulement des carrés. Si le côté du plus grand carré est D, son périmètre doit être 4D et manifestement, le diamètre du cercle est aussi D. Le premier rapport est donc 4D / D, c'est-à-dire 4.

On peut calculer que le périmètre du petit carré est $4D / \sqrt{2}$ et en mesurant maintenant sa diagonale, le diamètre du cercle est toujours D. Le deuxième rapport est donc :
$4D / \sqrt{2} / D = 4 / \sqrt{2} = 2{,}828427\ldots$

On sait donc que pi est inférieur à 4 et supérieur à 2,828427…

Répétons maintenant le même raisonnement avec des polygones ayant davantage de côtés, donc plus proches de la forme du cercle. Archimède a utilisé des polygones à 96 côtés pour montrer que pi se situe entre $3^{10}/_{70}$ et $3^{10}/_{71}$. Ou, pour l'écrire sous une forme simplifiée, entre : $^{22}/_{7}$ et $^{223}/_{71}$.

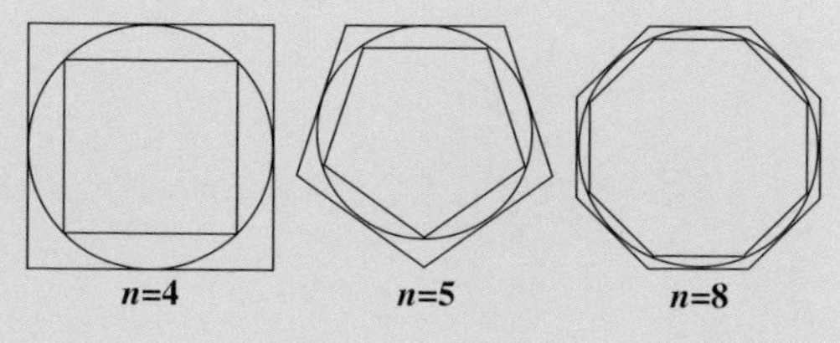

Archimède exploita ingénieusement les polygones pour « cerner » le cercle et trouver pi. Cette méthode était si précise que pendant cinq siècles personne ne trouva de meilleure valeur. Comme il n'essaya pas de calculer une expansion décimale, contrairement à de nombreux mathématiciens qui lui succédèrent, Archimède aura toujours raison. Pi se situera toujours entre $22/7$ et $223/71$, quel que soit le nombre de décimales utilisées.

Archimède calcula la valeur de pi avec une justesse remarquable et il fit des inventions extraordinaires (qui lui valurent les surnoms de « sage », de « maître » et de « grand géomètre »), mais il existe une découverte mathématique qu'il considérait comme sa plus belle réussite. Elle aussi était liée à pi mais elle portait cette fois sur le volume de la sphère et du cylindre. Il parvint à démontrer que le volume d'une sphère imbriquée dans un cylindre de façon à ce que ses côtés touchent les bords de la sphère égale deux tiers de celui du cylindre. Il prouva aussi que le rapport surface/volume de la sphère est égal au rapport surface/volume du cylindre. Ces découvertes étaient capitales à une époque où les gens n'avaient aucune idée de la façon de calculer les volumes et les surfaces de formes comme les sphères.

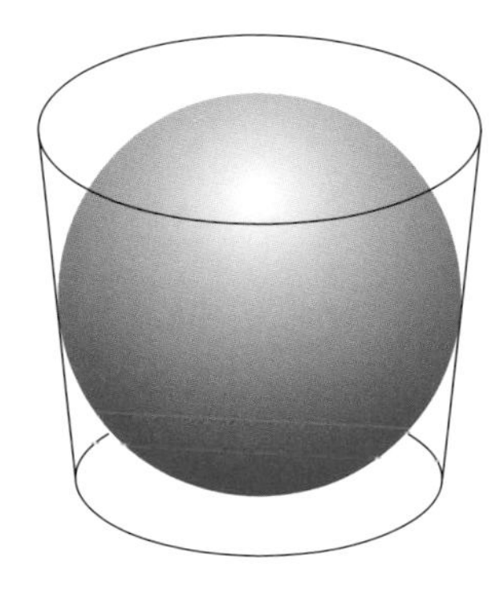

Ci-dessus : Le volume d'une sphère entourée d'un cylindre est égal à deux tiers de celui du cylindre.

Ci-dessus : Gravure de Plutarque (v.46-v.120), l'auteur romain qui consigna quelques événements de la vie d'Archimède.

Si nous ne connaissons Archimède que par ses œuvres (son unique biographie écrite s'est perdue il y a des millénaires), on a beaucoup écrit sur sa mort, survenue en 212 av. J.-C. à l'âge de soixante-dix ans. L'écrivain romain Plutarque relate trois versions de l'événement.

« **[Version 1]** *Ce philosophe était alors chez lui, appliqué à quelque figure de géométrie ; et comme il donnait à cette méditation tout son esprit et tous ses sens, il n'avait pas entendu le bruit des Romains qui couraient de toutes parts dans la ville, et il ignorait qu'elle fût en leur pouvoir. Tout à coup il se présente à lui un soldat qui lui ordonne de le suivre pour aller trouver Marcellus. Il refuse d'y aller jusqu'à ce qu'il ait achevé la démonstration de son problème. Le Romain, irrité, tire son épée et le tue.*

Ci-dessus : Illustration d'une version des derniers instants d'Archimède, interrompu dans son travail par un soldat romain.

[Version 2] *D'autres disent qu'un soldat étant allé d'abord à lui, l'épée à la main, pour le tuer, Archimède le pria instamment d'attendre un moment, afin qu'il ne laissât pas son problème imparfait, et* [...] *le soldat, qui se souciait fort peu de sa démonstration, le perça de son épée.* **[Version 3]** *Un troisième récit, c'est qu'Archimède étant allé lui-même porter à Marcellus, dans une caisse, des instruments de mathématiques, tels que des cadrans au Soleil, des sphères, et des angles avec lesquels on mesure la grandeur du Soleil, des soldats qui le rencontrèrent, croyant que c'était de l'or qu'il portait dans cette caisse, le tuèrent pour s'en emparer ».*

Les deux premières versions, très voisines, ont donné naissance à un mythe populaire selon lequel Archimède, interrompu par un soldat romain alors qu'il dessinait des figures sur le sable, aurait prononcé ces dernières paroles : *« Ne déplace pas mes cercles ! »*

On ne saura jamais ce qui s'est réellement passé ce jour-là mais on sait que le général romain Marcellus, conquérent victorieux de la ville de Syracuse, fit exécuter le meurtrier d'Archièmède, qui avait désobéi à l'ordre d'épargner ce grand sage.

Malgré la victoire des Romains, Archimède fut honoré dans la mort et les vœux qu'il avait formulés pour sa pierre tombale furent respectés. On grava dessus un cylindre contenant une sphère, ainsi que le théorème énonçant que le volume de la sphère égale deux tiers de celui du cylindre et, selon certains, on ajouta un pi. Sa tombe survécut au moins cent ans. En 75 av. J.-C., l'homme d'État romain Cicéron la décrivit en ces termes :

« *Quand j'étais questeur, j'ai découvert son tombeau* [celui d'Archimède] *que les Syracusains ignoraient ; ils affirmaient même qu'il n'existait point. Je l'ai découvert entouré et recouvert entièrement de ronces et de buissons. Je connaissais quelques petits vers dont j'avais appris qu'ils étaient inscrits sur sa tombe. Ceux-ci faisaient connaître qu'en haut du monument il y avait une sphère avec un cylindre. Or, en parcourant des yeux toutes les tombes, qui sont très nombreuses à la sortie d'Agrigente, j'aperçus une petite colonne qui émergeait à peine des buissons, sur laquelle se trouvaient les figures d'une sphère et d'un cylindre. Aussitôt je dis aux notables syracusains qui se trouvaient à mes côtés qu'à mon avis c'était là précisément la tombe que je cherchais. Plusieurs hommes, venus avec des faux, débroussaillèrent l'endroit. Une fois le lieu dégagé, nous nous approchâmes du soubassement qui nous faisait face. L'épigramme apparut avec la fin des vers rongée presqu'à moitié. C'est ainsi que la plus illustre cité de la Grande Grèce, jadis même la plus savante, aurait ignoré le tombeau de son concitoyen le plus intelligent si un homme d'Arpinum ne le leur avait pas révélé.* »

Ci-dessous : Ce tableau représente Cicéron découvrant la tombe d'Archimède.

Fort heureusement, le manque d'intérêt pour les mathématiques manifesté à l'époque romaine fut de courte durée, et si Archimède est mort, il n'est pas oublié.

Comment calculer pi

Pi continua à fasciner les mathématiciens pendant des siècles et sa valeur se précisa peu à peu au fil du temps. De nombreux pionniers des nombres que nous avons rencontrés aux chapitres précédents participèrent à ces études. Par exemple, Brahmagupta (qui contribua à comprendre zéro) pensait que pi était égal à $\sqrt{10}$ mais il se trompait car cette égalité n'est valable que jusqu'à la première décimale. Cent soixante ans plus tard, l'inventeur de *al-jabr*, al-Kharezmi calcula la valeur de pi jusqu'à la quatrième décimale, soit 3,1416. C'était mieux que la tentative de Fibonacci (l'homme aux lapins !) qui, au Moyen Âge, quatre siècles plus tard, utilisa un autre polygone à 96 côtés pour fixer la valeur de pi à $864/275$.

Pendant des siècles, les mathématiciens continuèrent à utiliser des variantes de la méthode d'Archimède. L'une d'entre elles, parmi les plus frappantes, fut effectuée en 1596 par le mathématicien allemand Ludolph van Ceulen qui passa l'essentiel de sa vie à calculer la valeur de pi en utilisant un polygone au nombre incroyable de côtés : 4 611 686 018 427 387 904. Il calcula pi jusqu'à la trente-cinquième décimale :

3,141 592 653 589 793 238 462 643 383 279 502 9

Quand il mourut à l'âge de soixante-dix ans, le résultat de ses prodigieux travaux fut gravé sur sa pierre tombale.

Vers cette époque, les mathématiciens commencèrent à remarquer qu'on pouvait trouver pi par des méthodes plus faciles que ces polygones au nombre épouvantable de côtés. Bien que pi soit

Calculer pi

Le mathématicien anglais John Wallis découvrit au XVIIe siècle cette étrange série qui produit un multiple de pi :

$$2 / \pi = (1 \times 3 \times 3 \times 5 \times 5 \times 7 \times \ldots) / (2 \times 2 \times 4 \times 4 \times 6 \times 6 \times \ldots)$$

À peu près à la même époque, le mathématicien écossais James Gregory découvrit cette fameuse série (dont le mérite de la découverte est parfois attribué à Leibniz) :

$$\pi / 4 = 1 - 1/3 + 1/5 - 1/7 + \ldots$$

Aucune n'est très utile pour calculer la valeur de pi car la série doit avoir des dizaines de milliers de termes pour commencer à approcher la véritable valeur de pi. Mais James Gregory calcula aussi une série plus utile qui converge plus rapidement :

$$\pi / 6 = (1/\sqrt{3}) (1 - 1/(3 \times 3) + 1/(5 \times 3 \times 3) - 1 / (7 \times 3 \times 3 \times 3) + \ldots$$

Dans cette série, neuf termes suffisent pour obtenir la valeur correcte de pi jusqu'à la quatrième décimale.

À droite : Georges Louis Leclerc, dit Georges Buffon, l'inventeur du problème des aiguilles.

inextricablement lié aux cercles, les multiples de pi émergèrent comme par magie de certaines suites de nombres (voir encadré page ci-contre).

Ces méthodes et d'autres analogues permirent aux mathématiciens des siècles suivants d'améliorer le calcul de pi. L'une des plus insolites est sans doute celle que proposa au XVIIIe siècle le savant français Georges Buffon. Buffon calcula qu'en lâchant une aiguille sur un parquet, la probabilité qu'elle chevauche deux lames est $2k/\pi$ (k étant la longueur de l'aiguille et sa valeur inférieure à 1). En 1901, Mario Lazzerini utilisa l'idée pour calculer la valeur de pi. Il lâcha son aiguille 34 080 fois, compta les fois où l'aiguille coupait le bord d'une latte et calcula pi correctement jusqu'à la sixième décimale. Mais des mathématiciens soupçonneux

Ci-dessus : De Morgan découvrit l'erreur dans la valeur donnée à pi par William Shanks.

firent remarquer qu'en connaissant déjà la valeur de pi, il suffisait d'arrêter l'expérience au bon moment pour obtenir un résultat exact. En lâchant son aiguille 34 080 fois (et non un nombre rond de fois comme 30 000 ou 35 000 fois), Lazzerini avait triché et garanti que sa réponse serait plus précise qu'elle ne l'aurait été autrement. Dans un article impertinent où il essayait de décortiquer la tricherie, un mathématicien du nom de Gridgeman démontra qu'en lâchant deux fois seulement une aiguille longue de 0,7857 de façon à ce qu'elle chevauche deux lames une fois, la formule donne une bonne approximation de pi parce que :

$$2 \times 0{,}7857 / \pi = \frac{1}{2}$$

$$\text{donc } \pi = 3{,}1428$$

Bien qu'il se moquât des tentatives précédentes pour calculer pi en lâchant des aiguilles, Gridgeman faisait une remarque sérieuse : si l'on connaît déjà la valeur de pi avec une certaine justesse, il est facile de feindre une expérience qui semble approcher la valeur de pi avec la même justesse (ou fausseté).

Grâce aux nouveaux moyens, plus faciles, d'évaluer pi à l'aide de séries de nombres et non d'aiguilles, les mathématiciens calculèrent bientôt ce nombre populaire jusqu'à des centaines de décimales. En 1874, un Anglais, William Shanks, réalisa

14159

l'exploit de calculer pi jusqu'à la sept cent septième décimale. Mais quelque chose n'allait pas. Augustus De Morgan, qui avait été si déconcerté par la conjecture des quatre couleurs, remarqua un point assez curieux dans les nombres de la valeur de pi découverte par Shanks : après les cinq cents premières décimales environ, la fréquence des sept semblait diminuer.

C'était étrange car la distribution des nombres dans l'expansion décimale de pi semblait régulière : la valeur de pi semblait comporter toujours à peu près le même nombre de chaque chiffre de 0 à 9. C'était l'une des surprises que réservait pi. Jeter un dé à dix faces produisait la même fréquence des chiffres de 0 à 9 dans une suite sans schéma (parce que les chiffres sont dans un ordre aléatoire). On croyait toujours que pi contenait aussi le même nombre de chiffres de 0 à 9, sans schéma mais avec des chiffres nullement aléatoires. Ce nombre irrationnel est curieusement paradoxal : c'est un nombre non aléatoire et sans schéma qui possède les propriétés d'un nombre aléatoire si ce n'est que ses chiffres sont toujours les mêmes.

Cette absence illogique de 7 dans pi découverte par De Morgan était très curieuse. Le mystère resta entier jusqu'en 1945 quand un autre mathématicien du nom de Donald F. Ferguson calcula pi jusqu'à la six cent vingtième décimale et s'aperçut que Shanks s'était trompé : dans son calcul, tous les chiffres postérieurs au cinq cent vingt-huitième étaient faux. La version correcte ne présentait pas d'incohérence : chaque chiffre apparaît avec la même fréquence.

À partir de 1947, les mathématiciens utilisèrent les calculatrices de bureau et les ordinateurs pour calculer pi avec toujours plus de décimales. Pendant longtemps, la puissance d'un nouvel ordinateur fut évaluée au nombre de chiffres qu'il pouvait calculer. En 1999, un superordinateur Hitachi SR8000 calcula 206 158 430 000 décimales de pi. C'est presque six milliards de fois plus de chiffres que van Ceulen n'en avait trouvés en y consacrant sa vie. Aujourd'hui, un simple ordinateur de bureau est si puissant que quelques secondes suffisent pour calculer des trillions de décimales de pi. La fascination exercée par ce nombre étrange va donc en s'amenuisant, ce qui est regrettable car il reste à trouver un nombre infini de ses décimales.

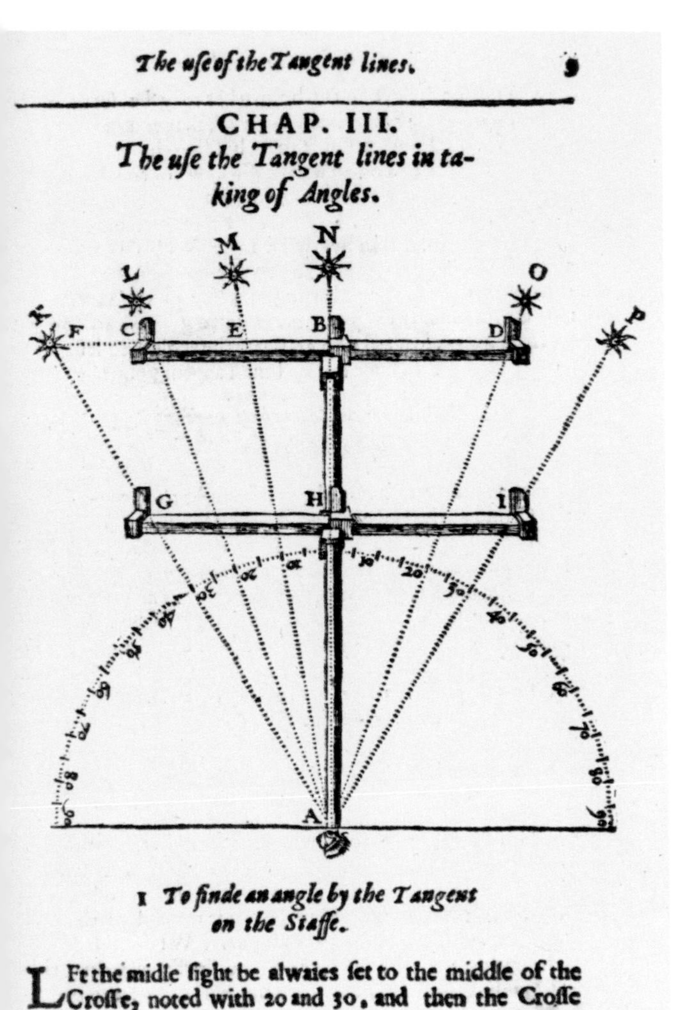

The uſe of the Tangent lines. 9

CHAP. III.
The uſe the Tangent lines in taking of Angles.

1 To finde an angle by the Tangent on the Staffe.

LEt the midle ſight be alwaies ſet to the middle of the Croſſe, noted with 20 and 30, and then the Croſſe drawne

Bb

Ci-dessus : Gravure illustrant comment mesurer les angles avec une arbalète. Extraite de The Description and use of the Sector *d'Edmund Gunter (1636).*

À droite : Illustration d'un quart de cercle d'astronomie avec ses composantes.

La mesure des angles

Nous avons vu au chapitre précédent qu'avec leurs trois côtés et leurs trois sommets, les triangles sont essentiels en géométrie et en topologie. Mais les triangles comportent aussi trois angles à l'intérieur de chaque sommet : ils sont si importants pour les mathématiciens qu'un nouveau type de mathématiques fut inventé au fil du temps pour les décrire : la trigonométrie (du grec *trigonon* « trois angles » et *metro* « mesure »).

La trigonométrie est donc la branche des mathématiques consacrée aux angles. Deux lignes droites qui se croisent en un point donné forment un angle. La mesure la plus ancienne et la plus courante des angles fait appel aux degrés, 360 degrés représentant le cercle complet. La meilleure comparaison est celle de l'horloge. Quand les deux aiguilles désignent la même direction, par exemple midi, c'est comme si les deux lignes étaient superposées et l'angle qu'elles forment est de 0 degré. Si une aiguille est sur 12 et l'autre sur 9, elles forment un angle de 90 degrés. Si l'une est sur 12 et l'autre sur 6, l'angle est de 180 degrés et si l'une est sur 12 et l'autre sur 3, l'angle est de 270 degrés (on mesure normalement les angles dans le sens inverse des aiguilles d'une montre). Les angles sont très importants quand on s'intéresse aux formes géométriques telles que les triangles, les carrés et les pentagrammes. On utilise le plus souvent le petit angle ou angle interne des formes géométriques, car il est plus logique de parler de l'angle interne d'un carré qui est de 90 degrés que de 360 − 90 = 270 degrés.

C'est sans doute grâce à la civilisation babylonienne (300 av. J.-C.) que l'on doit le fait que le cercle entier compte 360 degrés. Ce peuple utilisait une base de calcul sexagésimale et non notre système décimal ou la numération binaire de nos ordinateurs. Ils divisaient le cercle en soixante puis chaque segment encore en soixante, ce qui donne nos trois cent

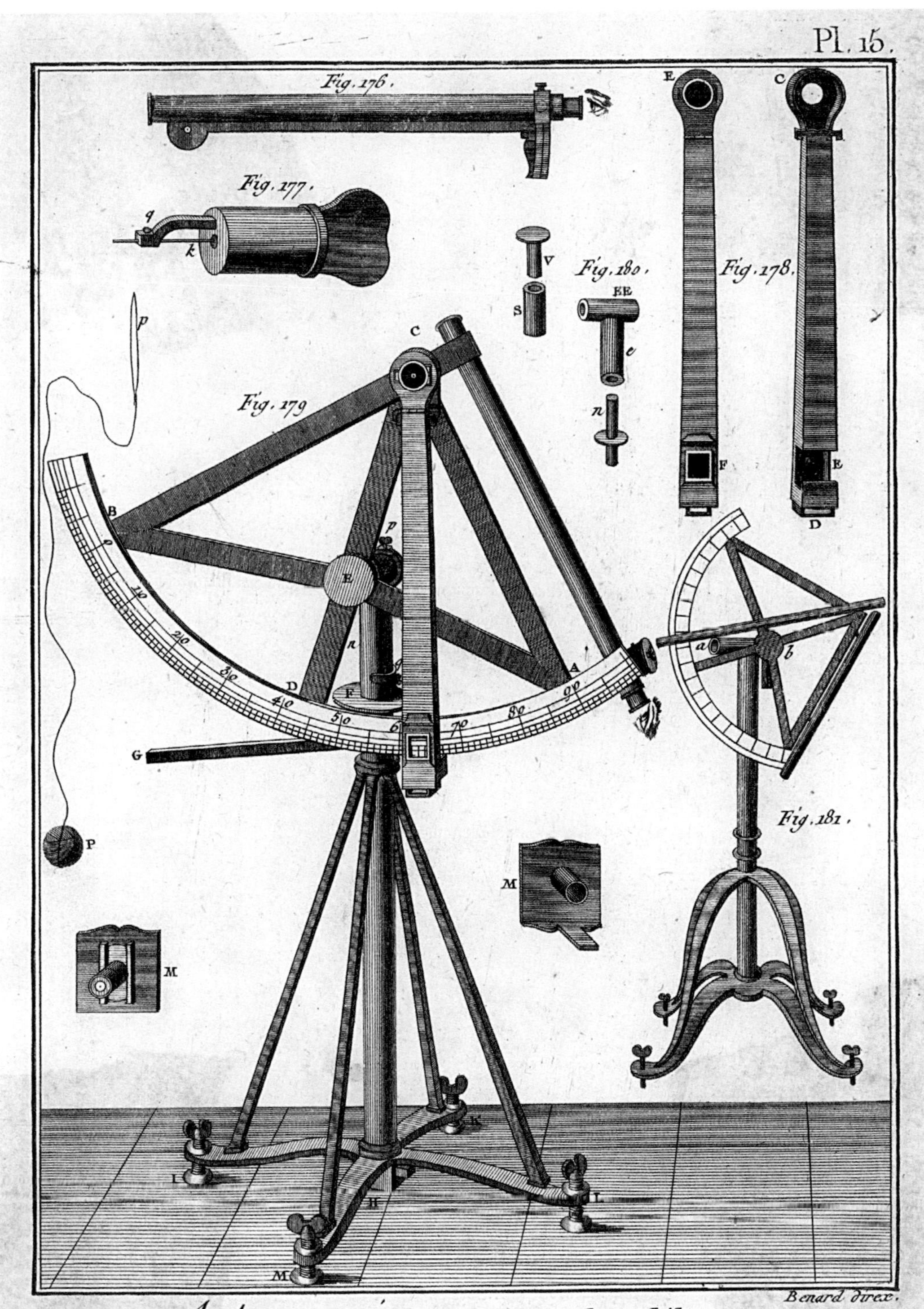
Pl. 15.
Fig. 176.
Fig. 177.
Fig. 178.
Fig. 179
Fig. 180.
Fig. 181.
Benard direx.
Astronomie, Quart de Cercle Mobile.
10

soixante degrés. Quand ils naviguaient et qu'ils décrivaient la position des étoiles autour de la Terre, ils mesuraient les degrés dans le sens inverse des aiguilles d'une montre.

La trigonométrie est née d'un problème simple : si l'on a un triangle dont on ne connaît que certaines mesures, comment calculer les autres mesures ? Par exemple, si l'on connaît deux angles et la longueur d'un côté, comment calculer la longueur des autres côtés ?

Pendant plusieurs siècles, le système de la corde apporta une solution partielle au problème. Cette solution fut imaginée par un astronome grec, Hipparque, né vers 190 av. J.-C. dans l'ancienne Nicée, en Bithynie (au nord-ouest de la Turquie actuelle) et dont la plupart des connaissances se sont perdues au fil des siècles. Nous ne savons quasiment rien de celui qui allait devenir l'un des astronomes les plus brillants mais nous connaissons un peu ses travaux. Lors d'une éclipse solaire, Hipparque mesura les différentes parties de la Lune visibles en plusieurs lieux et il parvint ainsi à calculer la distance entre la Lune et la Terre. Son calcul fut étonnamment précis car il estima cette

L'origine de la corde

Le problème suivant s'avère primordial quand on effectue un levé de terrain. Imaginez que vous êtes au bord d'une rivière, que vous vouliez tracer un plan précis et connaître la distance exacte qui vous sépare d'un point important, une église par exemple. Vous pouvez vous placer à deux endroits A et B de ce côté-ci de la rivière. Que faites-vous ?

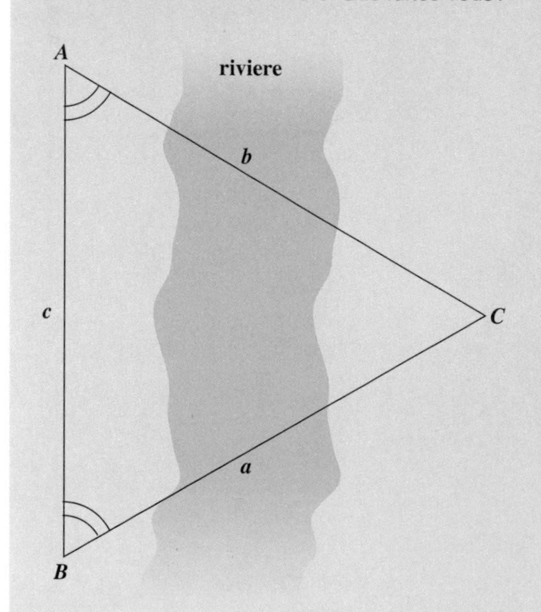

Si l'église se trouve au point C, nous traçons un immense triangle sur le sol. Nous pouvons mesurer la distance qui sépare A de B et, à l'aide d'un petit instrument de visée (un télescope de géomètre ou théodolite) nous pouvons mesurer les angles jusqu'au point C (nous mesurons l'angle formé par AB et BC, et l'angle formé par AB et AC). Nous connaissons donc la longueur d'un côté du triangle et deux de ses angles internes. Nous voulons maintenant connaître la distance qui sépare le point C de A ou de B. Comment trouver les longueurs des deux autres côtés du triangle ? On ne peut pas recourir au théorème de Pythagore car il ne s'applique qu'aux triangles rectangles (dont un angle égale 90 degrés). Il faudrait aussi connaître les longueurs de deux côtés pour calculer le troisième mais nous n'en connaissons qu'une. Nous devons donc utiliser l'angle que forment les côtés pour trouver la longueur d'un côté.

Ci-dessus : Illustration de l'astronome grec Hipparque.

distance entre cinquante-neuf et soixante fois le rayon de la Terre – on sait aujourd'hui que le chiffre exact est soixante. Il calcula aussi la durée de l'année terrestre avec une telle précision qu'il découvrit et mesura la précession de la Terre (changement graduel d'orientation de son axe de rotation). Un véritable exploit pour un homme qui vivait il y a plus de deux mille ans !

Hipparque fut aussi le premier à créer une table des cordes, c'est-à-dire une liste des longueurs des côtés du triangle qui correspondent aux différents angles du triangle. C'était le début de la trigonométrie (voir encadré page ci-contre).

Claude Ptolémée, l'un des plus éminents astronomes et géographes, croyait quant à lui en la vue géocentrique du ciel d'Aristote, où tout tournait autour de la Terre. Il élabora l'essentiel de ses mathématiques pour expliquer l'observation réelle des mouvements planétaires mais comme ses données de base étaient pour l'essentiel inexactes, il fallut des siècles pour que ses théories s'avèrent erronées. Les savants ultérieurs critiquèrent Ptolémée et l'accusèrent de falsifier ses preuves pour appuyer ses idées fausses. Isaac Newton fut particulièrement dur envers lui :

À gauche : Gravure du XVIe siècle de Claude Ptolémée, extraite d'un livre publié par Nicolo Bascarini en 1548.

Les cordes

Prenons un cercle dont O est le centre et dont A et B sont deux points de la circonférence. La corde AOB donne la longueur de la droite AB. Quand l'angle O varie, la longueur de la corde varie aussi entre zéro (quand l'angle est zéro) et le diamètre du cercle (quand l'angle est de 180 degrés). Hipparque a élaboré une table des résultats pour les différents angles, car le rapport entre l'angle et la longueur serait constant, indépendamment de la taille du cercle. Donc, pour calculer la longueur réelle d'une corde, il a simplement calculé la taille du cercle puis il a ajusté le résultat de sa table dans la même proportion. La table des cordes d'Hipparque s'applique à des angles espacés de 7,5 degrés (24 en tout sur 180 degrés).

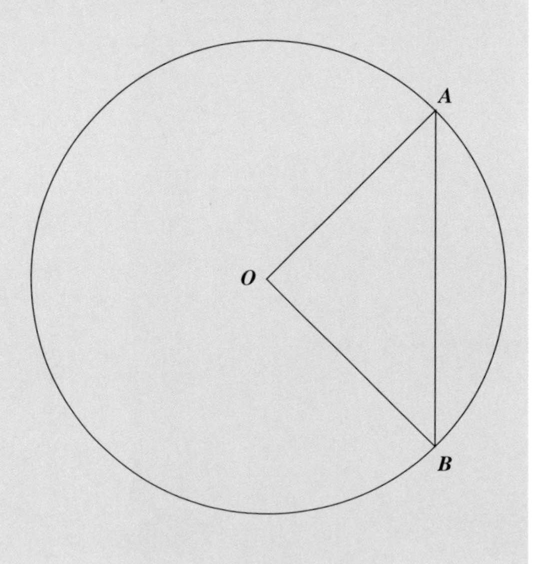

« Il a mis au point certaines théories astronomiques et découvert qu'elles n'étaient pas compatibles avec l'observation. Au lieu de les abandonner, il a délibérément fabriqué des observations de la théorie pour pouvoir prétendre qu'elles prouvaient la validité de ses théories. Dans tous les milieux scientifiques ou érudits, cette pratique est appelée fraude et elle constitue un crime vis-à-vis de la science et de la recherche. »

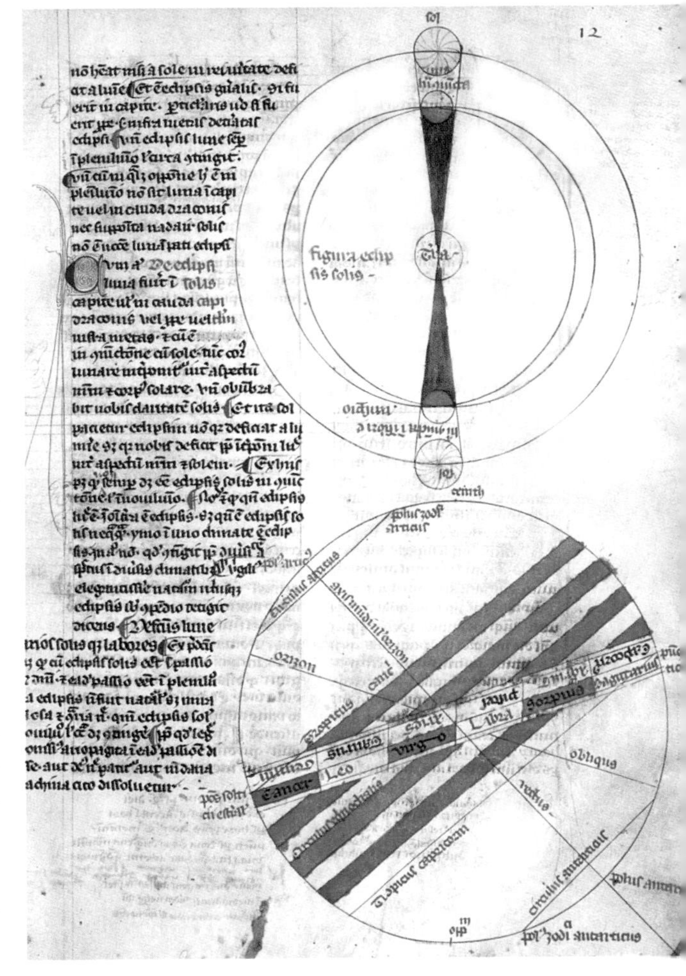

Ci-dessus : Représentation d'une éclipse de Soleil. La figure du haut montre le Soleil (en jaune) et la Lune (en vert) tournant autour de la Terre.

Ces commentaires sont assez injustes car il ne faut pas oublier que Ptolémée vivait il y a deux mille ans, à une époque où la méthode scientifique était encore balbutiante et où il était très difficile d'effectuer des mesures exactes des mouvements planétaires.

Malgré les lacunes pardonnables de certaines de ces notions, les mathématiques élaborées par Ptolémée eurent une importance considérable. Il écrivit de nombreux livres, notamment une somme en treize volumes sur les mouvements planétaires intitulée l'*Almageste*. Ses idées sur les orbites circulaires autour de la Terre ne furent supplantées que mille quatre cents ans plus tard par des hommes tels que Kepler et ses livres furent considérés aussi importants que les *Éléments* d'Euclide. Au cours de ses travaux, Ptolémée calcula pi correctement jusqu'à la quatrième décimale, ce qui était le chiffre le plus précis jamais trouvé, et ce pendant cent cinquante ans. Il perfectionna aussi la notion de corde, il proposa une table des valeurs des cordes pour les angles séparés d'un demi-degré et il découvrit de nombreuses règles et opérations ingénieuses permettant de manipuler les cordes.

La trigonométrie

Les cordes étaient très intuitives mais elles n'étaient pas très utiles pour calculer les côtés manquants d'un triangle (nécessaires pour un levé de terrain par exemple). La solution était la fonction sinus (« sin » sur la calculatrice). Au lieu de donner la longueur d'une droite opposée à l'angle (entre deux points d'une circonférence), la fonction sinus indique la longueur d'une droite allant du centre du cercle à la circonférence pour un angle donné. Pour calculer le sinus d'un angle x, on mesure cet angle x dans le sens inverse des aiguilles d'une montre, on trace une droite du centre à la circonférence d'un cercle de rayon 1

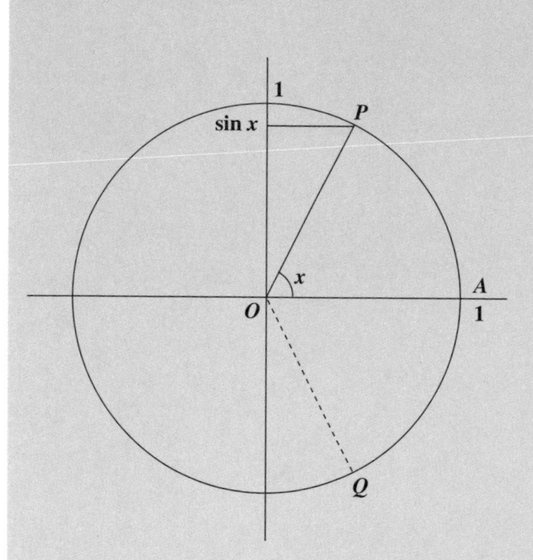

(point P), et la coordonnée y de P est la réponse. C'est pourquoi le sinus de 0 degré est 0 et le sinus de 90 degrés est 1.

Une autre façon d'aborder le sinus est de le considérer comme une demi-corde. Si l'on veut refléter la ligne OP dans l'axe des x (placer un miroir sur la ligne OA) et créer un nouveau point Q, PQ est une corde. C'est l'origine du sinus. Le mot arabe désignant une demi-corde était *djayb*, sens que l'on donna en latin médiéval au mot *sinus*. Quand on a le sinus, il est facile de concevoir des fonctions

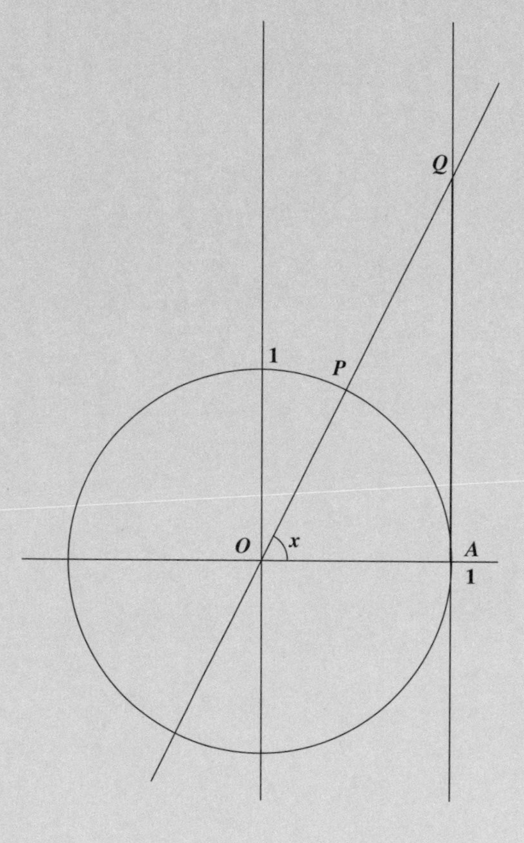

similaires. Le cosinus par exemple se calcule en lisant la coordonnée x du point P au lieu de sa coordonnée y. C'est pourquoi le cosinus de 0 degré est 1 et le cosinus de 90 degrés est 0. Il existe aussi une fonction connexe appelée tangente qui fonctionne exactement comme le sinus, si ce n'est qu'au lieu de s'intéresser au point P placé sur la circonférence, on s'intéresse à un point Q placé sur une droite *AQ* tangente au cercle et qui coupe le prolongement de la droite *OP*.

De nouveau, lire la coordonnée y du point Q donne la tangente de l'angle x. C'est pourquoi la tangente de 0 degré est 0 et la tangente de 90 degrés est indéfinie (on ignore où Q se trouve quand x est égal à 90 degrés, la réponse est donc indéfinie, et non infinie). C'est un calcul que certaines calculatrices électroniques ne font pas bien. Observez ce qu'indique la vôtre pour tan 90.

Toutes les fonctions de la trigonométrie opèrent aussi inversement: pour revenir de la longueur de la droite à l'angle, nous utilisons donc les trois fonctions inverses: sinus inverse, cosinus inverse et tangente inverse (notées parfois sous la forme $\sin^{-1}$, $\cos^{-1}$ et $\tan^{-1}$).

Toutes les fonctions de la trigonométrie étant liées aux triangles et aux cercles, il existe de nombreuses règles et formules qui aident à les utiliser. Si vous n'êtes pas mathématicien, elles ne sont pas très intéressantes, surtout quand vous devez les apprendre par cœur mais elles peuvent être très utiles. En voici trois parmi des dizaines d'exemples:

$$\sin^2 A + \cos^2 A = 1$$

$$\sin(A + B) = \sin A \cos B + \cos A \sin B$$

$$\sin 2A = 2 \sin A \cos A$$

Par ces travaux, il jeta les fondations des fonctions trigonométriques de la génération suivante, appelées sinus, cosinus et tangente.

Surfer sur les ondes sinusoïdales

La fonction sinus n'est pas indispensable pour avoir une onde sinusoïdale. Il s'avère que ces ondes sont très courantes. La lumière se déplace comme une onde sinusoïdale, les différentes couleurs correspondant aux différentes fréquences. Les ondes sont mesurées en longueur d'onde: une longueur d'onde courte est une onde sinusoïdale resserrée comme un ressort comprimé et une longueur d'onde longue est plus étirée. La longueur d'onde du rouge est plus longue que celle du vert et celle du vert plus longue que celle du bleu. Mais la lumière visible (la longueur d'onde perceptible à l'œil) n'est qu'une infime partie du

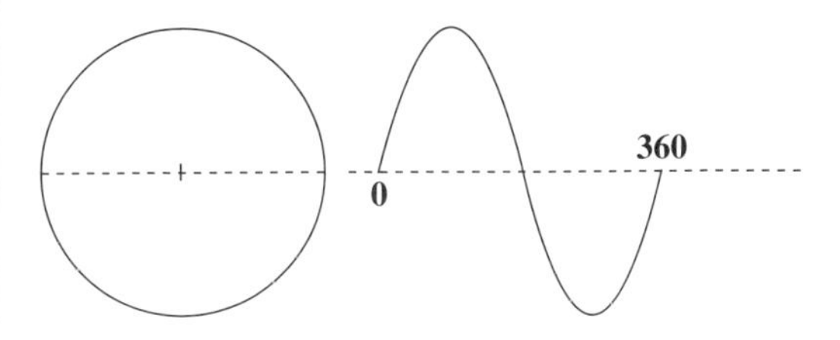

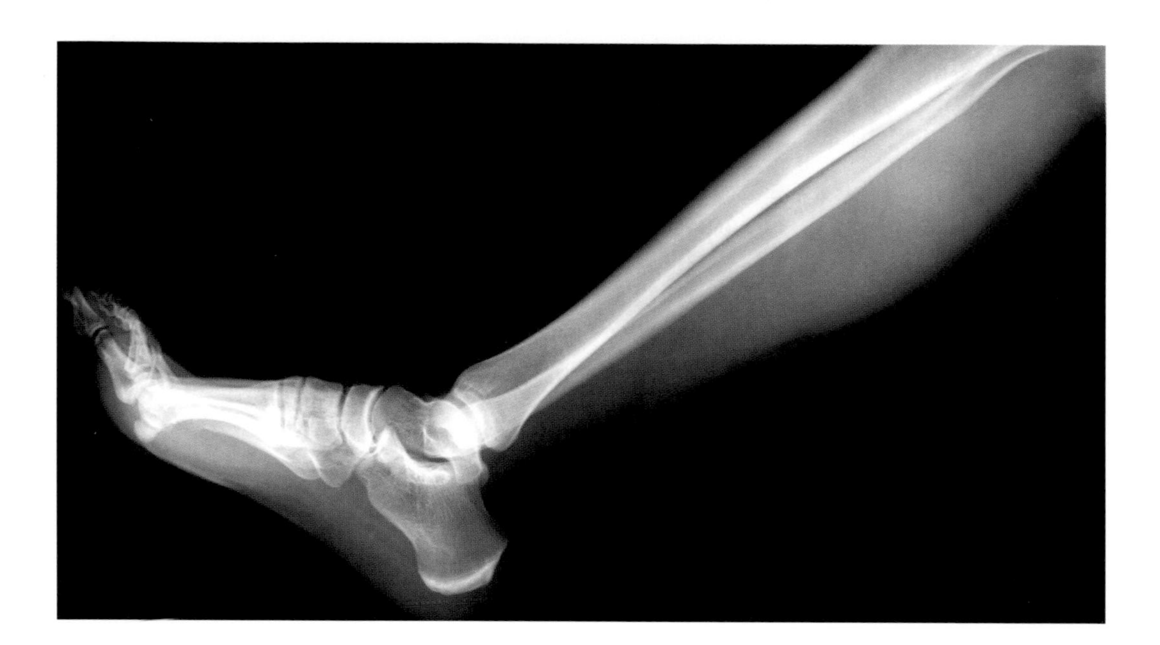

Ci-dessus : Radiographie d'un pied humain.

spectre électromagnétique et de toutes les longueurs d'onde émises par le Soleil par exemple. Une télécommande à infrarouge fonctionne comme une torche en émettant des impulsions de lumière dont la longueur d'onde est supérieure à celle du rouge. Un four à micro-ondes a une longueur d'onde encore plus longue et les ondes radioélectriques lui sont encore supérieures. Nous utilisons aussi une foule de longueurs d'onde inférieures à celles du spectre visible. L'ultraviolet ou rayonnement UV a une longueur d'onde inférieure à celle du violet. Les rayons X, utilisés en médecine parce que tout sauf nos os est transparent à ce type de lumière, ont une longueur d'onde encore plus faible. Les rayons gamma sont encore plus petits. Dans les *comics* américains, l'incroyable Hulk serait le produit d'un accident impliquant des rayons gamma ; ils forment en réalité un type de radiation utilisé parfois en médecine pour stériliser les instruments ou en radiothérapie.

La lumière, ou rayonnement électromagnétique, n'est pas le seul type d'onde sinusoïdale qui existe. L'électricité à courant alternatif (CA) alterne parce qu'elle est fournie sous forme d'onde sinusoïdale, avec une fréquence de 50 à 60 hertz en fonction du pays. Si l'électricité était de l'eau, imaginez qu'elle serait alternativement poussée et aspirée dans vos canalisations, dans une onde sinusoïdale de pression. L'électricité est fournie sous cette forme parce qu'elle est plus efficace pour transporter l'énergie de la centrale aux habitations au moyen de longs câbles, au lieu d'essayer de la pousser constamment en utilisant le courant continu (CC) comme le font les piles électriques.

De même que toutes les couleurs de l'arc-en-ciel sont faites d'ondes sinusoïdales de longueurs

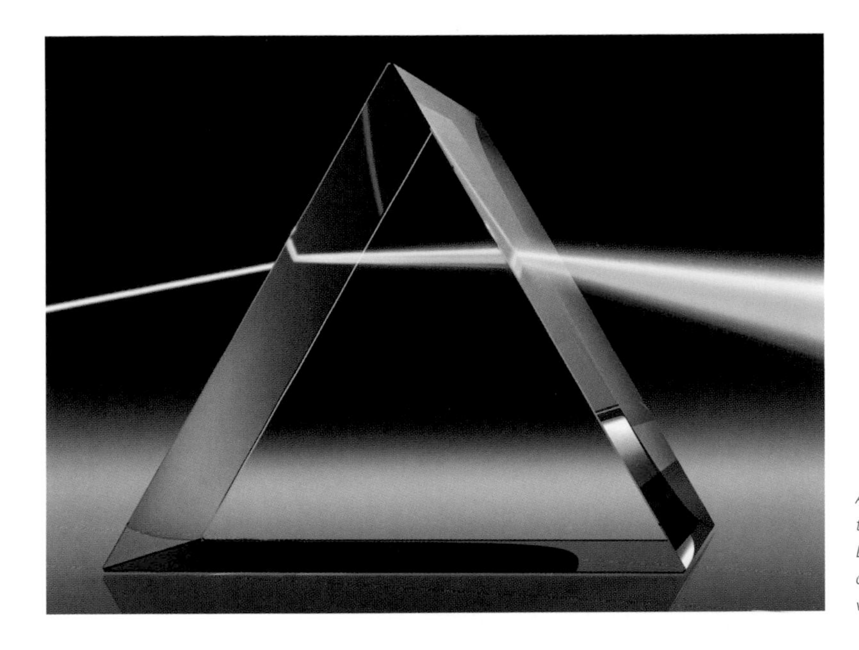

À gauche : Rayons de lumière traversant un prisme de verre. Les longueurs d'onde du rouge, du vert et du bleu sont toutes visibles.

À droite : Spectre électromagnétique (au centre) avec son domaine visible (en bas) et les longueurs d'onde variables du rayonnement électromagnétique (en haut).

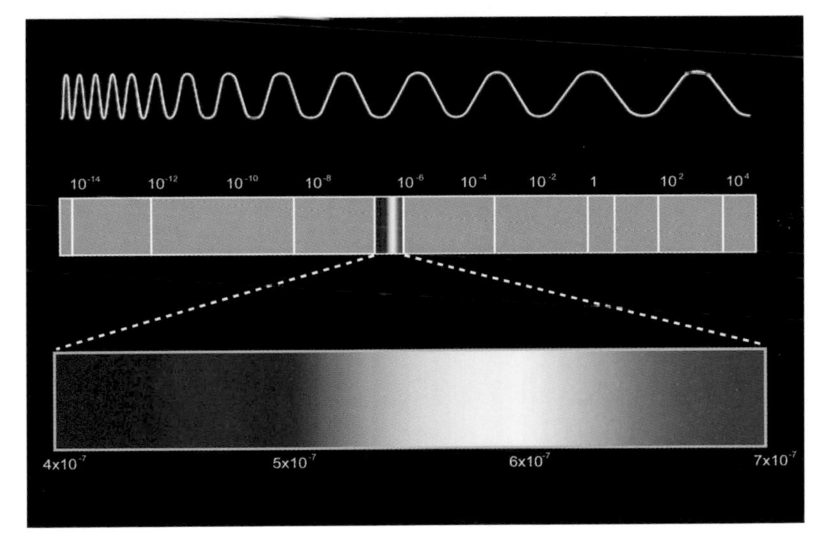

différentes (fréquences), le son est fait de vibrations de fréquences différentes. Mettez la main devant un haut-parleur et vous sentirez la pression des ondes sonores ; si vous vous tenez près d'un tambour qui roule fortement, vous sentirez la vibration des ondes sonores dans votre poitrine. Les haut-parleurs fonctionnent en faisant vibrer une membrane conique en carton à différentes fréquences, qui envoient des impulsions vibratoires dans vos oreilles. Introduisez une onde sinusoïdale dans un haut-parleur et vous entendrez un ton parfait de fréquence unique. Ajoutez des tas d'ondes sinusoïdales de différentes fréquences et vous pourrez produire tous les bruits possibles, depuis une symphonie jusqu'au son de votre propre voix.

Les fréquences sont très importantes en musique (comme Pythagore l'avait compris il y a plus de deux mille ans). Nos notes de musiques sont divisées en octaves composées chacune de douze notes (ou demi-tons). Une octave est simplement le redoublement de la fréquence : la note la a une fréquence de 220 Hz et une octave plus haut, il a une fréquence de 440 Hz. C'est pourquoi certaines notes jouées ensemble sont source d'harmonie : leurs ondes sinusoïdales s'accordent bien (les ondes sinusoïdales de 220 et 440 Hz émettent le plus souvent des vibrations sonores en même temps). Les notes discordantes ont des fréquences qui ne se chevauchent pas et produisent donc des ondes sinusoïdales désordonnées et irrégulières.

Pendules et hérésie

Les ondes sinusoïdales et pi se trouvent aussi ailleurs, par exemple dans l'oscillation du balancier d'une horloge. Si vous déterminez son balancement sur la durée, vous obtiendrez une autre onde sinusoïdale. C'est un Italien du nom de Galilée, né sept ans avant Kepler, en 1564, qui fit les découvertes les plus révolutionnaires sur les pendules.

Le père de Galilée était professeur de musique et il avait procédé à des expériences sur les cordes

Ci-dessous : Portrait gravé de Galilée expliquant ses théories à un moine sceptique.

À droite : Il a été observé que deux ballons, l'un en bois et l'autre en métal, lâchés de la tour penchée de Pise « tombent à la même vitesse ». Galilée n'a sans doute jamais effectué cette expérience.

pour comprendre les fréquences et l'harmonie. Il voulait que son fils devienne médecin et, après une scolarité dans un monastère, il l'envoya à l'université de Pise pour préparer son diplôme. Galilée ne s'intéressait pas beaucoup à la médecine et il passait plus de temps à étudier les mathématiques et la physique. Malgré tous ses efforts pour convaincre son père (il demanda même à l'un de ses professeurs de mathématiques de plaider en sa faveur devant son père), Galilée dut obligatoirement poursuivre ses études de médecine, en étudiant les mathématiques pendant ses loisirs. Finalement, à l'âge de vingt et un ans, il abandonna la médecine pour devenir précepteur de mathématiques. Quand il eut vingt-cinq ans, il obtint un poste de professeur de mathématiques à l'université de Pise et quelques années plus tard il fut nommé à la chaire de mathématiques de l'université de Padoue, poste bien plus prestigieux et beaucoup mieux rémunéré.

Ci-dessus : Galilée a fait beaucoup d'expériences avec le pendule dont il a souligné l'importance de la longueur.

Les travaux de Galilée portaient pour l'essentiel sur les mouvements planétaires et sur la chute des corps, ce qui a fait naître l'anecdote selon laquelle il aurait effectué une expérience célèbre en lâchant deux ballons, l'un en bois et l'autre en métal, du haut de la tour de Pise, et observé que les deux touchaient le sol en même temps. Il est peu vraisemblable que Galilée ait pris la peine de procéder à cette expérience mais on sait que d'autres mathématiciens comme Simon Stevin l'ont tentée. En revanche, Galilée comprenait très bien le principe car il avait décrit la révélation qu'il avait eue pendant une averse de grêle : il avait remarqué que tous les grêlons, gros ou petits, touchaient le sol ensemble ; donc, à moins que les gros grêlons ne tombent de beaucoup plus haut (ce qui semblait fort peu vraisemblable), les objets tombent à la même vitesse, quel que soit leur poids.

Galilée effectua de nombreuses expériences sur les pendules et il découvrit que la période du pendule (la durée d'une oscillation) ne dépend pas du poids de sa masse ni de l'amplitude de l'oscillation mais de la longueur du pendule : si on multiplie sa longueur par quatre, la durée de l'oscillation est multipliée par deux. Toutes ces découvertes importantes allaient à l'encontre de la vision aristotélicienne de l'univers selon laquelle les objets plus lourds tombent plus vite et donc oscillent aussi plus vite sur un pendule.

Mais Galilée n'en était qu'à ses débuts. En 1609, il avait entendu parler d'une « lunette d'approche » magique qui faisait paraître les objets plus gros. Il écrivit en 1610 à propos de cette découverte :

« Il y a environ dix mois, j'ai entendu dire qu'un certain Fleming avait fabriqué une lunette d'approche

grâce à laquelle des objets visibles, bien que très éloignés de l'œil de l'observateur, sont vus distinctement comme s'ils étaient proches. Plusieurs expériences de cet effet vraiment remarquable ont été rapportées, certains y croient, d'autres non. Quelques jours plus tard, le rapport a été confirmé par une lettre que j'ai reçue d'un Français de Paris, Jacques Badovere, me poussant à me consacrer sans réserve à l'étude d'un moyen d'inventer un instrument similaire. C'est ce que j'ai fait peu après en me fondant sur la théorie de la réfraction ».

Ci-dessous : Les télescopes de Galilée, parmi les meilleurs, offraient un grossissement de huit à neuf fois.

Avec un talent et une ingéniosité remarquables, Galilée trouva un moyen de polir le verre pour faire une lentille et il entreprit de fabriquer les meilleurs télescopes du monde, à grossissement de huit ou neuf fois. Cette percée avait des applications militaires évidentes : on pourrait voir les bateaux ennemis bien avant qu'ils puissent vous voir. Quand Galilée pointa son nouveau télescope vers le ciel, l'univers changea à jamais. Il fut le premier homme à voir de ses propres yeux les montagnes sur la Lune, les étoiles de la Voie lactée et même certains satellites de Jupiter. Selon un biographe contemporain :

« En deux mois environ, décembre et janvier, il fit plus de découvertes qui changèrent le monde que personne n'en a jamais faites avant ou après lui. »

Quelques semaines après avoir terminé son télescope, Galilée publia un livre intitulé *Sidereus nuncius, Le Messager céleste,* dans lequel était décrit ses étonnantes découvertes. Cet ouvrage le fit connaître d'un large public et il accepta bientôt un nouveau poste de mathématicien en chef à l'université de Pise (sans obligation d'enseigner) et de « mathématicien et philosophe » auprès du grand-duc de Toscane.

À droite : Galilée présente ses travaux au doge et à tous les sénateurs de Venise.

Il remarqua bientôt que Saturne semblait avoir d'étranges « oreilles » latérales en saillie (son télescope n'était pas assez puissant pour distinguer les anneaux de Saturne). Il découvrit des taches solaires et il remarqua que Vénus présentait des phases, comme celles de la Lune, fait important qui indique que Vénus gravite autour du Soleil et non de la Terre.

En 1616, Galilée était convaincu de la fausseté de la vieille théorie géocentrique selon laquelle la Terre est le centre de l'univers et que tout le reste gravite autour d'elle. Malgré les enseignements séculaires d'Aristote et de Ptolémée, Galilée pensait avoir raison. Il écrivit dans une lettre :

« Je maintiens que le Soleil est situé au centre des révolutions des corps célestes et qu'il ne change pas de place, et que la Terre tourne sur elle-même et autour du Soleil. En outre [...] *je confirme cette opinion non seulement en réfutant les arguments de Ptolémée et d'Aristote mais aussi en en propo-*

sant beaucoup en faveur de l'opinion contraire, et notamment certains relatifs aux effets physiques dont les causes ne peuvent peut-être pas être déterminées autrement, et à d'autres découvertes astronomiques ; ces découvertes réfutent clairement le système ptolémaïque et elles s'accordent admirablement avec cet autre point de vue et le confirment. »

Galilée et Kepler furent deux voix isolées au milieu de la foule traditionaliste et Kepler était trop inquiet pour publier ses vues. Galilée écrivit à ce dernier :

« Je souhaite, mon cher Kepler, que nous puissions bien rire ensemble de l'extraordinaire stupidité de la foule. Que pensez-vous des plus éminents philosophes de cette université ? Malgré mes efforts et mes invitations répétées, ils ont refusé, avec l'obstination d'une vipère assouvie, d'observer les planètes ou la Lune ou mon télescope. »

L'Église n'était pas prête à accueillir la révélation de Galilée. Le pape Paul V ordonna aux cardinaux de l'Inquisition d'étudier la question. Une vérité religieuse officielle fut proclamée et les enseignements de Copernic furent condamnés : la Terre était bien le centre de l'univers. Mais fut bientôt élu un nouveau pape, Urbain VIII. Apparemment plus réceptif aux idées de Galilée, il l'encouragea à les mettre par écrit. Au bout de six ans d'efforts, Galilée publia ses découvertes dans un livre intitulé *Dialogue sur les deux principaux systèmes du monde* – celui de Ptolémée et celui de Copernic. Peu après sa publication, l'Inquisition en interdit la vente et Galilée fut accusé d'hérésie et condamné à la prison à vie : il fut assigné à résidence pour le reste de ses jours.

Malgré la surveillance des officiers de l'Inquisition, Galilée poursuivit ses travaux. Deux ans avant sa mort, il réalisa que l'oscillation régulière du pendule pouvait être exploitée dans les horloges mais il ne vit jamais la mise en pratique de son idée. Galilée mourut à l'âge de soixante-dix-huit ans. Il fallut encore trois cent cinquante ans pour que l'Église catholique reconnaisse officiellement, par une déclaration du pape Jean-Paul II en 1992, que *« des erreurs avaient été commises dans le cas de Galilée »*.

Ci-dessous : Page de titre du Dialogue sur les deux principaux systèmes du monde *de Galilée (1632).*

DIALOGO
DI
GALILEO GALILEI LINCEO
MATEMATICO SOPRAORDINARIO
DELLO STVDIO DI PISA.
E Filosofo, e Matematico primario del
SERENISSIMO
GR.DVCA DI TOSCANA.
Doue ne i congressi di quattro giornate si discorre sopra i due
MASSIMI SISTEMI DEL MONDO
TOLEMAICO, E COPERNICANO;
Proponendo indeterminatamente le ragioni Filosofiche, e Naturali tanto per l'vna, quanto per l'altra parte.

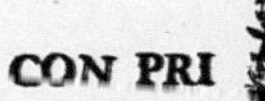
CON PRI

VILEGI.

IN FIORENZA, Per Gio:Batista Landini MDCXXXII.
CON LICENZA DE' SVPERIORI.

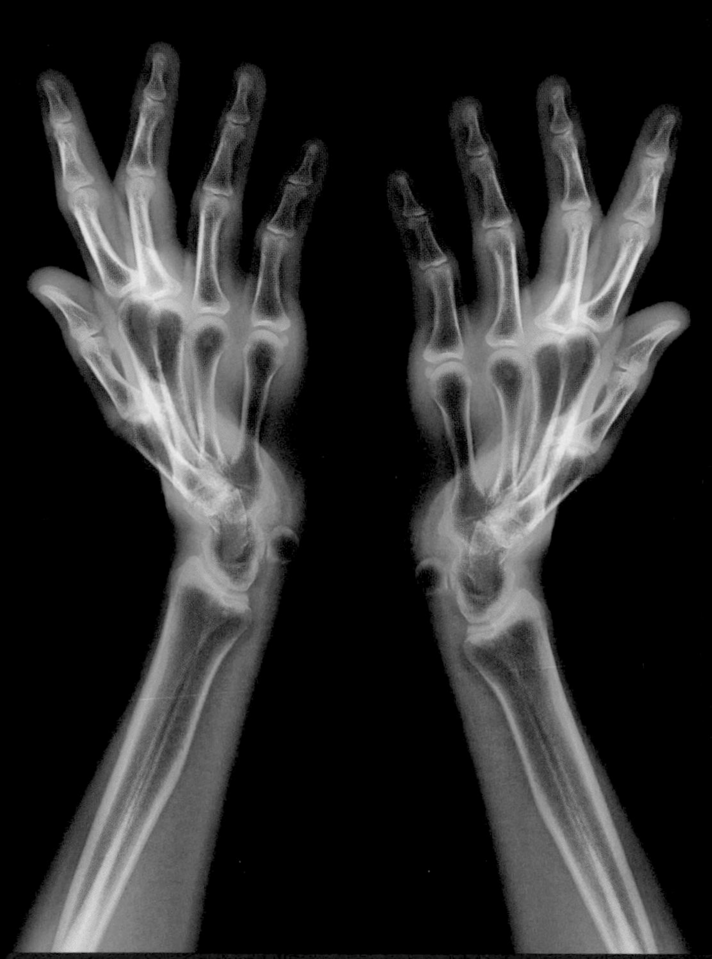

Jadis, dans certaines contrées d'Afrique de l'Ouest, les bergers comptaient leurs troupeaux en utilisant des coquillages. Le berger se tenait à la clôture et à chaque mouton qui la franchissait, il enfilait un coquillage sur un fil blanc. Lorsque dix moutons étaient passés (un pour chaque doigt de la main), il enlevait les coquillages et en plaçait un sur un fil bleu. Quand dix coquillages se trouvaient sur le fil bleu, il les ôtait pour en placer un sur un fil de couleur rouge. De cette manière, il pouvait compter par centaines, par dizaines et par unités et conserver une trace de son décompte sur des fils qui restaient continuellement à sa portée, sans avoir même à connaître le nom des nombres qu'il utilisait.

LA DÉCIMALISATION

CHAPITRE 10

Cette manière ancienne de compter est ce que l'on appelle la méthode décimale ou en base 10. Elle utilise dix nombres de 0 à 9 et les multiples de dix (pour les dizaines, les centaines, les milliers, etc.). Comme beaucoup d'autres modes de calcul dans l'histoire de l'homme, elle prend pour référence la dizaine. Mais l'attrait du nombre 10 ne s'explique pas uniquement par une exigence mathématique. Bien qu'il paraisse plus facile de compter en dizaines, nous pourrions tout aussi bien calculer en fonction d'une autre base. Après tout nous comptons constamment en base 60, puisqu'il est admis qu'il y a soixante secondes dans une minute, et soixante minutes dans une heure. D'ailleurs trouvez-vous si compliqué de calculer qu'un quart d'heure équivaut à quinze minutes ? Le fait qu'une heure dure cent minutes et qu'une minute comporte cent secondes changerait-il fondamentalement votre vie (sauf peut-être que les minutes et les secondes seraient plus courtes) ? La raison pour laquelle nous utilisons dix comme base tient surtout au hasard de l'évolution qui nous a dotés de dix doigts. Si nous en avions eu seize, nous trouverions sans doute tout à fait naturel de compter en système hexadécimal. (En informatique on compte souvent en base 16 pour pouvoir écrire des nombres immenses avec peu de chiffres.)

Si le système décimal nous paraît si commode, c'est aussi par contraste avec une quantité de systèmes plutôt bizarres qui eurent cours au fil des siècles. Ainsi, au lieu de compter en multiples de un et de dix, imaginons que nous partions des multiples de un, de douze et de vingt. C'est cette première solution qu'ont adoptée en Grande-Bretagne des millions de gens pendant des siècles (et jusqu'en 1971 !), qui comptaient en livres, en shillings et en pence (12 pence valant 1 shilling, et 30 shillings équivalant à 1 livre). Et comme si ce n'était pas assez compliqué, que dire des mesures calculées en multiples de un, douze, trois, deux cent vingt, huit et trois ? Vous avez sans doute compris qu'il s'agit des pouces, des pieds, des yards, des furlongs, des miles et des lieues (sans parler d'autres modes de mesure encore plus abscons).

Une étrange manière de compter

L'histoire de nos différents modes de comptage, souvent plus étranges les uns que les autres, est ancienne. À notre connaissance, elle remonte aux Sumériens, qui ont migré il y a six mille ans vers la Mésopotamie Inférieure en venant de régions comme l'Iran. Ces populations utilisaient la base 60 ; ainsi, au lieu de compter de 1 à 10, à 100 et ainsi de suite, elles comptaient de 1 à 60 à 360. Plusieurs théories s'affrontent pour expliquer cette méthode étrange, mais cela se passait il y a si longtemps qu'aucune certitude n'existe sur le sujet. On retient cependant l'idée de la réunion de deux systèmes plus anciens ; l'un utilisant les doigts d'une main, comptant ainsi par cinq de 1 à 5, à 25 et l'autre fondé sur les articulations des doigts en excluant le pouce, soit par multiples de douze, de 1 à 12 à 144. Partant du principe que ce courant migratoire a provoqué un brassage de civilisations, on ne peut exclure la fusion de plusieurs systèmes de comptage en un seul. Ainsi, au lieu de compter par cinq ou par douze, ces populations ont fini par compter par groupes de cinq fois douze, c'est-à-dire par soixantaines.

Ce mode de calcul a été adopté par les Babyloniens, puis par les Grecs dans leur système de numérotation scientifique, ensuite par les Arabes, et finalement par nous. Voilà pourquoi nous comptons toujours en base 60 pour mesurer le temps (soixante secondes par minute, soixante minutes par heure) et pour mesurer les angles (soixante fois soixante degrés dans un cercle, soixante minutes dans chaque degré et soixante secondes dans chaque minute). Il faut savoir que le calendrier chinois admet des cycles de soixante ans.

Ci-dessous : Tablette d'argile de l'ancienne Mésopotamie représentant le pointage des troupeaux de chèvres et de moutons en caractères cunéiformes.

L'habitude de compter en base 12 (duodécimale) est une pratique ancienne qui perdure aujourd'hui. Il n'est pas difficile de comprendre pourquoi le fait de compter par douze s'est imposé à travers les siècles (les Romains, par exemple, y recourait pour leurs fractions). Douze ayant plus de facteurs que dix, il est plus aisé de le diviser en moitiés, en tiers, en quarts et en sixièmes. Détail qui a son importance dans le commerce et pour toute forme de calcul ou de mesure par fractions. La base 12 a donc été intégrée à presque toutes les méthodes de calcul. Nous avons douze mois, douze signes du zodiaque, et deux fois douze heures dans une journée.

Quant aux autres mesures étranges que nous trouvons dans les anciens systèmes, ils s'expliquent par des raisons historiques. Le mille, par exemple, était une unité de distance utilisée par les Romains qui correspondait à mille doubles pas (*mille passuum* en latin) ou à cinq mille pieds romains. Ils avaient aussi une mesure appelée stade (qui a donné le mot désignant le terrain de sport), équivalant à un huitième de mille, mesure empruntée d'ailleurs aux Grecs. Au IXe siècle, en Angleterre, le furlong remplaça le stade (le mot vient de l'anglais ancien *furth*, signifiant « sillon », et de *lang*, qui veut dire « long » et s'appliquait à la longueur d'un sillon

Ci-dessus : Borne kilométrique romaine à Capharnaüm en Galilée.

dans un champ mesurant un acre). Il voisinait avec d'autres mesures telles que le pouce, le pied, le yard, la perche et le mille.

La situation était si confuse qu'aux alentours de 1300, on décida d'imposer une norme. Depuis la conquête romaine, on comptait douze pouces dans un pied, et trois pieds dans un yard. La perche équivalait à la longueur de la baguette qu'utilisaient les paysans du Moyen Âge pour mener leurs troupeaux. Elle devint une unité de longueur normalisée, mesurant 16,5 pieds ou 5,5 yards. Le furlong devint l'équivalent de quarante perches et le mille devint égal à huit furlongs. C'est donc à cause de la perche que le nombre de pieds dans un mile anglais est passé à 5280 ($8 \times 40 \times 16{,}5$) au lieu des 5000 pieds romains. Une bonne partie des mesures de poids et des échelles de température spécifiques à l'Angleterre s'expliquent par des évolutions analogues.

À la naissance du mathématicien belge Simon Stevin, en 1548, le système de mesure impérial était déjà solidement établi en dépit de sa complexité. Ainsi que nous l'avons vu dans le chapitre ϕ, on doit à Stevin l'introduction des nombres décimaux en Europe. Son livre *Le Dixième*, dans lequel il explique comment écrire des nombres décimaux, défend sa croyance en l'avenir de ce système appliqué à la monnaie, aux mesures et aux poids. Il pensait en effet qu'en calculant en multiples de dix, tout deviendrait plus facile, de la mesure des distances au paiement des factures. Stevin aurait été étonné s'il avait su que le système métrique mettrait aussi longtemps à s'imposer et il le serait encore davantage de voir que certains pays (comme les États-Unis) ne l'ont toujours pas adopté pour les poids et les distances.

Le problème majeur n'était pas de savoir quels nombres utiliser mais de déterminer la longueur et le poids de chaque unité. Un des pionniers en la matière, auquel on attribue l'invention du premier système métrique, est un théologien lyonnais du XVIIe siècle, Gabriel Mouton. Pendant ses loisirs, il s'adonnait à l'étude des mathématiques et de l'astronomie. Mouton avait conscience de l'avantage d'un système fondé sur des unités universelles et établies pour mesurer les longueurs. Selon lui, l'unité la plus élevée, le mille (romain) devait être

Ci-dessus : Le peintre américain John Trumbull a représenté la Déclaration d'indépendance. Le vote au congrès pour l'adoption du système métrique ayant échoué, les États-Unis continuent toujours à utiliser le système impérial.

égal à la longueur de l'arc d'un degré de longitude. Mais puisqu'il n'avait pas la possibilité de le mesurer, il décida d'utiliser les propriétés du pendule. Mouton savait que, d'après les travaux de Galilée, le temps d'oscillation d'un pendule est proportionnel à sa longueur. Plusieurs expériences l'amenèrent à la conclusion qu'un pendule de la longueur d'une virgula (ce qui équivalait à un pied environ) oscillerait 3 959,2 fois en trente minutes. Cette découverte lui permit d'établir la longueur de la virgula en tant que norme et d'utiliser ses multiples pour définir toutes les autres unités de mesure. Il proposa sept nouvelles unités : centuria, decuria, virga, virgula, decima, centesima et millesima, chacune étant égale à dix unités de l'unité précédente.

Malheureusement, son système de mesure ne passa pas à la postérité. Il fallut attendre plus de cent ans avant que la France n'adopte le système métrique. Nous étions alors en 1795. Mais par un curieux hasard, les États-Unis faillirent la prendre de vitesse. Thomas Jefferson avait lu une traduction en anglais du *Dixième*, le livre de Stevin. Il en fut si impressionné qu'en 1783 il défendit l'idée d'une monnaie décimale et qu'en 1790 il proposa d'instau-

Ci-dessus. Peinture à l'huile de Fragonard représentant l'astronome Jérôme Lalande, qui soutint les idées des Lumières.

rer un système décimal de mesures. Mais lorsque le Congrès vota pour son adoption, la décision fut rejetée à une voix près. En dépit de l'énergie déployée par Jefferson pour promouvoir le système métrique, les États-Unis demeurent l'un des rares pays à avoir conservé l'ancien système impérial.

La France prit l'avantage, voulant même décimaliser toutes les mesures, y compris le temps. Jérôme Lefrançois de Lalande fut le héros de cette tentative.

Lefrançois est né en 1732 à Bourg-en-Bresse. Il étudia à Lyon chez les Jésuites et hésita même à entrer dans la Compagnie de Jésus. Mais ses parents le persuadèrent d'aller à Paris pour y étudier le droit. À vingt ans, il changea son patronyme pour celui de Jérôme Lefrançois de Lalande, mais quand la Révolution éclata, il opta pour Lalande, de consonance moins aristocratique. Tout en étudiant le droit, il suivit des cours d'astronomie. Une fois son diplôme d'astronome obtenu, il fut recruté par l'Académie des Sciences pour participer à des travaux visant à déterminer la distance de la Lune et de Mars à la Terre. Il fut ensuite admis à l'Académie de Prusse où il eut l'occasion de travailler avec des mathématiciens de renom comme Leonhard Euler. À l'âge de vingt et un ans, il revint en France et fut élu à la prestigieuse Académie des Sciences de Paris. Ses prédictions sur l'arrivée de la comète de Halley donnèrent un élan considérable à sa carrière. Il est l'auteur de nombreux ouvrages scientifiques et de vulgarisation. Son apparence attirait les regards :

« C'était un homme d'une extrême laideur et qui en tirait de la fierté. Son crâne en forme d'aubergine et une masse de cheveux en désordre qui flottait derrière sa tête comme la queue d'une comète en faisaient le sujet de prédilection des portraitistes et des caricaturistes. Il prétendait mesurer un mètre quatre-vingt, mais précis comme il l'était dans le calcul de la taille des étoiles, il semblait avoir exagéré la sienne sur Terre. Il aimait les femmes, en particulier celles qui étaient brillantes, et le montrait en paroles et en actes. »

Lalande ne faisait pas mystère de son athéisme, qui selon lui, l'aurait sauvé pendant la Révolution. Il possédait d'ailleurs un dictionnaire des athées dans lequel figuraient des personnalités importantes.

« Il revient aux érudits de répandre la lumière de la science, afin qu'un jour ils parviennent à juguler ces gouvernants monstrueux qui ensanglantent la terre ; c'est-à-dire les bellicistes. Dans la mesure où la religion en a produit en si grand nombre, nous pouvons espérer assister également à la fin de celle-ci. »

Certains de ses contemporains se moquaient de ses idées, suggérant qu'elles n'étaient que l'expression de son amertume à l'égard de Dieu qui l'avait créé si laid. Ils le décrivaient d'ailleurs en des termes peu flatteurs :

« [...] *ses genoux cagneux et ses jambes rachitiques, son dos bossu et sa petite tête de singe, ses traits blafards et fripés et son front étroit et plissé, avec au-dessous des sourcils roux des yeux vitreux et vides.* »

Par chance, Lalande semblait prendre ces commentaires avec philosophie.

« Les insultes glissent sur moi comme de l'huile sur la peau et les louanges s'imprègnent en moi comme dans une éponge. »

Lalande survécut à la Révolution et en 1791 fut élu directeur du Collège de France. L'un de ses premiers actes fut d'en ouvrir l'enseignement aux femmes. La France vivait de grands changements. Lalande profita de sa célébrité et des turbulences de l'époque pour introduire plusieurs innovations.

Au troisième top, il sera exactement 5 heures et 86 minutes

Dans l'euphorie de la Révolution, on décida de créer un nouveau calendrier afin de couper tout lien avec le système chrétien traditionnel mis en place par l'aristocratie moribonde. Ainsi, plusieurs propositions étaient en concurrence pour fixer le début de l'an I : celle de Lalande fut définitivement retenue. Il recommanda de faire commencer la nouvelle année le 22 septembre 1792, était le jour de la fondation de la République française et de l'équinoxe d'automne. L'année compterait trois cent soixante jours plus cinq jours fériés. On conserverait les douze mois de l'année, mais chacun comporterait seulement trois semaines de dix jours chacune. Pour faire accepter ces changements aux citoyens qui travaillaient, Lalande suggéra de couper la semaine par un jour férié (comme une sorte de deuxième week-end). Aussi incroyable que cela

Ci-dessus : Le calendrier républicain adopté après la Révolution de 1789.

Ce calendrier, qui débutait le 22 septembre 1792, était fondé sur le système décimal.

paraisse, tout le monde tomba d'accord et au début de l'an II (à l'automne 1793), le nouveau calendrier devint officiel.

Ce n'était qu'un début. Le 1er novembre 1795 (selon notre calendrier), une nouvelle loi était promulguée, stipulant que la mesure du temps et des angles devaient prendre la forme décimale. Les jours se divisaient dorénavant en dix heures, chaque heure en cent minutes, et chaque minute en cent secondes. Ces dispositions imposaient la fabrication de nouveaux types d'horloges. Les angles auraient désormais quatre cents degrés (appelés aussi gradians) dans un cercle, ce qui donnait un angle droit à cent gradians. La Terre

Ci-dessus : Portrait du mathématicien français Pierre Simon Laplace.

connaîtrait donc une rotation de quarante gradians par heure au lieu de 360/24 = 15 degrés dans l'ancien système. Mais le temps ne s'écoulait pas plus vite ; les heures étaient plus longues et les gradians étaient plus petits que les degrés. Certaines calculatrices sophistiquées possèdent une option grad qui permet de calculer en gradians.

On suggéra que les perruquiers participent à l'effort qu'exigeait l'établissement des calendriers et le calcul des nouvelles tables de trigonométrie. Ils se trouvaient en effet sans emploi puisque la majorité de l'aristocratie avait été décapitée pendant la Révolution (et que les rescapés de la guillotine évitaient d'attirer l'attention sur eux en portant une perruque).

Le mathématicien Laplace appréciait le nouvel ordre et commanda une montre avec un cadran de dix heures. Il écrivit un traité de mathématiques en cinq volumes qui utilisait les nouvelles unités de temps et d'angle. Mais il représentait une exception. La plupart des Français trouvaient l'idée difficile à accepter et s'adaptaient mal à une situation créatrice de grande confusion. Dix années de journées de dix heures et d'heures de cent minutes s'écoulèrent avant que Napoléon abroge le système pour se ménager les bonnes grâces de l'Église. Laplace finit par soutenir Napoléon dans cette entreprise, arguant du fait que le nouveau calendrier comportait des erreurs du point de vue scientifique.

Mais si le système décimal avait fait long feu en ce qui concerne les horloges et les calendriers, les choses en allèrent autrement des distances et des poids. Dès 1795, une nouvelle manière de mesurer les distances était apparue. Empruntant son nom au grec *metron*, « mesure », l'unité adoptée s'appela le mètre. À l'origine, elle devait avoir la longueur d'un pendule d'une demi-période d'une seconde, pour devenir ensuite l'équivalent du 10 millionième de la distance du pôle Nord à l'équateur, mesurée le long du méridien qui passe par Dunkerque. On calcula la distance (avec semble-t-il une légère marge d'erreur) et on fabriqua une barre

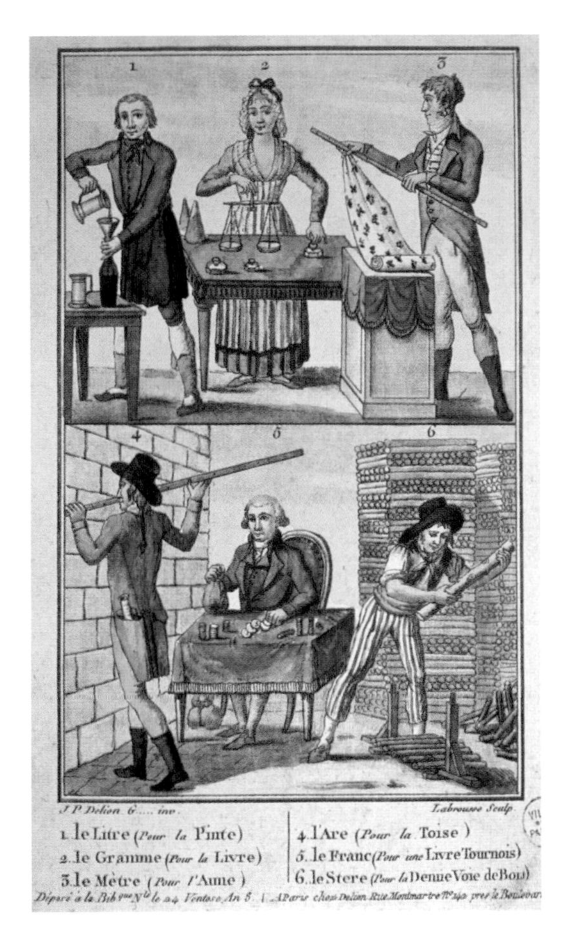

Ci-dessus : Illustration montrant l'instauration du système métrique en France.

de cuivre de la longueur exacte, remplacée par la suite par une barre en platine. Cette dernière se révélait plus stable à différentes températures (et cent ans plus tard on la changea pour une barre en platine-iridium). Aujourd'hui le mètre est défini par rapport à la vitesse de la lumière dans l'espace et n'est donc pas susceptible de changer (un mètre correspond à la distance que parcourt la lumière en 1 / 299 792 458e de seconde).

Le mètre, ainsi que les mesures apparentées comme le centimètre, le millimètre et le kilomètre, était une idée qui s'imposa d'elle-même.

Les mesures de volume et de masse suivirent dans la foulée. Le litre fut défini comme le volume d'un cube comportant des côtés de dix centimètres (qui se décline en millilitres, décilitres, etc.). Un gramme correspondait à un centimètre cube d'eau à sa densité maximum (quatre centigrades). Il fut ensuite représenté et normalisé par un bloc en platine-iridium. À partir du gramme, on établit le kilogramme et la tonne métrique. Il est intéressant de remarquer que la livre est une mesure de poids, tandis que le kilogramme est une mesure de masse. Sur Terre, cela ne fait pas

Ci-dessus : Montre de dix heures en vigueur dans le système métrique adopté à la Révolution.

une grande différence. Mais si nous devions réaliser les mêmes mesures sur la Lune il en irait tout autrement. Sur la Lune la gravité est moindre, par conséquent une même masse pèse moins lourd. Une personne de cent quatre-vingt-seize livres aura un poids plus léger sur la Lune (quarante-deux livres). Alors qu'une personne de quatre-vingt kilogrammes conservera une masse de quatre-vingt kilogrammes sur la Lune. Votre pèse-personne s'y tromperait, car il évalue votre masse à partir de votre poids. En général, cette subtilité ne nous préoccupe guère, mais lorsqu'il s'agit d'envoyer des fusées dans l'espace la différence entre la masse et le poids devient une donnée capitale.

Le système métrique a fait le tour du monde. La plupart des pays l'ont désormais adopté. Et ceux qui ont conservé les mesures impériales utilisent en fait un système fondé sur la décimalité, car en 1958, suite à un accord international, toutes les mesures (le pouce, la livre, etc.) furent redéfinies en fonction du système métrique. Selon le Système international d'unités, le yard correspond officiellement à 0,9144 mètres et la livre à 0,453 592 37 kilogrammes. Ce sont des valeurs exactes ; ce qui veut dire que les mesures impériales d'aujourd'hui ne correspondent plus à celles qui étaient en vigueur aux siècles précédents. Le pouce est utilisé pour désigner strictement la longueur qui correspond à 2,54 centimètres. Sauf évidemment, son homonyme, le doigt de la main.

À droite : Les pythagoriciens imaginaient que la tétrade, ou le nombre quatre, avait un pouvoir particulier. Ce tableau représente les quatre saisons.

Tétractys sacrée et triangles

Si le nombre dix a changé notre vie par l'intermédiaire de la décimalisation, ce sont ses propriétés mystiques qui le plaçaient il y a deux mille ans au centre de la religion des pythagoriciens. Selon un ancien :

« Dix est la nature du nombre en soi. Les Grecs et les barbares comptent jusqu'à dix, puis arrivés à dix, reviennent à l'unité. Et comme l'affirme Pythagore, le pouvoir du nombre dix réside dans le nombre quatre, la tétrade. En voici la raison : si l'on commence par l'unité (1) et que l'on ajoute tous les chiffres qui se succèdent jusqu'à quatre, on arrive au nombre dix (1 + 2 + 3 + 4 = 10). Et si l'on

dépasse la tétrade, on dépassera aussi dix… De sorte que chaque unité se trouve dans le nombre dix, mais potentiellement aussi dans le nombre quatre. Les pythagoriciens invoquaient toujours la tétrade dans leurs serments : "Par lui qui a donné à notre génération la Tétractys, qui est la source et la racine de la nature éternelle […]*"* »

Si les nombres étaient la clé de l'univers, comme le croyaient les pythagoriciens, dix occupait sans doute une place particulière. La relation magique entre les quatre premiers chiffres et celui-ci les a conduit à concevoir toute une philosophie fondée sur dix ensembles de quatre unités. Ils envisageaient et expliquaient le monde à travers la Tétractys sacrée :

1	*Nombres*	1 + 2 + 3 + 4
2	*Grandeurs*	point, ligne, surface, solide
3	*Éléments*	feu, air, eau, terre
4	*Figures*	pyramide, octaèdre, icosaèdre, cube
5	*Choses vivantes*	semence, croissance en longueur, en largeur, en épaisseur
6	*Sociétés*	homme, village, cité, nation
7	*Facultés*	raison, connaissance, opinion, sensation
8	*Saisons*	printemps, été, automne, hiver
9	*Âges de la vie*	enfance, jeunesse, âge adulte, vieillesse
10	*Partie de l'homme*	corps, les trois parties de l'âme

Telle était la liste des dix commandements qui guidaient leur vie, et qui constituaient aussi des explications à l'intention des esprits libres désirant explorer et comprendre la vérité, en bravant la contrainte et l'interdit. Les nombres formant le cœur de cette philosophie. Ce n'était donc pas une coïncidence si les pythagoriciens révéraient dix ensembles de quatre unités. En écrivant les quatre premiers chiffres l'un au-dessous de l'autre, par des points au lieu de chiffres arabes, on constate qu'ils forment un triangle parfait, et que le nombre total de points équivaut à dix :

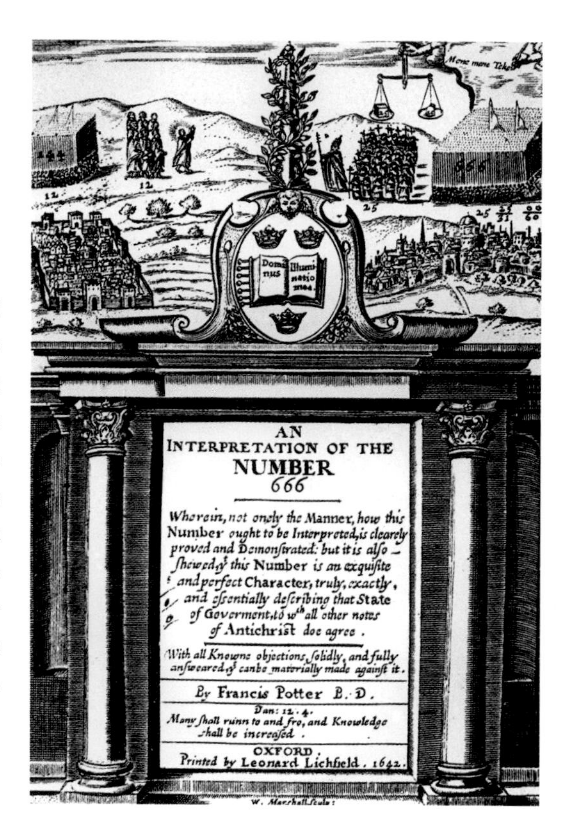

AN
INTERPRETATION OF THE
NUMBER
666

Wherein, not onely the Manner, how this Number ought to be Interpreted, is clearely proved and Demonstrated: but it is also shewed, yt this Number is an exquisite and perfect Character, truly, exactly, and essentially describing that State of Goverment, to wth all other notes of Antichrist doe agree.

With all Knowne objections, solidly, and fully answeared, yt canbe materially made against it.

By Francis Potter B. D.

Dan: 12. 4.
Many shall runn to and fro, and Knowledge shall be increased.

OXFORD.
Printed by Leonard Lichfield. 1642.

W. Marshall sculp:

Ci-dessus : Une interprétation de 666, le Nombre de la Bête, datant de 1642.

Voilà pourquoi on dit que dix est le quatrième nombre triangulaire : il forme un triangle de points. Si vous essayez d'écrire des nombres à l'aide de rangées de points placées l'une sous l'autre, vous vous apercevrez que les dix premiers nombres triangulaires sont 1, 3, 6, 10, 15, 21, 28, 36, 45, 55.

Les nombres triangulaires sont simples à calculer : il suffit d'additionner les nombres naturels. Si le premier nombre triangulaire est 1, le deuxième est 1 + 2 = 3, le troisième est 1 + 2 + 3 = 6, et le quatrième est 1 + 2 + 3 + 4 = 10. Il s'avère que tous les nombres parfaits sont des nombres triangulaires (nous avons vu dans le chapitre 1 qu'un nombre parfait est un nombre rare, formé en additionnant tous les nombres plus petits qui sont ses diviseurs). L'un des nombres triangulaires les plus célèbres est le fameux 666, appelé le Nombre de la Bête dans le *Livre de l'Apocalypse*. On s'est cependant posé la question de savoir si 666 est réellement le Nombre de la Bête : il y aurait eu, semble-t-il, à l'origine une erreur dans la transcription des Écritures. Dans l'exemplaire le plus ancien du Nouveau Testament que nous possédions, vieux de mille cinq cents ans, le véritable nombre diabolique serait plutôt 616. Diable !

Bien que les nombres triangulaires aient été connus depuis des milliers d'années, il fallut attendre le XVIIe siècle pour qu'une recherche approfondie soit effectuée.

Blaise Pascal est né en 1623 à Clermont. Sa mère étant morte quand il avait trois ans, il est élevé par son père (un avocat, mathématicien amateur), qui avait ses propres idées sur l'éducation. Il estimait par exemple que son fils ne devait pas être initié aux mathématiques avant l'âge de quinze ans et lui confisqua tous les livres de mathématiques. S'agissait-il d'un stratagème particulièrement astucieux de la part du père ou d'un pur hasard, toujours est-il que l'enfant commença à se passionner pour cette science qui lui était interdite. Il s'initia tout seul à la géométrie et à douze ans, il avait déjà découvert que la somme des angles d'un triangle est égale à deux angles droits (180 degrés). Lorsque son père se rendit compte de sa précocité intellectuelle, il céda et lui donna à lire les œuvres d'Euclide. Et le jeune Blaise prit l'habitude d'accompagner son père aux réunions de mathématiciens où il exposait ses propres théorèmes sur la géométrie.

Lorsqu'il eut seize ans, son père devint collecteur des impôts et ils s'installèrent à Rouen. Un an plus tard, Blaise avait publié son premier traité de géométrie. À vingt-deux ans, il avait inventé une machine à calculer mécanique (auquel il donna le nom de Pascaline) pour assister son père dans son activité professionnelle. Laquelle était d'autant plus complexe que la monnaie française était basée sur les nombres douze et vingt (douze deniers valant un sol, vingt sols valant une livre). Un an plus tard, son père se cassa la jambe et fut soigné par deux frères d'un ordre religieux installé non loin. Pascal en fut profondément affecté et se tourna vers la religion, choisissant de « *contempler la grandeur et la misère de l'homme* ».

Ci-dessous : Illustration représentant Blaise Pascal.

Ci-dessus : Calculateur créé par Blaise Pascal en 1642. Les cases dans la partie supérieure du calculateur affichaient la solution des nombres calculés.

Il n'en poursuivit pas moins ses recherches qui portaient notamment sur la pression atmosphérique. En peu de temps, à son immense satisfaction, il parvint à démontrer l'existence d'un vide (un volume ayant une pression atmosphérique égale à zéro). Descartes vint lui rendre visite mais ne le crut pas et écrivit plus tard à un ami que Pascal *« a trop de vide dans la tête »*.

On donnait de lui la description suivante : *« un homme de stature gracile, avec une voix puissante et des manières plutôt autoritaires »* et *« précoce, persévérant jusqu'à l'entêtement, un perfectionniste, pugnace au point de se montrer impitoyable en cherchant cependant à rester humble et courtois. »*

Pascal ne se laissait pas décourager par les critiques, et quelques mois plus tard, il démontra que la pression atmosphérique diminuait à mesure que l'on s'élève en altitude. Il en déduisit qu'il devait exister au-dessus de l'atmosphère une région semblable à un vide (qu'aujourd'hui nous appelons l'espace). Ses travaux suivants traitaient de la pression dans les liquides, de géométrie, de probabilité et d'autres sujets comme la philosophie et la religion. Il s'essaya même à relier toutes ces disciplines dans le but de prouver que la foi était rationnelle. Il fit appel aux probabilités pour soutenir dans les *Pensées* une vision pragmatique de la foi, où il dit en substance que, si Dieu n'existe pas, on ne perdra rien à croire en lui, et s'il existe, on perdra tout en ne croyant pas.

C'est ce qu'on a appelé le pari de Pascal, car il affirmait que nous sommes obligés de parier. Mais son argumentation a souvent été, à juste titre, attaquée. En effet, nous ne pouvons choisir nos croyances de la même manière que nous choisissons des fruits sur l'arbre et si nous le pouvions, nous perdrions notre innocence ; de même nous ne pourrons jamais connaître les conséquences d'une absence de croyance en Dieu.

Si les conceptions philosophiques de Pascal prêtaient à la discussion, en mathématique ses travaux furent novateurs. Personne avant lui n'avait su explorer avec autant de maîtrise la théorie des nombres et les nombres triangulaires. C'est ce qui explique pourquoi, bien qu'il n'en soit pas l'inventeur, on désigne sous le nom de triangle de Pascal un modèle de nombres particulier (voir l'encadré ci-dessous).

Le triangle de Pascal est un ensemble de nombres remarquable par son agencement. La couche supérieure, l'extérieur du triangle est constitué d'une série de 1 qui descendent le long des diagonales. Le long des diagonales de la couche suivante viennent les nombres naturels bien ordonnés. Puis les nombres triangulaires ordonnés. En progressant vers l'intérieur du triangle, on trouve les nombres triangulaires en pyramide (ou nombres tétraèdes) ordonnés. (Pour construire des nombres triangulaires en pyramide, il suffit de placer les points dans une pyramide en trois dimensions au lieu du triangle en deux dimensions utilisé pour les nombres triangulaires). Ensuite, toujours en avançant vers l'intérieur, on trouve le long des diagonales les nombres pentatopes ordonnés, et ainsi de suite... On peut aussi trouver des nombres premiers, des nombre de Fibonacci, des nombres catalans, et en marquant tous les nombres pairs et impairs en noir et blanc, on obtient une forme fractale, connue sous le nom de triangle de Sierpinski (nous y reviendrons dans le chapitre i). Le triangle de Pascal nous permet aussi

Le triangle de Pascal

Il est très facile de réaliser le triangle de Pascal. Commencez par placer 1 au sommet du triangle. Puis posez les « briques » au-dessous, en suivant une règle simple : chaque nombre est la somme des deux nombres situés au-dessus de lui (le nombre situé au-dessus à gauche et le nombre situé au-dessus à droite). S'il n'y a qu'un seul nombre au-dessus, considérez que le nombre manquant est zéro. Le résultat donne un triangle de nombres tout à fait particulier.

1
1 1
1 2 1
1 3 3 1
1 4 6 4 1
1 5 10 10 5 1
1 6 15 20 15 6 1
1 7 21 35 35 21 7 1
1 8 28 56 70 56 28 8 1
1 9 36 84 126 126 84 36 9 1
1 10 45 120 210 252 210 120 45 10 1
1 11 55 165 330 462 462 330 165 55 11 1
1 12 66 220 495 792 924 792 495 220 66 12 1
1 13 78 286 715 1287 1716 1716 1287 715 286 78 13 1
1 14 91 364 1001 2002 3003 3432 3003 2002 1001 364 91 14 1

de développer des équations spécifiques appelées équations binomiales.

Pascal se rapprocha de plus en plus de la religion à mesure qu'il avançait en âge. Un jour, les chevaux de son attelage s'étant emballés, la voiture se renversa et Pascal se retrouva suspendu au parapet d'un pont au-dessus de la Seine. Il fut sauvé et s'en tira sans une égratignure. Attribuant sa survie à Dieu, il rédigea un poème religieux qu'il porta sur lui pour le restant de ses jours. Quelques années plus tard, il cherchait à résoudre un problème mathématique et souffrait d'insomnie et d'une rage de dents quand, tout à coup, il trouva la solution et la douleur cessa. Il attribua ce double événement à une intervention divine l'encourageant à poursuivre ses travaux. Ce qu'il fit pendant huit jours d'affilée sans presque s'arrêter. Dans ses écrits sur la religion, Pascal a marqué la prose française par l'humour et la causticité auxquels il recourait pour défendre son point de vue avec une

Les équations binomiales

L'équation binomiale est une équation à deux éléments, par exemple:

$$(x + 1)^2$$

Il est intéressant de développer une équation binomiale, afin de calculer (ou d'approcher) la valeur de l'expression. Ainsi, on obtient:

$$x^2 + 2x + 1^2$$

laquelle, si vous êtes observateur, vous l'aurez sans doute remarqué, apparaît dans la troisième rangée du triangle de Pascal:

1 2 1

Cela marche pour toute équation binomiale. Ainsi pour développer l'équation binomiale générale:

$$(x + y)^n$$

vous devez trouver les coefficients $a_0, a_1, a_2, \ldots, a_n$ dans l'expression développée:

$$a_0x^n + a_1x^{n-1}y + a_2x^{n-2}y^2 + \ldots + a_{n-1}xy^{n-1} + a_ny^n$$

et les coefficients seront précisément les nombres de la rangée $n + 1$ du triangle de Pascal. Prouvons que cela fonctionne, en essayant:

$$(x + 4)^4 = a_0x^4 + a_1x^3 \times 4 + a_2x^2 \times 4^2 + a_3x^1 \times 4^3 + a_4 \times 4^4$$

Sur la rangée 4 + 1 = 5 du triangle de Pascal, nous avons les nombres: 1, 4, 6, 4, 1, donc l'expression est:

$$\mathbf{1}x^4 + \mathbf{4}x^3 \times 4 + \mathbf{6}x^2 \times 4^2 + \mathbf{4}x^1 \times 4^3 + \mathbf{1} \times 4^4$$

ou, pour que les choses paraissent moins compliquées:

$$x^4 + 16x^3 + 96x^2 + 256x + 256$$

certaine éloquence. Il est passé à la postérité notamment grâce aux *Provinciales*, un échange de lettres entre un Parisien et son ami qui demeure en province. Dans la lettre XVI on peut lire ceci : *« Je n'ai fait celle-ci* [cette lettre] *plus longue que parce que je n'ai pas eu le loisir de la faire plus courte. »*

Ses dernières années furent ponctuées d'effroyables douleurs. Il renonça à la science et passait son temps à faire l'aumône aux indigents. Pascal mourut d'une hémorragie cérébrale à trente-neuf ans. Mais le monde ne l'a pas oublié. Outre le célèbre triangle, on donna son nom en 1968 à un langage de programmation, le PASCAL.

Eyn Newe
Vnnd wolgegründte
underweysung aller Kauffmanß Rech-
nung in dreyen büchern/mit schönen Re
geln vñ fragstucken begriffen. Sunder-
lich was fortl vnnd behendigkait in der
Welschē Practica vñ Tolletn gebraucht
wirdt/ des gleychen fürmalß wider in
Teützscher noch in Welscher sprach nie
gedrückt. durch Petrum Apianū
von Leyßnick/d Astronomei
zū Ingolstat Ordina-
riū/ verfertiget.

À droite : Le triangle de Pascal tel qu'il fut imprimé pour la première fois en 1527 sur la page de titre d'un ouvrage sur l'arithmétique de Petrus Apianus.

Des nombres, partout des nombres. Pourtant, comment expliquer notre manque d'originalité quand on nous demande de choisir ceux qui nous sont bénéfiques et ceux qui portent malchance ? Pourquoi sélectionnons-nous toujours les mêmes, alors que nous avons l'impression de laisser agir le hasard ? Il existe peut-être quelque chose dans les nombres eux-mêmes qui nous affecte. Peut-on dire que certains sont favorables et que d'autres sont signes de malheur ? La superstition reposerait-elle sur une quelconque vérité ?

TRISKAIDÉKAPHOBIE

CHAPITRE 12a

Pensez à un nombre entre 1 et 100. C'est fait ? Maintenant voyons si je l'ai deviné correctement. En 2006, le Californien Greg Laabs créait le site web www.arandomnumber.com qui faisait la même proposition aux internautes, sans leur révéler dans quel but. À l'époque où ces lignes ont été écrites, il avait reçu 71 618 réponses. Les résultats (qu'il a synthétisés tout spécialement pour vous, le lecteur de ce livre) étaient étonnants. Les cinq nombres auxquels les gens avaient songé avant même de les taper sur leur ordinateur, étaient, par ordre de popularité : 5, 7, 37, 56 et 42. Le chiffre 5 revenait trois fois plus souvent qu'il n'aurait dû si chacun avait choisi un nombre qui soit le seul fruit du hasard.

Les nombres sélectionnés laissent supposer que les gens sont soumis à un mélange d'influences intéressant. Le chiffre 5 se situe par exemple au milieu d'une série de chiffres et sur le clavier de l'ordinateur la touche du 5 se trouve au centre de sa rangée, ce qui le rend visible et facile à atteindre rapidement. Le nombre 56 est lui aussi facile à taper rapidement sur l'ordinateur. Les chiffres 7 et 37 sont plus intéressants, dans la mesure où l'on pense souvent qu'ils sont les plus fréquemment choisis, peut-être parce que ce sont des nombres premiers ou parce qu'ils donnent l'impression de porter chance ou d'être équilibrés. Quant au choix de 42 par un nombre de gens supérieur à la normale, il traduit sans doute l'influence du livre *Le Guide du voyageur galactique* de Douglas Adams. Lisez-le donc pour savoir ce que le nombre 42 a de particulier ! Les cinq nombres qui viennent en dernier, que personne ou presque ne sélectionne (le dernier étant le moins souvent mentionné) sont 40, 91, 94, 70 et 90. Pour une raison ou une autre, peu de gens les apprécient, peut-être parce que personne ne pense qu'ils portent chance ou qu'ils sont intéressants ou particuliers.

Comme en témoigne l'expérience menée par Greg Laabs, nous ne sélectionnons pas les nombres seulement par hasard. Certains sont choisis plus souvent que d'autres. Que nous soyons guidés par la superstition ou conditionnés par notre culture, en tout cas nous manquons d'originalité.

Méfiez-vous de vos croyances

Qu'entend-on par superstition ? Ce mot tirerait son origine du latin *superstitio* (de *super*, « au-dessus », et de *stare*, « se tenir debout »). Il a une double signification : quelqu'un qui est le témoin de quelque chose, et quelqu'un qui survit à quelque chose. *Superstitio* traduit donc le fait de rapporter des événements comme si vous y aviez assisté et survécu. On a fini par associer ce terme aux devins qui prétendaient prédire l'avenir. Aujourd'hui il a évolué pour désigner un ensemble de conduites ou de règles laissant présager ce qui va advenir. Si vous passez sous une échelle, il vous arrivera malheur. Si vous voyez une étoile filante et faites un vœu en même temps, celui-ci se réalisera. Si vous vous asseyez dans un fauteuil portant le numéro 13, cela vous portera la malchance.

(Je dis 37. Si vous voulez savoir pourquoi, continuez à lire !)

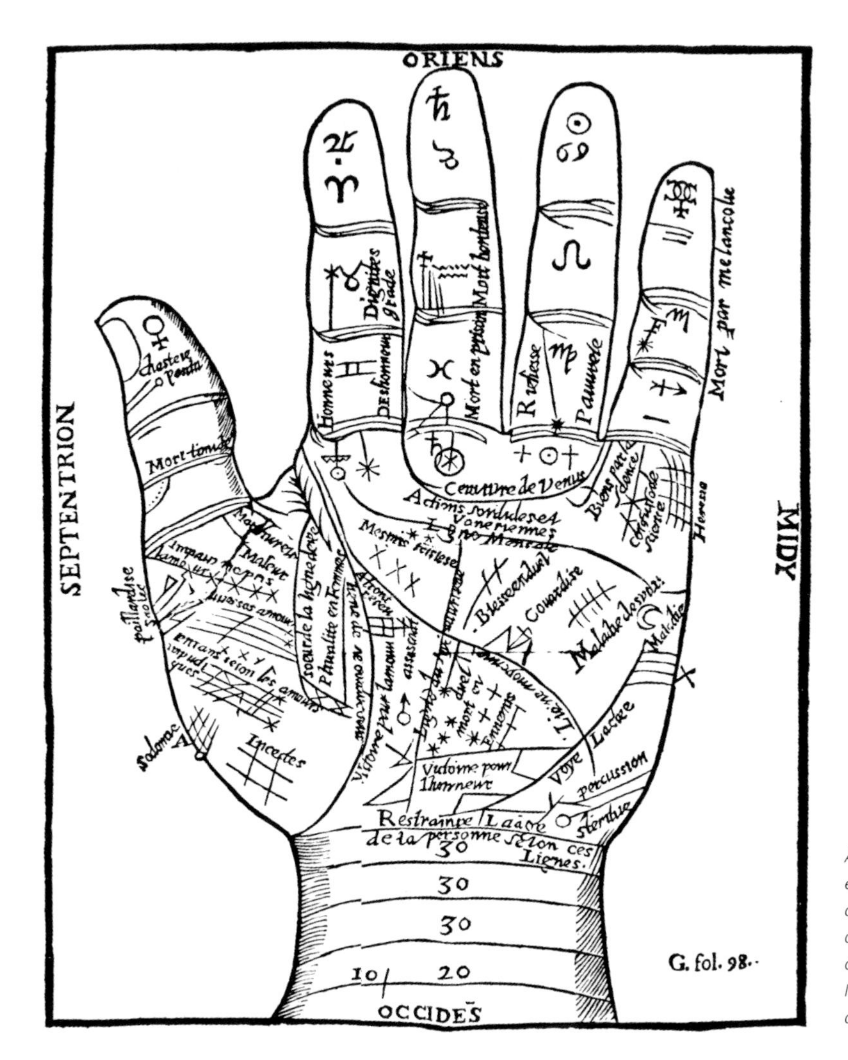

À gauche : La superstition est associée aux devins qui prétendaient être capables de prédire l'avenir. Ces pratiques comportaient entre autre la chiromancie (lecture des lignes de la main).

Le nombre treize est un exemple de superstition caractéristique. Beaucoup de gens sont nerveux lorsqu'ils le rencontrent. S'il se trouvait un nombre qui ait un rapport mystique avec la chance, ce serait précisément le treize.

La croyance selon laquelle le treize est associé à la malchance se perd dans la nuit des temps. Plusieurs théories s'affrontent à ce sujet ; les unes la font remonter aux divinités Vikings, d'autres évoquent le nombre des disciples présents à la Cène, d'autres encore l'exécution des Templiers. Selon certaines, elle témoignerait d'un lointain préjugé contre les femmes puisqu'il y a treize cycles lunaires (ou menstruels) dans une année. L'hindouisme a toujours considéré que le fait de se trouver à treize dans un même lieu portait malheur, et les Turcs détestaient le nombre treize au point de le bannir quasiment de leur vocabulaire. Mais nous savons aussi que les Chinois voient au contraire dans le treize un signe de chance et que les Égyptiens partageaient cette conception. En

Ci-dessus : L'initiation des membres les contraint à passer sous une échelle, ce qui, dit-on, porte malheur… surtout si l'on y ajoute le nombre 13.

Occident, c'est un nombre mal-aimé ; dans certaines rues il n'existe pas de maison portant le numéro treize, et on évite la treizième avenue et le treizième étage dans les immeubles. Et même à l'ère de l'informatique et du moteur à réaction, il arrive que des avions ne comportent pas de treizième rangée. Certains lecteurs seront peut-être effrayés par ces lignes dans la mesure où le nombre treize y est répété treize fois.

On appelle triskaidékaphobes les gens qui ont peur du treize. Ils sont toujours prêts à vous faire remarquer que plusieurs criminels notoires portaient un nom de treize lettres (par exemple Charles Manson). Ils vous diront aussi que les sorcières se réunissent à treize dans leurs sabbats.

Aujourd'hui ce type de superstition n'a plus aucune raison d'être et la plupart des individus qui y succombent sont incapables de justifier leurs peurs. Comme dans le cas d'Halloween et de Noël, dès lors qu'une pratique s'intègre à la culture, elle passe peu à peu de l'habitude au rituel pour devenir finalement une tradition. Ce qui advint en Occident du vendredi 13. Or les traditions sont puissantes. Quelle que soit la part de vérité que porte la chance ou la malchance, il y a assez de gens qui accordent à ce jour une attention particulière pour qu'il exerce une influence sur leur comportement. Curieusement, selon un article scientifique paru en 1993 dans le *British Medical Journal,* les hospitalisations dues à des accidents de voiture augmenteraient de 52 % le vendredi 13 en comparaison avec la semaine précédente. Et comme si cela n'était pas assez probant, en 2005, la chaîne ABC News annonçait que les entreprises américaines accusent des pertes de l'ordre d'un milliard de dollars chaque vendredi 13, parce que certains salariés superstitieux restent chez eux ou annulent leurs voyages en avion ou en bus. La phobie de ce jour est si répandue qu'on utilise non pas un, mais deux mots pour désigner ceux qui en sont victimes : les paraskevidékatriaphobes et les friggatriskaidékaphobes. Fort heureusement, ils sont suffisamment difficiles à prononcer pour que personne n'ait l'idée d'en faire le titre d'un film (contrairement à arachnophobie, la peur des araignées).

Par une ironie du sort, cette croyance risque effectivement de porter malchance à ceux qui y succombent. Ce jour-là, ils deviennent nerveux et ont tendance à avoir des réactions excessives, ce qui rend les trajets en voiture d'autant plus dangereux. Ce n'est pas le nombre en soi qui pose problème, c'est notre manière d'y réagir. En Australie, où « l'on vit à l'envers des autres », on achète au contraire plus de billets de loterie que d'habitude. Les Australiens pensent donc que ce jour leur porte bonheur.

Les mathématiques de la chance

Les nombres et la chance ont partie liée, mais d'une manière différente de celle suggérée par la superstition. La chance est fondamentalement une question de hasard heureux alors, comment savoir alors si on aura de la chance ? Quelles sont vos chances de gagner le gros lot ou de décrocher le poste de vos rêves ?

Les deux mathématiciens qui se sont intéressé les premiers aux mathématiques du hasard vivaient au XVIIe siècle. Il s'agit de Blaise Pascal (connu pour le triangle de nombres qui porte son nom, comme nous l'avons vu au chapitre 10) et de Pierre de Fermat (célèbre pour son grand théorème et haï par Descartes ainsi que nous l'avons vu dans le chapitre $\sqrt{2}$). Le chevalier de Méré avait chargé Pascal de réfléchir à un problème de jeu de hasard : si on lance un jeu de dés vingt-quatre fois, que risque-t-on à parier qu'on obtiendra au moins une fois un double-six en vingt-quatre coups ?

Pascal était un ami de Fermat. Il lui exposa le problème par lettre en 1654. Les deux mathématiciens entamèrent une correspondance passionnée à ce sujet et leurs échanges aboutirent à l'invention de ce que nous appelons les probabilités. Toutes leurs lettres, à l'exception de la première, ont été conservées et nous offrent un aperçu fascinant de leur cheminement intellectuel lorsqu'ils se corrigent mutuellement et se rejoignent sur de nouveaux concepts.

Comment peut-on calculer la probabilité qu'a une chose de se produire ? Comment savoir si vous aurez de la chance ? Imaginez un problème légèrement plus simple : Pascal et Pierre de Fermat jouent à pile ou face. Si c'est face, Fermat

Ci-dessus : Briser un miroir porte malheur, comme le nombre treize dans la couronne funéraire. Et cela entraîne de surcroît sept ans de malheur.

gagne un point. Pile, et c'est Pascal qui remporte le point. Le gagnant est le premier qui totalise dix points. Chacun mise cinquante francs, le gagnant empochera donc cent francs. Ils jouent pendant un certain temps et Fermat mène par huit points à sept. À ce moment, il reçoit un message l'avertissant qu'un de ses amis est malade et il abandonne le jeu. Après le départ de son ami, Pascal se rend compte que la mise d'origine, les cent francs, est restée sur la table. Il écrit à Fermat et lui demande comment partager cette somme entre eux. Fermat répond, indiquant dans sa lettre de quelle façon le jeu se serait terminé et en expliquant comment diviser la somme équitablement.

Ci-dessous : Pascal et Fermat ont tenté le hasard en jouant à pile ou face avec une pièce de monnaie.

Lettre imaginaire de Pierre de Fermat à Pascal

Mon cher Blaise,

En ce qui concerne le problème de savoir comment répartir les cent francs, je pense avoir trouvé une solution qui vous semblera équitable. Sachant qu'il me manquait seulement deux points pour gagner la partie et qu'il vous en fallait trois, je crois que nous pouvons établir qu'après avoir lancé encore quatre fois la pièce, le jeu aurait pris fin. Car, dans ces quatre coups, si vous n'aviez pas obtenu les trois points nécessaires à votre victoire, cela aurait impliqué que j'avais en fait bénéficié des deux points qu'il me manquait pour gagner. De la même manière, si je n'avais pas obtenu ces deux points indispensables, cela aurait signifié que vous aviez en fait réalisé au moins troix points et que vous aviez par conséquent gagné la partie. J'ai désigné « face » par un F et « pile » par un P. J'ai signalé par un astérisque les résultats qui signifient un gain pour moi-même.

FFFF*	FFFP*	FFPF*	FFPP*
FPFF*	FPFP*	FPPF*	FPPP
PFFF*	PFFP*	PFPF*	PFPP
PPFF*	PPFP	PPPF	PPPP

Je pense que vous serez d'accord que tous ces résultats sont également probables. Ainsi je pense que nous devrions diviser la mise par un ratio de 11:5 en ma faveur ; ce qui veut dire que je devrais recevoir $(\frac{11}{16}) \times 100 = 68,75$ francs, tandis qu'il vous revient la somme de 31,25 francs.

J'espère que tout va pour le mieux à Paris,

Votre ami et collègue, Pierre

Les lettres qu'échangeaient Blaise Pascal et Pierre de Fermat étaient à l'évidence d'une autre teneur, mais vous avez compris l'essentiel. Tous deux avaient vu l'intérêt que présentaient les fractions et les ratios pour évaluer les chances qu'une chose avait de se produire. Ainsi, les chances de tomber sur face sont de un sur deux, soit une probabilité d'$\frac{1}{2}$ puisqu'une pièce ne possède que deux faces et que ses possibilités de tomber sur une face ou sur l'autre sont égales. Ils avaient également compris que l'addition et que la multiplication étaient utilisables dans le calcul des probabilités. La probabilité de réussir deux fois un six avec un dé est $\frac{1}{6} \times \frac{1}{6}$ (« et » équivaut à multiplier). La probabilité de réaliser un trois ou un six en lançant un dé est $\frac{1}{6} + \frac{1}{6}$ (« ou » correspond à additionner). En utilisant ces relations et d'autres similaires, on peut calculer la probabilité de nombreux événements ; c'est ce qu'exploitent les casinos, les cercles de jeu et les organisateurs de courses hippiques pour faire en sorte que les joueurs perdent plus souvent qu'ils ne gagnent et s'assurer ainsi des bénéfices. Ce que nous voyons en étudiant le problème que le chevalier de Méré avait soumis à Pascal (voir l'encadré page ci-contre).

Ci-dessous : Les casinos exploitent les règles des probabilités en s'assurant que les joueurs perdent plus souvent qu'ils ne gagnent.

Les probabilités sont un outil mathématique très utile mais qui ne marche pas toujours. Elles nous renseignent sur l'issue la plus vraisemblable en fonction d'un ensemble de données fiables (par exemple les dés ne sont pas pipés, le cheval est en forme, ou la pièce de monnaie possède réellement un côté pile et un côté face). Or, trop souvent ces hypothèses de départ sont légèrement faussées, il faut donc se contenter de les utiliser comme guides. Peut-être qu'un jour vous parviendrez à vaincre les probabilités… si vous avez vraiment beaucoup de chance.

Trouver une signification aux nombres

Les superstitions ou la numérologie pourraient vous inciter à croire que tel ou tel nombre a un sens précis, ou que certaines significations du nombre treize provoquent la chance ou la malchance. Les probabi-

Les probabilités du problème soumis à Pascal

Nous voulons connaître la probabilité de réaliser un double-six en vingt-quatre coups au moins avec deux dés équitables (qui ne sont pas lestés de manière à être faussés).

La probabilité d'obtenir un six est d'$\frac{1}{6}$. Donc la probabilité de lancer un six ET un autre six est de $\frac{1}{6} \times \frac{1}{6} = \frac{1}{36}$

La probabilité de ne pas réussir de double-six doit représenter tous les autres résultats, soit $1 - \frac{1}{36} = \frac{35}{36}$

Par conséquent la probabilité de ne pas réussir de double-six vingt-quatre fois d'affilée est de $\frac{35}{36} \times \frac{35}{36} \times \frac{35}{36} \times \ldots \times \frac{35}{36} = 0{,}508596$

La probabilité de faire au moins un double-six doit représenter tous les autres résultats, soit $1 - 0{,}5085596 = 0{,}4914$

Nous apprenons ainsi que les probabilités qu'un double-six soit réalisé (0,4914) en une seule fois sont légèrement plus faibles que celles de l'obtenir (0,508596) après vingt-quatre coups (bien que voisines). Par conséquent si vous misiez, vous devriez parier que le double-six ne va pas apparaître et vous auriez un petit plus de chance de gagner. Les chances d'obtenir un double-six acquièrent davantage de probabilité à partir de vingt-cinq coups d'affilée et au-delà. Si vous lancez les dés cinquante fois, vos chances de réaliser un double-six s'élèvent à 0,7555 (soit une probabilité de 76 %). Lancez les deux dés cent fois, la probabilité de réaliser un double-six est très élevée, atteignant 0,94 (une probabilité de 94 %).

lités indiquent dans quelle mesure vous aurez de la chance. Il existe toute une série de nombres dotés de signification. Par le biais des influences culturelles, les nombres ont acquis de nouvelles significations, par exemple 1984 (d'après le titre du roman de George Orwell) ou *Catch 22* (roman de l'écrivain américain Joseph Heller). On trouve dans la Bible : « *Dieu a compté ton règne et y a mis fin* ». (Daniel, V, 26, quand le roi de Babylone apprend que le temps de son règne est révolu).

Certains s'imaginent que les nombres peuvent nous aider à découvrir les significations cachées des choses. En 1984, trois Israéliens, Doron Witztum, Eliyahu Rips et Yoav Rosenberg déclarèrent qu'ils avaient trouvé dans la Torah que des informations biographiques sur des rabbins ayant vécu à l'époque du Moyen Âge étaient « encodées » sous forme de schémas de lettres. Ils avancèrent en outre que le nom des rabbins et la date de leur naissance et de leur décès se trouvaient dans le texte sous forme masquée. Selon eux, l'information pouvait être décodée en suivant une séquence de lettres équidistantes (SLE), dans laquelle les lettres clés correspondaient à un nombre donné de caractères isolés. Il suffisait de trouver ce nombre pour décoder le message.

Leurs révélations, parues dix ans plus tard dans une revue de statistiques, déclenchèrent une vague de polémiques et de controverses. Les partisans de la théorie selon laquelle les textes sacrés de la Bible et de la Torah contiendraient des codes secrets (dont Michael Drosnin, auteur du livre *La Bible : le code secret*, 1999), ont évoqué les catastrophes naturelles, la fin du monde, l'assassinat de personnages historiques, dont l'annonce aurait été « inscrite » dans les textes sacrés.

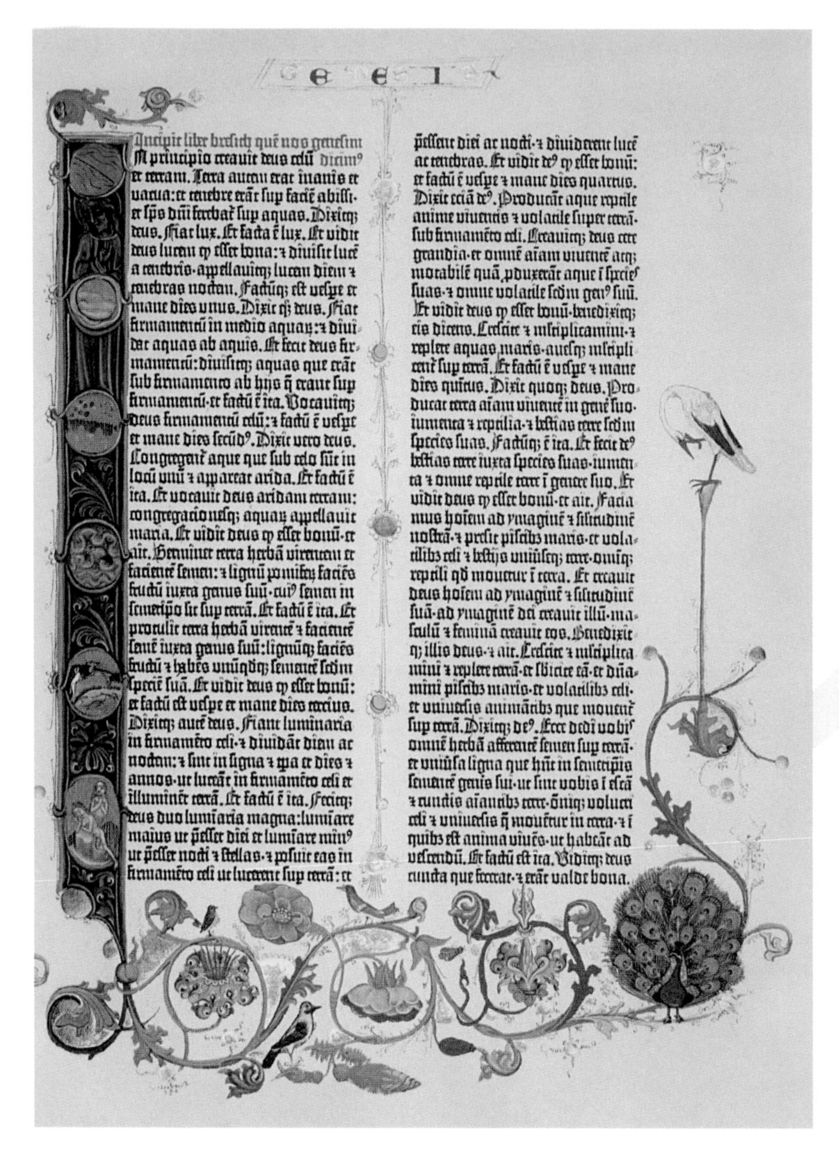

À gauche : Page extraite de la Genèse, de la Bible de Gutenberg. La numérologie a souvent été appliquée à ce texte sacré.

Aussi séduisante que soit cette idée, elle n'a pas convaincu les mathématiciens qui l'ont étudiée. Il semblerait qu'avec les nombres adéquats et en disposant de suffisamment de texte, on peut trouver à peu près tout ce qu'on souhaite trouver. À l'image des nuages sur lesquels on voit se dessiner des visages, on peut détecter dans presque tout des schémas qui semblent révélateurs de quelque chose, sans que cela implique qu'ils aient réellement un sens. Pour justifier sa thèse (ou pour promouvoir son livre), Drosnin déclara : *« Le jour où mes détracteurs trouveront un message codé annonçant l'assassinat d'un premier ministre dans* Moby Dick, *je serai prêt à les croire. »*

Un certain McKay, critique et mathématicien de surcroît, produisit sur le champ une analyse de l'ouvrage en question selon le procédé SLE, laquelle prédisait l'assassinat d'Indira Gandhi, de Martin Luther King, de John Kennedy, d'Abraham Lincoln et d'Yitzhak Rabin, sans oublier l'accident mortel

Ci-dessus : Un document ancien en hébreu. Certains pensent que ces documents comportaient des messages encodés par des schémas de lettres.

de la princesse Diana. McKay travailla avec John Safran, une personnalité australienne de la télévision et démontra qu'on trouvait la preuve codée des attentats du 11 septembre dans les chansons de Vanilla Ice. Un autre mathématicien, David Thomas, appliqua le même principe aux compositions du groupe Genesis et découvrit le mot « code » et l'adjectif « bidon » accolés l'un à l'autre une soixantaine de fois. Thomas analysa enfin le deuxième ouvrage de Drosnin *La Bible : le code secret II* (2002) selon la méthode SLE et trouva ce message : « La Bible : le code secret *est un tas de balivernes, une affirmation lamentable, stupide, présomptueuse, trompeuse, fausse, malhonnête, nulle, de mauvais goût.* » D'où l'on peut conclure qu'en regardant bien, on finit toujours par trouver le message que l'on cherche.

Les nombres peuvent servir à découvrir des messages cachés dans un texte, mais ne vous attendez pas à ce qu'ils aient une quelconque signification. Nous n'avons pas besoin de superstitions, ni d'interprétations fantaisistes ; les nombres sont fascinants en eux-mêmes, qu'ils soient premiers, parfaits, réels, complexes ou imaginaires. Ils possèdent une signification profonde et vraie qui nous permet d'explorer et d'expliquer l'univers. Gardons nos distances par rapport aux charlatans et autres colporteurs de nouvelles alarmantes qui font leur miel de la désinformation.

Les nombres fonctionnent comme des piliers qui soutiendraient notre univers et lui donneraient la forme voulue. Si π n'était pas égal à 3,14159… les cercles et les courbes auraient tous une forme différente. Si ϕ n'était pas égal à 1,61803… les formes, rapports et courbes géométriques seraient tous différents. Si e n'était pas égal à 2,71828… les relations entre la position, la vitesse et l'accélération seraient tout autres. Ces nombres sont inhérents à notre univers et lui sont inextricablement liés comme l'espace et le temps mais ils ne sont pas les seuls. Il existe un nombre dont l'importance est telle qu'il a bouleversé toute notre conception de l'existence. Ce nombre est c, qui représente la vitesse de la lumière dans le vide.

À PLEINE VITESSE

CHAPITRE c

Comment une vitesse peut-elle avoir tant d'importance? On croyait autrefois que la vitesse du son était une limite infranchissable, ce qui est faux. Le son se déplace dans l'air à la vitesse de 331,4 mètres par seconde mais celle-ci dépend de la température de l'air (elle augmente avec la chaleur). On sait maintenant qu'il est possible de la dépasser. Quand un avion à réaction vole à cette allure, on entend un bang sonique provoqué par l'onde de choc que crée la vitesse extrême de l'appareil. Pour le spectateur au sol, le bruit des moteurs semble toujours provenir d'un point situé bien à l'arrière de l'avion: ainsi la lumière voyageant plus vite que le son, l'intervalle entre l'émission et la perception du son est beaucoup plus long que l'intervalle entre l'émission et la perception de la lumière.

Si l'on peut dépasser la vitesse du son, on devrait aussi pouvoir dépasser celle de la lumière. Il est vrai que la lumière est infiniment plus rapide: elle parcourt 299 792 458 mètres par seconde, soit 1 079 252 848 kilomètres par heure. Si l'on disposait d'une très grosse fusée attachée à un avion ou à un engin spatial, on devrait pouvoir accélérer jusqu'à dépasser cette vitesse. Certainement, mais la fusée devrait avoir la puissance, disons, du Soleil, pour qu'on puisse parvenir à 300 000 km par seconde. Si ce n'était pas suffisant, il faudrait une fusée ayant la puissance d'un million de soleils.

Curieusement, c'est impossible. Même avec une très grosse fusée, même avec une accélération maximale, on ne peut *jamais* dépasser la vitesse de la lumière. Notre univers possède une limitation de vitesse absolument infranchissable. La vitesse de la lumière dans le vide est la vitesse maximale. Il a fallu le génie d'Albert Einstein pour en expliquer la raison mais il faut, dans un premier temps, comprendre ce qu'est la vitesse de la lumière.

Voir c

Pendant des milliers d'années, le concept même de vitesse de la lumière fut considéré absurde. De Aristote à Kepler et à Descartes, quasiment tous croyaient que la lumière était tout simplement instantanée. Galilée (le premier à fabriquer des télescopes utilisés pour étudier le ciel nocturne) fut le premier savant à tenter une expérience pour déterminer sa vitesse. Son assistant et lui prirent chacun une lanterne munie de volets. Dans un premier temps, ils restèrent côte à côte: Galilée ouvrait sa lanterne et son assistant ouvrait la sienne dès qu'il apercevait la lumière de l'autre. En se tenant côte à côte, ils n'évaluaient que le délai dû au temps de réaction de l'homme. Ils recommencèrent ensuite l'expérience en se plaçant séparément au sommet de deux collines: Galilée ouvrait sa lanterne et guettait la lumière de l'autre. Il se disait que si la lumière se comporte comme le son et se propage

Ci-dessus : Le Jugement de Galilée *(1633). Malgré ses découvertes sur la vitesse de la lumière, Galilée se heurta à l'Inquisition.*

avec un délai sensible, il constaterait un défaut de synchronisation (l'assistant devrait attendre que la lumière de la lanterne de Galilée arrive jusqu'à lui et Galilée devrait attendre que la lumière de l'autre revienne jusqu'à lui). Il est clair qu'en procédant à la même expérience avec le son (par exemple Galilée tirant un coup de feu en l'air et son assistant faisant de même dès qu'il entendrait le coup) il aurait pu y avoir un intervalle de plusieurs secondes si les deux hommes se trouvaient sur des collines différentes. Mais comme on aurait sans doute pu s'y attendre, la lumière voyage beaucoup trop vite pour que l'idée de Galilée puisse s'y appliquer. Quand il procéda à son expérience des lanternes, il ne constata aucune différence sensible due à l'éloignement. Il en conclut que la lumière doit voyager au moins dix fois plus vite que le son mais il n'avait aucune idée de cette rapidité.

C'est cinquante ans plus tard, en 1676, que l'astronome Ole Rømer, né en 1644 à Aarhus au Danemark, parvint à calculer la vitesse de la lumière. Il fit ses études à l'université de Copenhague où il suivit les cours de Rasmus Bartholin (savant qui étudia la réfraction de la lumière). Il travailla ensuite à l'observatoire de Paris où il était chargé d'observer les planètes et leurs satellites. C'est là qu'il découvrit un étrange phénomène.

Rømer observait le mouvement d'Io, l'un des satellites de Jupiter, qui gravitait autour de Jupiter en 42,5 heures environ, quand il remarqua une curieuse discordance. Quand Jupiter et Io étaient à la distance maximale de la Terre, Io semblait mettre un peu plus de temps à sortir de l'ombre de Jupiter. Quand Jupiter et Io étaient à la distance minimale de la Terre, Io semblait sortir de l'ombre de Jupiter un peu plus tôt. Rømer réalisa que la distance entre la Terre et le tandem Jupiter-Io semblait affecter la durée de l'orbite d'Io. L'écart n'était que de quelques minutes mais Rømer parvint à le déceler avec de simples télescopes, des tables de logarithmes et juste une plume et du papier pour faire le calcul.

La variation de distance entre Jupiter et la Terre n'était pas étonnante. On savait depuis Kepler

Ci-dessus : Ses observations d'Io, le satellite de Jupiter, permirent à Rømer de calculer la vitesse de la lumière avec une certaine justesse.

qu'une planète plus éloignée du Soleil gravite plus lentement : pendant que la Terre décrit son orbite autour du Soleil, Jupiter ne parcourt qu'une fraction de sa propre orbite. La Terre passait donc parfois à proximité de Jupiter et parfois du côté opposé à Jupiter sur leurs orbites.

Rømer savait que la position de la Terre ne pouvait pas affecter Io directement car elle ne s'en approchait jamais suffisamment. La seule alternative concevable était que son observation était affectée par la distance. Si la lumière avait une vitesse finie, le trajet supplémentaire qu'elle devait parcourir quand la Terre et Jupiter étaient à la distance maximale entraînait un retard. Il devait attendre quelques minutes de plus pour que la

À droite : Ole Rømer observe le ciel avec sa lunette méridienne.

lumière atteigne la Terre (et son télescope). Rømer calcula que la lumière mettait environ vingt-deux minutes à traverser l'orbite de la Terre et il put prévoir avec quel retard Io apparaîtrait. En fait, il se trompait car la lumière met environ dix-sept minutes à parcourir cette distance ; il pensait donc que la lumière voyage un peu plus lentement qu'elle ne le fait en réalité. Malgré cette légère erreur, Rømer fut le premier savant à prouver concrètement que la lumière n'est pas instantanée.

De retour à Copenhague en 1681, Rømer devint professeur d'astronomie. On lui doit d'importantes innovations, comme l'invention de la lunette méridienne et d'autres instruments permettant de positionner les télescopes correctement. Il travailla aussi pour le roi et il contribua à introduire au Danemark le premier système normalisé de poids et mesures ainsi que le calendrier grégorien. Devenu en 1705 deuxième chef de la police de Copenhague, il participa à l'amélioration de la ville

629.384

en venant en aide aux pauvres, aux chômeurs et aux prostituées, et en assurant un bon approvisionnement public en eau. Rømer inventa même les premiers réverbères (lampes à huile) de Copenhague. Deux ans avant sa mort en 1710, le savant Daniel Gabriel Fahrenheit lui rendit visite. Il devait inventer une échelle thermométrique encore utilisée aujourd'hui dans certains pays.

Malgré la célébrité posthume de Rømer, ses conclusions sur la vitesse de la lumière ne firent pas l'unanimité et les décennies suivantes furent riches en débats houleux sur le sujet. Un certain James Bradley devait résoudre la question en 1728.

Né en 1693 en Angleterre, Bradley fut influencé par son oncle qui était astronome et qu'il aida dans ses observations. À l'âge de vingt-cinq ans, Bradley avait publié ses propres observations et peu après il fut élu membre de la Royal Society. Mais au lieu de faire carrière dans l'astronomie, il décida d'entrer dans les ordres. Ordonné en 1719, il devint pasteur. Il continua à consacrer ses loisirs à l'observation des satellites de Mars et de Jupiter avec son oncle. En 1721, il se vit proposer la chaire d'astronomie d'Oxford, fondée par sir Henry Savile, et il décida de quitter l'Église. Il travailla quelques années aux observatoires de Kew et de Wanstead où il remarqua un curieux phénomène qu'il nomma l'aberration de la lumière.

Chacun a pu être témoin de ce phénomène sans le savoir. Que se passe-t-il lorsqu'on se trouve dans une voiture ou un train par temps de pluie ? Si l'on reste immobile, on voit par la fenêtre latérale la pluie tomber verticalement. Si l'on commence à avancer, on se déplace vers les gouttelettes, et du point de vue du voyageur, la pluie semble maintenant tomber légèrement en biais vers lui et non verticalement : les filets de pluie sur la fenêtre latérale sont inclinés vers lui. Plus la vitesse augmente, plus l'angle que forme la pluie semble important. Un cycliste qui roule sous la pluie perçoit réellement cet effet. La pluie tombe verticalement sur sa tête lorsqu'il est à l'arrêt mais dès qu'il commence à rouler, la pluie semble tomber en biais. Plus le cycliste roule vite, plus il reçoit de pluie sur le visage.

Bradley pensa avoir observé le même effet quand la lumière tombe sur la Terre en orbite. La lumière devait donc voyager à une vitesse donnée comme l'avait suggéré Rømer. En connaissant la vitesse de rotation de la Terre autour du soleil, et en connaissant l'angle avec lequel la lumière semble

Ci-dessus : Portrait de James Bradley, dont les observations du phénomène de la parallaxe aboutirent à la découverte de l'aberration de la lumière.

toucher la Terre, on devait aussi pouvoir calculer la vitesse réelle de la lumière.

Mais il est moins facile de mettre en évidence l'aberration de la lumière que de regarder par la fenêtre du train un jour de pluie. La lumière voyage dix-huit millions de fois plus vite que la pluie ne tombe. Quand le train passe par une gare, la lumière qui tombe sur le sol semble elle aussi légèrement en biais vers le voyageur mais comme cet angle est environ dix-huit millions de fois inférieur à l'angle de la pluie – une fraction infinitésimale de degré – il est totalement imperceptible. Chose curieuse, Bradley découvrit par hasard l'aberration de la lumière en étudiant un phénomène complètement différent appelé parallaxe.

Chacun a également expérimenté la parallaxe sans le savoir. Imaginez que vous êtes toujours dans le train et que vous regardez par la fenêtre. Le monde défile sous vos yeux au rythme du cliquetis des roues. Les ponts et les gares se succèdent en une masse indistincte mais les maisons et les arbres plus éloignés passent plus lentement. Les nuages réellement éloignés se déplacent trop lentement pour que leur mouvement soit perçu. Vous expérimentez une parallaxe, c'est-à-dire le déplacement de la position apparente d'un corps dû à un changement de position de l'observateur. Aucun des objets que vous regardiez défiler n'a bougé. C'est vous qui avez bougé, dans le train. Mais comme les ponts sont plus proches de vous que les nuages, ils semblent se déplacer à grande vitesse tandis que les nuages bougent à peine.

Bradley avait réalisé que la Terre tourne autour du Soleil à une vitesse extrêmement élevée par rapport à toutes les étoiles qui l'entourent. Il se demanda si les étoiles plus proches sembleraient se déplacer davantage que les étoiles plus éloignées. Pendant plusieurs années, il prit minutieusement des mesures pour tenter de déceler la parallaxe des étoiles. Ses premiers résultats furent très déconcertants. Toutes les étoiles semblaient se déplacer en suivant des petites ellipses – c'est-à-dire que toutes les étoiles se trouvaient à la même distance de nous ! C'était manifestement faux et Bradley trouva bientôt la solution. La parallaxe des étoiles était trop petite pour être décelée avec les outils d'alors (bien que les astronomes ultérieurs l'aient découverte et utilisée pour calculer la distance entre les étoiles et la Terre). Les curieux mouvements des étoiles observés par Bradley étaient dus à l'aberration de la lumière et non à la parallaxe des étoiles.

L'aberration de la lumière

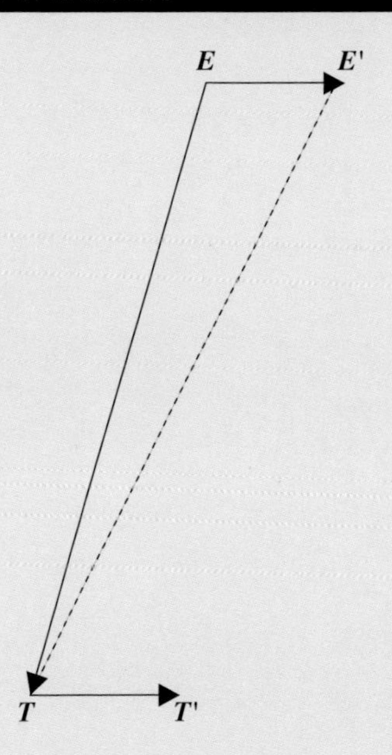

Le principe de l'aberration de la lumière est analogue à l'observation de la pluie qui tombe vers un voyageur assis dans un train. Nous sommes sur la Terre qui se déplace autour du soleil à une vitesse vertigineuse (environ 107 000 km/h). Si la Terre se trouve maintenant en un point *T* de l'espace et dans une heure en un point *T'*, et que nous pointons notre télescope vers une étoile en position *E*, nous ne voyons pas l'étoile à son emplacement réel. Comme la lumière émanant de *E* prend quelques minutes à nous parvenir, et comme nous bougeons, le rayon lumineux semble en biais par rapport à nous. Ce qui signifie que nous voyons l'étoile en position *E'* et non dans sa position réelle *E*.

Cette notion est peut être troublante mais chaque fois que vous regardez dans l'eau, la réfraction de la lumière déforme la position et la taille apparentes des objets submergés. De même, si vous vous déplacez très vite, la vitesse déforme la position apparente de corps éloignés comme les étoiles.

Donc, la ligne *ET* représente la lumière qui tombe de l'étoile *E* sur la Terre *T*, et sa longueur est déterminée par la vitesse de la lumière. En raison de notre déplacement de *T* à *T'*, le rayon lumineux semble suivre la ligne *E'T*. L'étoile semble déplacée de sa position réelle par l'angle *ETE'* dû à l'aberration de la lumière. Comme Bradley avait pris d'excellentes mesures, il pouvait voir les angles formés et comme il connaissait la vitesse de la Terre autour du soleil, il put calculer la vitesse de la lumière. Son estimation, 301 000 000 mètres par seconde, est remarquablement proche de la valeur de 299 792 458 mètres par seconde admise aujourd'hui.

Bradley poursuivit sa brillante carrière d'astronome. Nommé astronome du roi en 1742, il continua ses recherches sur l'aberration de la lumière. Il passa aussi des années à bâtir des preuves concluantes de la nutation de la Terre (balancement périodique de son axe de rotation dû à l'attraction de la Lune).

Les astronomes ultérieurs découvrirent bien d'autres méthodes pour mesurer la vitesse de la lumière mais il fallut attendre encore deux siècles pour que les calculs de Bradley soient améliorés. Nous disposons maintenant de nombreux moyens pour mesurer cette vitesse, souvent à l'aide du laser. Les astronautes ont même installé sur la Lune un miroir qui permet d'y projeter un rayon laser et de mesurer le temps nécessaire à sa lumière pour revenir (le concept aurait séduit Galilée !). Aujourd'hui, la vitesse de la lumière est traitée comme une définition parce qu'elle sert à définir le mètre et les autres mesures du système métrique (nous l'avons vu au chapitre 10). Pour l'instant, la vitesse « officielle » de la lumière, désignée par c, demeure sa valeur actuelle, que l'on trouve ou non une façon plus précise de la mesurer.

Ci-dessous : L'aberration de la lumière est comparable à la façon dont la pluie semble tomber en biais en traçant des stries sur les fenêtres d'un train en mouvement.

Ci-dessus : En 1969, les astronautes de la mission Apollo ont installé un réflecteur laser sur la Lune.

Voir n'est pas entendre

La lumière possède bien d'autres curieuses propriétés qui semblent au premier abord aller à l'encontre de l'intuition. L'une d'elles concerne la relativité (Vous avez peut-être l'impression de vous aventurer dans d'obscures notions de physique mais ne vous inquiétez pas !). Imaginez que vous rouliez sur l'autoroute à cent kilomètres par heure et que vous croisiez un automobiliste venant en sens inverse qui roule aussi à cent kilomètres par heure. De votre point de vue, c'est l'autre conducteur qui roule à deux cents kilomètres par heure par rapport à vous – c'est pourquoi son véhicule passe si vite. Du point de vue de l'autre conducteur, c'est naturellement vous qui roulez à deux cents kilomètres par heure par rapport à lui, dans la direction opposée, c'est pourquoi vous semblez le croiser si vite. Si la vitesse était limitée à cent vingt kilomètres par heure, vous auriez dépassé la vitesse autorisée du double par rapport à l'autre voiture mais pas par rapport à la route qui est immobile. La relativité est simplement la notion que la vitesse est *toujours* relative. C'est une idée ancienne qui vient de Galilée. La Terre tournant autour du Soleil à cent sept mille kilomètres par heure, vous dépassez très nettement la limitation de vitesse par rapport au Soleil, même sans rouler. Par convention, on mesure la vitesse par rapport à la Terre mais ce n'est pas toujours logique.

Imaginez le bruit des moteurs de ces deux voitures. Le son voyage à une vitesse d'environ 1 187 km/h. La vitesse de votre voiture ne peut pas augmenter la vitesse du bruit extérieur (par contre, si vous lancez une balle devant vous, sa vitesse sera celle de votre voiture plus celle de votre lancement par rapport à la voiture, avant que la résistance du vent ne la ralentisse). La vitesse du son est suscitée par la vibration des molécules de l'air qui ne peut pas être augmentée sensiblement par votre voiture. Donc, si vous roulez tous les deux à cent kilomètres par heure, le bruit de vos moteurs vous précédera facilement et sera audible par l'autre conducteur. Mais vous avez tous les deux repéré dans la voiture le bouton rouge sur lequel est inscrit : « Attention ! Ne pas toucher ! ». Malgré l'avertissement, vous l'enfoncez tous les deux et les deux voitures accélèrent à la vitesse terrifiante de mille deux cent quatre-vingts kilomètres par heure. Vous roulez maintenant plus vite que la vitesse du son. Comme le son ne se déplace pas en fonction de votre vitesse mais de la vitesse de l'air qui entoure la Terre, vous roulez plus vite que le bruit de votre moteur. Un spectateur verrait deux voitures se croiser comme des fusées dans un silence absolu, puis il entendrait le vrombissement assourdissant des deux moteurs bien après que les voitures aient disparu. Si vous allez à un spectacle aérien et que vous regardez les avions à réaction en vol, vous vivrez exactement cette expérience.

Bien que cela semble étonnant, la lumière se comporte dans le vide un peu comme le son dans l'air. Peu importe votre vitesse, elle se diffuse toujours à sa propre vitesse et ne peut pas aller plus vite. Voler dans un engin spatial à la moitié de la vitesse de la lumière en braquant un projecteur devant soi ne propagera pas la lumière à une fois et demi sa vitesse. Rouler vite ne fera pas non plus accélérer le son.

Mais la lumière est un peu plus étrange que le son. Si je roule dans un train à la moitié de la vitesse du son et que je fais un bruit dans le train,

Ci-dessus : Un chasseur Hornet de la Marine américaine franchit le mur du son. La pression créée par le front d'onde concentre l'humidité de l'air, formant un nuage sphérique au-dessus de l'avant de l'appareil.

ce bruit est transporté avec moi dans le train. Le bruit voyage à la vitesse du son plus la vitesse du train, c'est-à-dire une fois et demi la vitesse du son. Qu'en est-il de la lumière ? Si je voyage dans un vaisseau spatial à la moitié de la vitesse de la lumière, les lumières qui brillent à l'intérieur du vaisseau devraient se propager à la vitesse de la lumière plus ma propre vitesse, c'est-à-dire une fois et demi la vitesse de la lumière. Il n'en est rien. Selon Albert Einstein, la lumière ne peut jamais voyager plus vite, même si la source de lumière se déplace ou si vous vous déplacez par rapport à la source de lumière. Tout cela est vraiment très saugrenu.

La relativité restreinte

Albert Einstein naquit en 1879 dans la ville d'Ulm en Allemagne, dans une famille juive non pratiquante. Il était dès la naissance un peu différent des autres enfants. Sa tête était légèrement plus grosse que la normale et il parlait peu, ce qui amena une gouvernante à le traiter d'« attardé ». Quand il eut cinq ans, son père lui montra une boussole de poche. Devenu adulte, Einstein se souvint de ce jour comme *« l'un des événements les plus révélateurs de sa vie »* car dès l'enfance il avait été intrigué par les propriétés magiques du magnétisme qui pouvait traverser l'espace et actionner l'aiguille de la boussole.

Einstein fit ses études dans une école catholique mais il n'était pas toujours obéissant et il pensait que la mémorisation rigoureuse n'était pas une bonne façon d'apprendre. Il écrivit plus tard: *« L'éducation est ce qui reste quand on a oublié tout ce qu'on a appris à l'école. »* Heureusement, Einstein fut guidé par Max Talmud (surnommé affectueusement Talmey), un étudiant en médecine qui lui rendait visite tous les jeudis et l'initiait à la philosophie et aux mathématiques. Il appelait son exemplaire des *Éléments* d'Euclide « la petite Bible de la géométrie ». En grandissant, Einstein fit aussi des maquettes et des appareils mécaniques et il fut aidé par ses oncles qui lui conseillèrent des livres essentiels de sciences et de mathématiques.

En 1894, quand Einstein eut quinze ans, les affaires de son père périclitèrent et ses parents partirent s'installer à Pavie, en Italie. Einstein devait rester en Allemagne pour terminer sa scolarité. Contrairement aux souhaits de ses parents, il quitta l'école prématurément pour les rejoindre. Il trouva néanmoins le temps d'écrire sa première enquête scientifique (sur le magnétisme) pour son oncle et à l'âge de seize ans, il avait fait une découverte capitale en se regardant dans un miroir: il s'était demandé ce qu'il verrait s'il voyageait à la vitesse de la lumière. L'expérience imaginée, appelée le miroir d'Albert Einstein, l'amena à penser que la vitesse de la lumière est indépendante de son observateur. Cette notion allait devenir cruciale par la suite.

Einstein n'ayant pas terminé sa scolarité, sa famille l'envoya à Aarau en Suisse, pour obtenir son diplôme d'enseignement secondaire. Il apparut vite qu'il ne deviendrait pas ingénieur électricien comme l'espérait son père car il manifestait beaucoup plus d'intérêt pour l'étude de la théorie électromagnétique et d'autres aspects de la physique théorique. Il obtint son diplôme un an plus tard, à l'âge de dix-sept ans, et il entra à l'École polytechnique fédérale de Zurich. La même année, il renonça à sa nationalité allemande et devint apatride (c'est-à-dire ressortissant d'aucun pays). À l'âge de vingt-trois ans, Einstein était déjà titulaire d'un diplôme d'aptitude à l'enseignement et père d'un enfant dont la mère était Mileva Maric, une étudiante en médecine rencontrée à l'École. On ignore si la petite fille appelée Lieserl mourut en bas âge ou si elle fut adoptée. Einstein épousa Mileva l'année suivante. Ils eurent encore deux fils, Hans Albert qui devint professeur d'hydraulique, et Eduard qui souffrait de schizophrénie et mourut à l'asile.

Ci-dessus : Étudiant obscur en doctorat et employé dans un bureau des brevets, Einstein bouleversa la façon de comprendre les lois fondamentales de l'univers.

Ci-dessus : Quelques lauréats du prix Nobel : Albert Einstein entouré du chimiste Irving Langmuir (à droite), du romancier Sinclair Lewis et de l'homme poliitique Frank B. Kellogg au dîner du centenaire de la naissance d'Alfred Nobel en 1933.

Une fois diplômé de l'École polytechnique fédérale, Einstein se démena pour trouver un emploi. Comme il était impertinent et semblait trop sûr de ses compétences, il n'arrivait pas à obtenir de poste universitaire. Grâce à un ami, il trouva un poste d'expert au bureau des brevets de Berne. Il y évaluait la faisabilité technique des idées soumises au bureau et avec l'aide du directeur il y apprit à rédiger des documents techniques. Il préparait en même temps son doctorat qu'il obtint en 1905 avec pour sujet de thèse « Une nouvelle détermination des dimensions moléculaires ». La même année, il trouva le temps de rédiger quatre articles scientifiques formulant les bases de la physique moderne. ce sont les *Annus Mirabilis Papers* (« Articles de l'année miraculeuse »). Trois de ces articles sont largement considérés dignes d'un prix Nobel : ils portent sur le mouvement brownien, l'effet photoélectrique et la relativité restreinte. Le monde de la physique était stupéfait : voilà qu'un obscur étudiant en doctorat, employé dans un bureau des brevets, bouleversait la compréhension des lois fondamentales de l'univers.

Le concept de relativité restreinte confond toujours l'entendement. C'est une idée très simple fondée sur deux grands principes : d'abord les lois de la physique sont exactement les mêmes dans tout cadre de référence inertiel. En d'autres termes, les lois de la physique ne se « soucient »

La relativité restreinte

La relativité restreinte laisse entrevoir la dilatation, ou ralentissement, du temps. C'est une façon de rendre le voyage dans l'espace plus acceptable, car si la vitesse est suffisante, le temps se met à ralantir par rapport au temps qui passe sur laTerre.

Ce concept s'explique grâce à la vitesse constante de la lumière. Imaginez que nous sommes dans un train et que nous avons fabriqué une montre avec deux miroirs et un grain de lumière. Chaque tic-tac de la montre se produit quand le rayon lumineux est renvoyé par l'un des miroirs. La distance entre les miroirs étant constante et la vitesse de la lumière l'étant aussi, la montre est très précise.

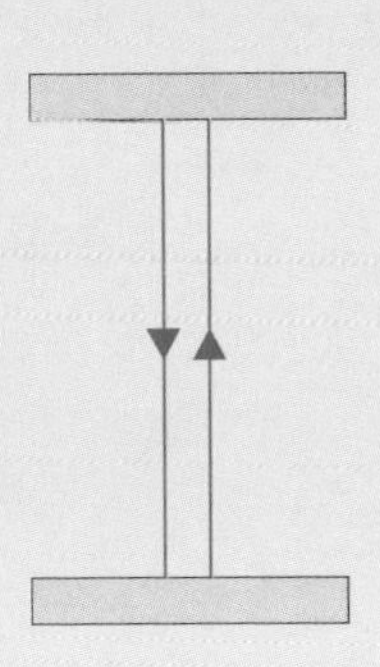

Le train démarre. Les deux miroirs ont toujours le même espacement mais ils se déplacent maintenant ensemble, dans le train. S'il s'agissait de sons, tout irait bien car l'air qui transmet le son se déplace avec le train et le son mettrait donc exactement le même temps à rebondir entre les miroirs. Pour un observateur extérieur, nous accélérerions le son en le déplaçant avec nous dans le train. Mais souvenez-vous que la vitesse de la lumière est immuable. Donc, quand le train avance et que la lumière est renvoyée par un miroir, l'autre miroir bouge aussi, et la lumière doit donc parcourir un trajet légèrement supérieur. Quand elle est renvoyée par le deuxième miroir, le premier miroir bouge aussi dans le train et, de nouveau, la lumière doit parcourir un trajet un peu plus long. Même si l'espacement entre les deux miroirs est constant, comme on ne peut pas « transporter la lumière » avec soi dans le train, son temps de parcours est plus long et par conséquent le tic-tac de la montre est plus lent. Plus le déplacement est rapide, plus la montre ralentit.

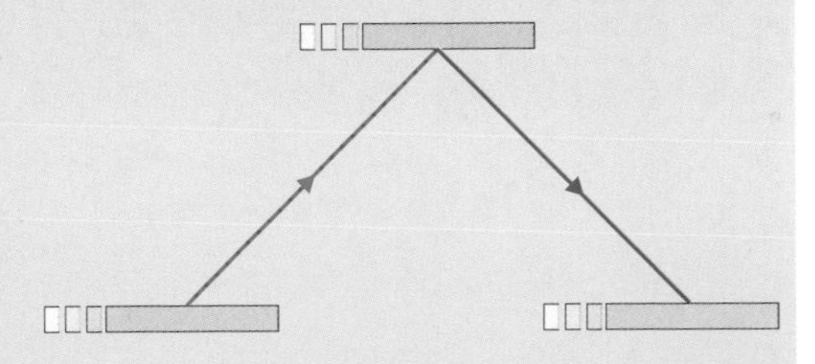

La relativité restreinte n'est pas un rêve farfelu de physicien. En 1971, deux savants appelés Hafele et Keating ont synchronisé plusieurs horloges atomiques à jet de cesium (les plus précises existant à l'époque) et ils les ont placées à bord d'avions de ligne normaux faisant deux fois le tour du monde. Au retour, ils ont comparé les horloges embarquées avec celles qui étaient restées au sol et ils ont constaté, comme escompté, qu'en raison de la dilatation du temps, elles indiquaient des heures différentes. Aujourd'hui, le GPS (système de positionnement mondial) qui utilise de nombreux satellites voyageant à grande vitesse dans l'espace, ne fonctionne que parce que ses horloges sont réglées en fonction des effets de la dilatation relativiste du temps.

Tout ceci signifie que si nous pouvions voyager assez vite dans un engin spatial (quasiment à la vitesse de la lumière), le temps ralentirait tellement que nous ne vieillirions guère pendant que des décennies s'écouleraient sur la Terre. C'est une façon géniale de ralentir le temps vécu par les passagers, mais les Terriens devraient attendre très, très longtemps pour en avoir connaissance.

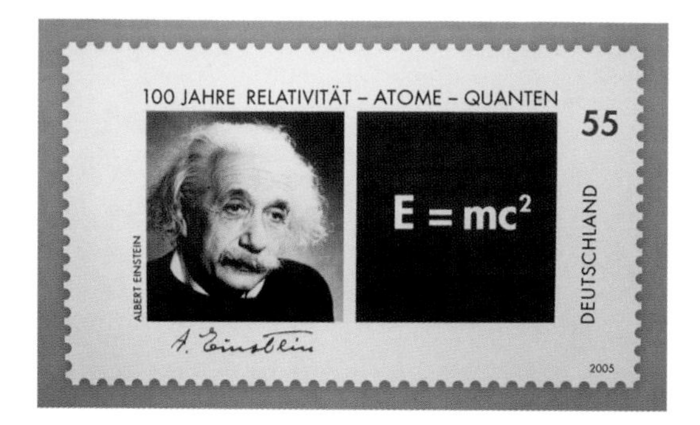

Ci-dessus : Une édition spéciale d'un timbre allemand de cinquante-cinq centimes d'euro commémore le centième anniversaire de la publication de la théorie de la relativité de Einstein.

pas de savoir si vous lâchez un ballon lorsque vous êtes assis dans un bus en mouvement, ou lorsque vous êtes assis sur le sol de la Terre qui tourne autour du Soleil – le ballon tombera exactement de la même manière. Autrement dit, comme il a été énoncé par Galilée, tout mouvement est relatif et les actions des forces qui en résultent sont elles aussi relatives. Le deuxième principe est que c, la vitesse de la lumière dans le vide, est invariant. Einstein disait que la vitesse de la lumière est indépendante du mouvement de la source de lumière et indépendante de son observateur. La vitesse de la lumière n'est donc pas relative. C'est pourquoi c est aussi appelé constante universelle : sa valeur ne dépend de rien d'autre. Ces deux principes sont importants parce qu'ils signifient que toutes sortes de choses très bizarres doivent se produire dans notre univers. Par exemple, la relativité restreinte révèle que le temps ne peut pas être constant. En fonction de la rapidité de votre déplacement, vous ressentirez le temps à une cadence différente (voir encadré page précédente).

L'autre point qui découle de la relativité restreinte est sans doute l'équation la plus célèbre du monde : $E = mc^2$. Einstein ne fut pas le premier à s'y intéresser mais ce sont ses travaux qui permirent vraiment d'en expliquer la validité. Cette équation explique pourquoi la vitesse de la lumière est si importante car elle énonce que l'énergie est égale à la masse multipliée par le carré de la vitesse de la lumière. En termes simples, on peut transformer l'énergie en masse ou la masse en énergie, les deux sont équivalentes. L'équation explique aussi pourquoi une bombe atomique produit tant d'énergie : le carré de c est un nombre très élevé.

La relativité générale

Malgré ses percées scientifiques, Einstein continua à travailler au bureau des brevets jusqu'en 1909, date à laquelle il commença à être reconnu comme un penseur scientifique de premier plan. En 1912, Einstein avait obtenu un poste de professeur à l'École polytechnique fédérale et il commença à inviter les astronomes à chercher des preuves de la courbure de la lumière par les champs de gravitation des étoiles – ce que laissait entrevoir une nouvelle théorie sur laquelle il travaillait. À la veille de la première guerre mondiale en 1914, Einstein, âgé de trente-cinq ans, partit pour Berlin où il devint directeur de l'Institut de physique Kaiser

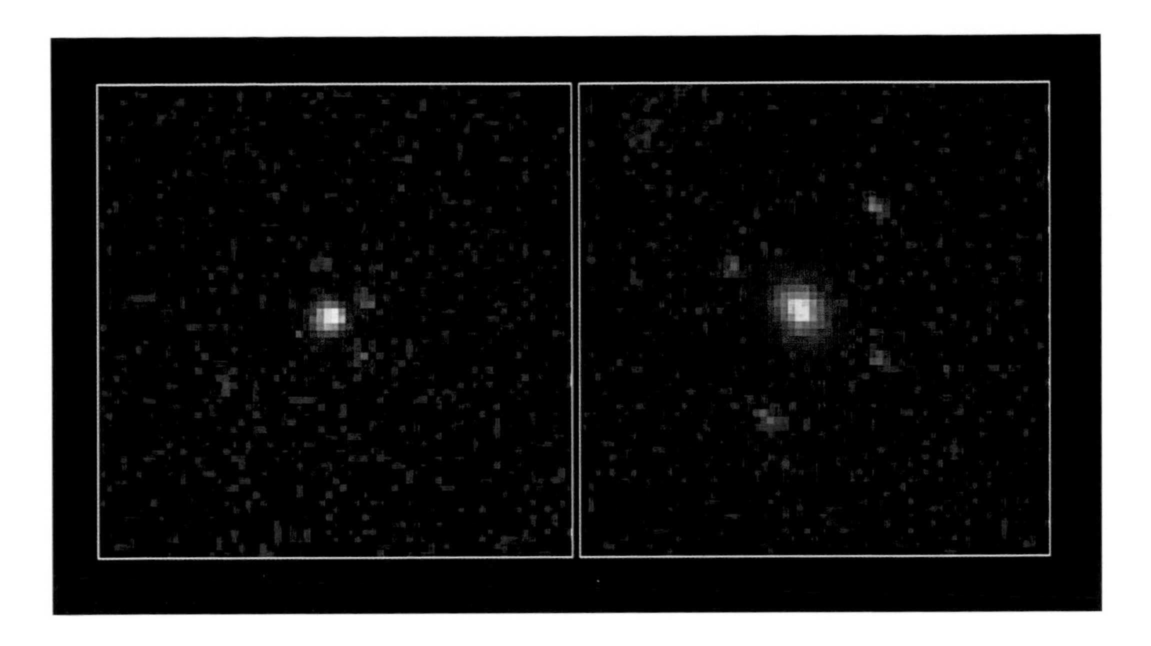

Ci-dessus : Les images du télescope spatial Hubble démontrent l'effet de lentille gravitationnelle autour d'une lointaine galaxie.

Wilhelm. En 1915, il donna une série de conférences sur sa nouvelle théorie qu'il appela relativité générale. Dans sa dernière conférence, il présenta une nouvelle équation appelée aujourd'hui l'équation de champ de Einstei et destinée à remplacer la loi de l'attraction universelle. Une fois encore, Einstein avait bouleversé le monde scientifique. Si Newton avait décrit la gravitation comme une force, Einstein l'expliquait comme une distorsion de l'espace-temps due à la présence de la masse.

En 1919, les journaux entendirent parler des travaux publiés de Einstein. Le *Times* fit paraître un article sous la manchette : « Révolution scientifique – Nouvelle théorie de l'univers – Les idées de Newton supplantées ». Il fut soutenu par d'autres savants qui déclarèrent que la relativité générale était *« sans doute la plus grande découverte scientifique de tous les temps »* et le *« plus grand exploit de la pensée humaine sur la nature »*. Einstein devint célèbre du jour au lendemain. La même année, il divorça et épousa sa cousine Elsa.

Einstein reçut le prix Nobel en 1921 mais ironiquement il lui fut décerné pour ses travaux sur l'effet photoélectrique et non pour ses théories toujours controversées de la relativité. Pendant quelques années, il voyagea beaucoup en donnant des conférences dans le monde entier. En 1932, il se vit proposer un poste à temps partiel (cinq mois par an) à l'université de Princeton. Sa première visite à Princeton en 1933 coïncida avec la prise de pouvoir

La relativité générale

Peut-être l'aviez-vous deviné d'après son nom, la relativité générale est la généralisation de la relativité restreinte de Einstein. Les deux principes de la relativité restreinte restent valides mais Einstein voulait expliquer la gravitation à l'aide des mêmes notions. On sait d'après la relativité restreinte que l'énergie, la masse et la lumière sont liées (dans l'équation $E = mc^2$) et on sait aussi que la lumière et le temps sont liés (par exemple dans les effets de dilatation du temps). L'idée de base, dans la relativité générale, est que la masse et l'énergie courbent l'espace et le temps.

En d'autres termes, malgré ce que l'on a pu apprendre à l'école, Newton n'avait pas entièrement raison. La gravitation n'est pas une force. C'est un effet de champ, une distorsion causée par la masse et l'énergie. Pour le comprendre, le plus simple est d'imaginer l'espace et le temps comme un trampoline. Un objet ayant une grosse masse (une lourde brique par exemple) placé sur le trampoline déforme et étire sa surface. Si l'on place ensuite un ballon de piscine sur le trampoline, il roule vers la masse lourde – comme la gravitation exercée par un corps massif qui attire un objet. Si l'on pousse légèrement le ballon vers le côté, il roule autour de la masse lourde comme un satellite gravitant autour d'une planète.

Mais les choses se compliquent ! Les corps massifs (et très riches en énergie) ne se bornent pas à créer des champs de gravitation dans l'espace, ils déforment aussi le temps. Plus le corps est massif, plus le temps s'écoule lentement. Plus on s'éloigne de la masse, plus le temps s'accélère. Une fois encore, ces effets ont été mesurés – il est même possible de repérer la différence de temps infinitésimale entre le haut et le bas d'un édifice élevé (le haut est un peu plus éloigné de la masse de la Terre). Il est aussi très facile de voir l'effet de « lentille gravitationnelle » des étoiles et planètes éloignées qui dévient la trajectoire de la lumière autour d'elles à cause de la distorsion de l'espace-temps qu'elles produisent, comme l'avait annoncé Einstein.

Quand l'espace devient malléable, la géométrie euclidienne ne fonctionne plus très bien. Près d'un corps massif comme un trou noir, la somme des angles du triangle ne sera plus 180 degrés (les trous noirs seront étudiés plus en détail au chapitre suivant). Heureusement, il n'y a aucun trou noir près de nous. Comme les équations de Newton, la géométrie d'Euclide est le plus fréquemment valide mais Einstein a raison encore plus souvent.

La théorie de la relativité générale permet de mieux comprendre pourquoi l'on ne peut jamais dépasser la vitesse de la lumière. Les équations indiquent qu'il faut de plus en plus d'énergie pour produire la même accélération (c'est-à-dire plus la vitesse est élevée, moins la même énergie produit d'accélération). Pour voyager à la vitesse de la lumière, il faudrait une quantité d'énergie infinie, c'est donc impossible, de même qu'il est chimérique de croire que l'on peut dépasser cette vitesse, comme le prétend la science-fiction. On ne peut pas générer davantage qu'une quantité infinie d'énergie. Peut-être la seule façon plausible de parcourir de longues distances dans l'espace et de dépasser la vitesse de la lumière c serait-elle de traverser un trou de ver (comme nous l'avons vu au chapitre 3) ?

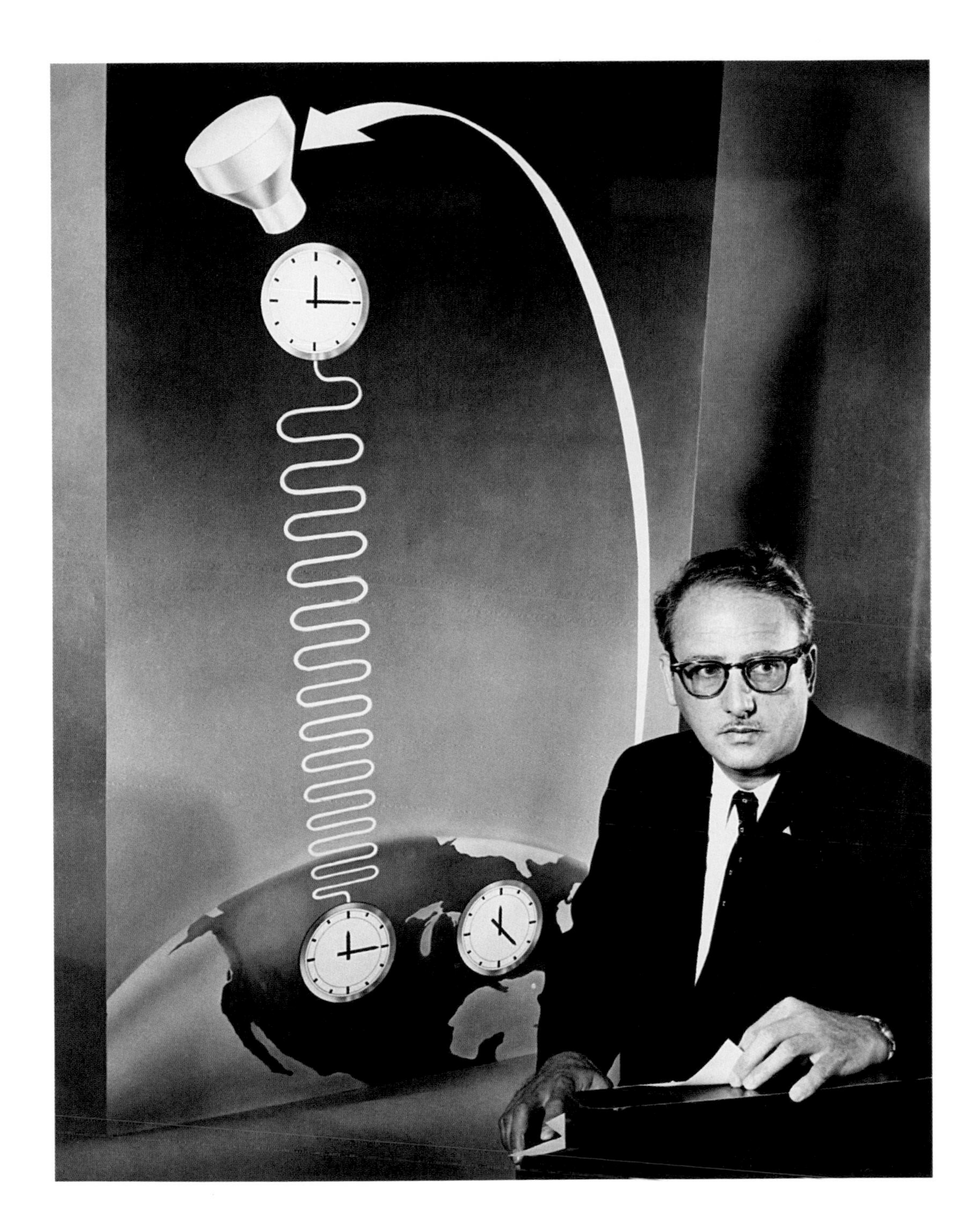

Ci-dessus : Harold Lyons explique l'expérience par laquelle une « horloge atomique » placée dans un satellite en orbite doit vérifier la théorie de la relativité de Einstein.

de Hitler en Allemagne. La loi pour la restauration du fonctionnariat adoptée sans tarder en Allemagne obligea tous les professeurs juifs à quitter leur emploi. Une campagne fut lancée en Allemagne pour discréditer les travaux de Einstein, qualifiés de « physique juive » par opposition à la « physique aryenne ». Einstein ne retourna jamais en Allemagne.

Non content de se satisfaire de la relativité générale, Einstein passa le reste de sa vie à essayer d'unifier les lois de la physique, notamment de la gravitation et de l'électromagnétisme. Il voulait trouver une équation aussi ingénieuse et aussi simple que $E = mc^2$ pour expliquer le magnétisme, les ondes électromagnétiques, la gravitation et tous les autres aspects de la physique. Ses tentatives ne furent pas couronnées de succès et il déclara : *« Je me suis enfermé dans des problèmes scientifiques impossibles – d'autant plus qu'en prenant de l'âge je suis resté à l'écart de la société ici… »* Les physiciens cherchent toujours à tout expliquer par une équation unique, ingénieuse et unitaire. Celui qui réussira fera une percée aussi capitale que celle de Einstein, mais à ce jour personne n'y est parvenu.

En 1939, Einstein fut amené à écrire au président Roosevelt pour lui demander de lancer un programme de recherche nucléaire et empêcher l'Allemagne d'être la première à mettre au point l'arme nucléaire. Le président fit démarrer une petite étude qui devint rapidement le projet Manhattan et aboutit à la bombe atomique utilisée à la fin de la Deuxième Guerre mondiale. Plus tard, Einstein regretta d'avoir écrit cette lettre. En 1940, il devint citoyen des États-Unis et en 1944 il participa à l'effort de guerre en écrivant à la main son article de 1905 sur la relativité restreinte qui fut vendu aux enchères six millions de dollars (le manuscrit est conservé à la Library of Congress).

Einstein a toujours dû se sentir étranger à la majorité dont les objectifs étaient très différents. Âgé, il écrivit : *« Je n'ai jamais appartenu sans réserve à un pays, à un État, à un cercle d'amis ni même à ma propre famille. Quand j'étais encore un jeune homme assez précoce, j'avais déjà pris très vivement conscience de la futilité des espoirs et des aspirations que la plupart des hommes nourrissent pendant toute leur vie. Le bien-être et le bonheur ne m'ont jamais semblé être un but absolu. J'aurais même tendance à comparer ces buts moraux aux ambitions d'un porc. »*

Ci-dessus : Une bombe atomique explose en Polynésie française en formant un champignon.

En 1950, Einstein tomba malade. En 1952, il fut embarrassé de se voir proposer par le gouvernement israélien le poste de deuxième président qu'il déclina poliment. Une semaine avant sa mort en 1955, Einstein signa sa dernière lettre adressée à Bertrand Russell, acceptant que son nom figure sur un manifeste qui exhortait toutes les nations à renoncer à l'arme nucléaire.

De son vivant, Einstein avait bouleversé nos idées de l'univers et de l'existence. C'est sans doute lui qui a le mieux résumé son temps passé sur notre petite planète : *« Chacun de nous visite cette Terre involontairement et sans invitation. Pour ma part, il me suffit de m'émerveiller de ses secrets. »*

Quelle taille maximale un nombre peut-il atteindre ? L'un des plus grands nombres que nous sachions nommer est le centilion. Il s'écrit 1, suivi de six cents zéros. Mais ce n'est pas le nombre le plus élevé. Googolplex est encore plus grand : pour l'écrire, il faut 1 suivi de googol zéros (sachant qu'un googol s'écrit déjà avec 1 suivi de cent zéros). Et il existe des nombres encore plus gigantesques. Certains atteignent un tel ordre de grandeur qu'il est impossible de les écrire sans inventer une nouvelle notation, par exemple les nombres de Graham et de Moser, du nom de leur inventeur.

L'HISTOIRE SANS FIN

CHAPITRE ∞

En fait, il est très facile de fabriquer des nombres géants. Supposons que je veuille créer le numéro minéralogique de ma voiture, en souhaitant qu'il soit le plus grand possible ; je pourrais multiplier le centilion par googolplex, par le nombre de Graham, par celui de Moser, et multiplier le résultat par le produit de tous les nombres de ce livre (y compris les numéros de pages). Aussi stupéfiant que cela paraisse, je n'aurai pas atteint le plus grand nombre possible. Imaginez le nombre que j'obtiendrais en multipliant le numéro de la plaque minéralogique de ma voiture par lui-même. Pourtant, le produit serait minuscule comparé au nombre obtenu en l'élevant à la puissance de lui-même. Et ce n'est pas fini : le résultat serait de l'ordre de l'invisible par rapport à celui auquel j'arriverais si je l'élevais une deuxième fois à sa propre puissance.

Les nombres peuvent nous fournir un langage propre à décrire l'univers, mais ils ne sont pas aussi limités que l'univers lui-même. Nous disposons de nombres si grands qu'ils dépassent le nombre de tout ce qui existe dans l'univers. La quantité d'atomes présents dans l'univers est infime à côté des grandeurs que nous venons d'évoquer. Leur taille est sans limite. Nous pouvons former à notre gré des nombres gigantesques. L'une de leurs particularités la plus intéressante est qu'il n'existe pas de nombre qui soit le plus grand dans l'absolu. Si vous pensez l'avoir trouvé, il suffit que j'ajoute un pour obtenir un nombre supérieur au vôtre.

Nous nous prenons parfois à rêver à un concept différent. Il ne s'agit pas d'un nombre mais d'une idée. L'idée de ce qui ne finit pas, de ce qui ne s'arrête jamais, de ce qui continue pour toujours, de l'éternité. Cette idée, nous l'appelons l'infini.

Le commencement de l'éternité

La notion d'infini est au cœur des interrogations philosophiques depuis l'Antiquité. Face à un univers apparemment sans limites et qui s'étend de tous côtés, il n'est pas difficile de comprendre pourquoi. Quand on ne dispose pas de connaissances scientifiques permettant d'expliquer l'étendue de l'univers, il ne reste plus qu'à se reposer sur des arguments qui semblent avoir du sens. Si l'espace ne s'étend pas à l'infini, à quoi ressemblent ses limites ? Que se passerait-il si on projetait un objet au-delà de ses limites ? Où irait-il ? Peut-on imaginer une limite sans qu'il y ait quelque chose au-delà d'elle ?

En se fondant sur ce type de raisonnement, certains philosophes ont conclu que l'espace se poursuit à l'infini. Mais tous ne partageaient pas ce point de vue. Le concept même d'infini paraissait difficile à concilier avec le monde physique dans lequel nous vivons. Car l'observation nous apprend que rien ne dure pour toujours. Une chose pourrait-elle être infiniment grande ? Ou infiniment petite ?

Zénon fut l'un des premiers à s'intéresser à ces différentes questions. Né vers 490 av.J-C. à Elée, en Lucanie (dans le sud de l'Italie), il était un disciple du philosophe Parménide à l'école d'Élée, un des hauts lieux de la pensée grecque. Il y fut initié au monisme, un courant philosophique selon lequel toutes les choses ne sont que les aspects d'une seule réalité éternelle appelée l'Être. Le changement est impossible: dans le monisme tout est un, et le non-Être est inconcevable.

Zénon a composé un recueil de paradoxes qui allait plonger dans la perplexité et la frustration les philosophes des siècles suivants. Si l'on croit ce que nous dit Platon, ce recueil fut volé et publié (ce qui signifiait à l'époque « soigneusement copié à la main ») sans l'autorisation de l'auteur. Quoi qu'il en soit, Zénon devenu célèbre se rendit à Athènes et rencontra le jeune Socrate.

Les paradoxes de Zénon visaient principalement à établir que tout est un, suivant en cela la théorie

À gauche: Zénon étudia l'idée de division en quantités de plus en plus petites, allant jusqu'à l'infini afin de prouver a vérité du monisme. Ses idées furent par la suite discréditées par Aristote.

Le paradoxe d'Achille imaginé par Zénon

Imaginons qu'Achille, réputé pour être un coureur particulièrement rapide, ait décidé de disputer une course avec une tortue. Il lui laisse quelques foulées d'avance, sachant qu'elle court moins vite que lui. Lorsque la tortue a parcouru 100 mètres, il prend le départ. Il atteint le point auquel se trouvait la tortue. Mais entre-temps, la tortue a poursuivi sa route et elle a accompli 5 mètres de plus. La course d'Achille consiste à atteindre l'endroit où la tortue se trouvait quand il était au point précédent, mais celle-ci avance toujours et conserve encore une légère avance (25 centimètres). Au prochain point donné de cette course, on constate qu'Achille l'a atteint rapidement, mais que la tortue garde néanmoins l'avantage avec 1,25 centimètre. Dans la fraction de temps qu'il faut au coureur pour atteindre cette position, l'animal a maintenu son avance qui est maintenant de 1 millimètre. Et ainsi de suite. Chaque fois qu'Achille arrive au point où la tortue se trouvait, elle l'a déjà quitté, se ménageant ainsi une avance, même minime. D'un certain point de vue, le coureur ne réussit jamais à dépasser la tortue !

moniste. Le philosophe a imaginé ce qui se passerait si on essayait de diviser une chose en unités infiniment petites, montrant qu'à chaque tentative, on obtient un résultat absurde. Le paradoxe le plus connu est celui d'Achille. Il est stupéfiant de voir que Zénon parvient à bâtir une argumentation d'apparence logique en prouvant qu'Achille ne réussirait jamais à dépasser une tortue qui se déplace pourtant moins vite que lui (voir l'encadré page ci-contre).

Aristote n'était pas impressionné par les arguments de Zénon qu'il taxait de raisonnements fallacieux, sans cependant pouvoir les contrer. Rappelons-nous que ces événements se déroulaient deux mille ans avant que nous ne disposions des mathématiques pour démontrer que même avec des séries décroissant à l'infini, Achille aurait gagné la course. Le paradoxe fonctionne parce que nous concentrons notre observation sur une portion de temps et d'espace de plus en plus courte, juste avant qu'Achille ne rattrape la tortue. Si nous la regardions dans son ensemble, nous verrions un segment plus vaste de la course où il apparaîtrait qu'Achille atteint le point de dépassement. Zénon, pour rendre son paradoxe probant, avait utilisé des nombres diminuant jusqu'à devenir infiniment petits, alors qu'Aristote avait de l'infini une vision de nature plus concrète.

Ci-dessus : Aristote, dont la croyance en un univers infini qui est un fut reprise par l'Église.

Aristote est né plus tard, en 384 av. J-C. à Stagire, en Macédoine (au nord de la Grèce). Son père Nicomaque étant médecin, il l'accompagnait sans doute pendant son enfance dans ses visites aux malades. Devenu orphelin à l'âge de dix ans, le jeune homme est élevé par son oncle qui l'oriente vers des études de grec, de rhétorique et de poésie. À dix-sept ans, il entre à l'Académie d'Athènes de Platon. Aristote y restera pendant vingt ans, d'abord en tant qu'étudiant, puis au titre de professeur.

Ci-dessus : Enluminure des Aventures d'Aristote *représentant ce dernier prodiguant son savoir à Alexandre le Grand.*

Il la quittera au moment de la mort de Platon, sans doute parce qu'il n'appréciait pas son successeur, Speusippus.

Aristote s'installe ensuite à Assos, face à l'île de Lesbos, et soutenu par Hermias d'Atarnée qui en est le souverain, il forme un groupe de philosophes. Il commence à élaborer ses propres théories et prend ses distances par rapport à l'enseignement de Platon. Aristote s'intéressait surtout à la biologie et à l'anatomie. Il épouse la nièce d'Hermias, avec qui il a une fille nommée Pythias. Malheureusement, son épouse décédera dix ans plus tard. L'instabilité politique contraint Aristote à l'exil (les Perses ont attaqué la ville et exécuté Hermias). Peu de temps après, le futur Alexandre le Grand prend le pouvoir. Il offre à Aristote de créer sa propre école qui s'appellera le Lycée. Contrairement à l'Académie d'Athènes, dont l'enseignement portait sur un nombre restreint de sujets, Aristote était partisan d'une éducation plus large. Il dispensait lui-même des cours sur des thèmes aussi divers que la logique, la physique, l'astronomie, la météorologie, la zoologie, la métaphysique, la théologie, la psychologie, la politique, l'économie, l'éthique, la rhétorique et la poésie. Ce faisant, il a posé sa pierre à la fondation de plusieurs de ces disciplines, certaines n'ayant même jamais été enseignées auparavant. Par leur originalité et leur puissance, ses idées ont influencé la pensée philosophique et scientifique occidentale pendant les deux mille ans suivants. En s'appuyant sur l'observation directe et sur la pensée logique, Aristote a contribué à expliquer le fonctionnement de l'univers. Toutes ses théories n'étaient pas justes cependant ; comme nous l'avons vu dans les chapitres précédents, il défendait une vision géocentrique du monde (la Terre est au centre, et tout le reste tourne autour d'elle) et il était convaincu que la lumière était instantanée.

Ci-dessus : Au XIIIe siècle, les écrits du théologien Thomas d'Aquin s'inspirent de la philosophie aristotélicienne.

Aristote s'intéressait en outre à la notion d'infini. Il pensait que ce que l'on ne voyait pas était précisément une preuve de l'infini. Ne pouvant concevoir l'idée de début ou de fin du temps, il en concluait que la notion abstraite d'infini pouvait exister. Mais elle tenait selon lui davantage de la potentialité que de la réalité. Il donnait cet exemple : supposez que vous soyez en train de décrire les prochains jeux Olympiques à quelqu'un. Vous pouvez tout au plus les décrire comme quelque chose de potentiel, qui va se produire dans le futur mais qui ne se passe pas au moment où vous parlez. Il en va de même de l'infini selon Aristote. Il existe potentiellement mais il n'existe pas maintenant (et n'existera peut-être jamais). Rien dans notre monde physique n'a de dimension ou d'âge infini, donc vous ne serez jamais confronté à quoi que ce soit d'infini.

Cette appréhension de l'infini a donné naissance à une tradition sur laquelle la pratique des mathématiques s'est lontemps appuyée. Au XIIIe siècle, la philosophie aristotélicienne inspire la pensée religieuse à travers les écrits du théologien

Ci-dessus : Giordano Bruno, auteur italien de dialogues philosophiques et d'ouvrages de mathématiques et de physique.

Thomas d'Aquin. On considère que Dieu est infini dans la mesure où vous ne rencontrerez jamais Dieu dans notre monde physique. L'idée de l'âme éternelle et infinie devient un pilier de la religion, une pensée réconfortante qui contraste heureusement avec la perspective lugubre du néant et de la non-existence de l'époque. L'église fait sienne la théorie aristotélicienne d'un univers fini avec la Terre au centre. Dans certains textes, on en déduisait même les dimensions du paradis (et celui-ci ne semblait pas si vaste...). L'idée que les points de lumière dans le ciel pourraient être des soleils lointains et que l'univers pourrait être infini n'est pas seulement jugée ridicule, elle constitue une hérésie. Tous ceux qui tentent de s'opposer à la thèse défendue par l'Église sont pourchassés. Giordano Bruno n'était ni un mathématicien, ni un scientifique, mais il publia néanmoins un livre intitulé *L'infini, l'univers et les mondes* (1584). Pendant neuf ans il fut en butte aux tourments de l'Inquisition qui voulait l'obliger à renier sa croyance en l'infini. Bruno ne plia jamais, il prenait même un malin plaisir à défier ouvertement l'Inquisition. En 1600 elle finit, face à sa détermination, à le condamner au bûcher pour empêcher la propagation de ses idées qui menaçaient son autorité.

Paradoxalement, la science moderne est d'accord avec Aristote et avec l'Église : l'univers est immensément grand mais on pense qu'il est fini, et non infini.

Des roues à l'intérieur des roues

Galilée n'ignorait rien du sort réservé à Giordano Bruno. Il était dangereux de diverger de l'orthodoxie régnante. Mais cela ne dérangeait pas la réflexion de l'imaginatif Galilée. Selon la théorie aristotélicienne, l'infini appartenait au domaine du potentiel et ne correspondait pas à une réalité physique. Galilée remarqua quelque chose d'étrange à propos des cercles. Considérant deux cercles, l'un plus grand que l'autre, il essaya de déterminer le nombre de points sur la circonférence de chacun. Il parvint à la conclusion que les deux cercles étaient composés d'un nombre infini de points, en dépit du fait que la circonférence de l'un soit supérieure à celle de l'autre ! (Voir l'encadré ci-contre)

Galilée en demeura perplexe : cela n'avait aucun sens. Comment une infinité de points pouvait-elle être supérieure à une autre infinité de points ? Une infinité étant par définition infinie. Il nota : « [...] *nous tentons, par notre esprit fini, de débattre de l'infini, lui assignant des propriétés que nous reconnaissons au fini et au limité : mais je pense que cela est faux, car nous ne pouvons parler de quantités infinies comme étant l'une supérieure ou inférieure ou égale à l'autre.* »

Mais il n'entendait pas en rester là et s'acharna. Galilée considéra ensuite la liste de tous les entiers positifs et la liste de tous les carrés possible des entiers. Pour chaque entier possible il existe un seul nombre au carré : 1:1, 2:4, 3:9, 4:16, 5:25, et ainsi de suite. Ce qui doit vouloir dire qu'il y a le

Les cercles de Galilée

Galilée posait deux cercles concentriques, l'un, plus petit, à l'intérieur de l'autre, qui a une circonférence plus grande, tous deux partageant leur centre en un même point.

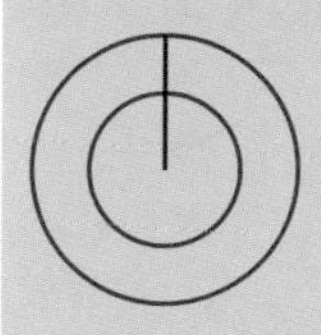

Il imagina ensuite ce qui se passerait si une ligne balayait la surface des cercles, comme les aiguilles d'une horloge.

À un moment, cette ligne croisera le cercle le plus large en un point précis. Mais elle croisera également le cercle le plus petit en un point précis. Bien que le cercle le plus large soit plus long et qu'il doive donc être constitué par davantage de points, à tout point particulier de la circonférence du cercle le plus grand, correspond un point de la circonférence de l'autre cercle.

Même si la ligne balaye les cercles en mouvements infiniment petits, elle croisera toujours le cercle le plus grand à un point et le cercle le plus petit à un point. Il doit donc y avoir un nombre infini de points sur le cercle le plus petit et un nombre infini supérieur de points sur le cercle le plus grand.

même nombre d'entiers au carré qu'il existe de nombres entiers. Pourtant il est clair que beaucoup de nombres ne sont pas des nombres au carré, il devrait exister davantage d'entiers que de nombres au carré. Sans que l'on sache comment, le nombre d'entiers est à la fois supérieur et égal à celui des nombres au carré. Sachant qu'on pourrait dérouler ces deux listes sans jamais en avoir terminé, on peut dire qu'elles sont infinies. Voici la solution de Galilée : *« La totalité des nombres est infinie, et le nombre de nombres au carré est infini ; le nombre de nombres au carré n'est pas inférieur à la totalité des nombres, et celle-ci n'est pas supérieure à celui-là ; et les attributs « égal », « supérieur » et « inférieur » ne sont pas applicables à l'infini, mais seulement à des quantités finies. »*

Ci-dessous : Georg Cantor est connu comme le fondateur de la théorie des ensembles, devenue un des fondements des mathématiques.

Il fallut attendre le génie fantasque de Georg Cantor pour comprendre ces aspects déroutants de l'infini. Rappelez-vous du chapitre $\sqrt{2}$, Cantor est le mathématicien obsédé par Shakespeare et par Francis Bacon. Cantor remarqua une propriété des nombres semblable à celle qui avait éveillé la curiosité de Galilée. Il décida de prouver que certains ensembles de nombres ne peuvent être associés aux entiers comme Galilée l'avait fait avec les nombres au carré. S'il existe un ensemble de nombres qui ne peuvent s'apparier un par un aux nombres entiers, alors il doit être supérieur à l'ensemble des nombres entiers – même si les deux ensembles de nombres sont infinis (voir l'encadré page ci-contre).

Cantor avait démontré que certains ensembles de nombres sont incalculables et, ce qui est encore plus curieux, que certains ensembles d'infinis sont plus grands que d'autres. L'infini ne se résumait donc plus simplement à « être le plus grand possible ». Nous savions désormais qu'un infini peut être supérieur ou inférieur à un autre. Le fait que l'infini ne connaisse pas de limite ne signifie pas qu'il soit toujours de la même dimension.

À la rencontre de l'infini

Galilée et Cantor vivaient dans des mondes différents, à trois cents ans d'intervalle l'un de l'autre. Cantor ne pouvait pas expliquer à Galilée que « supérieur » et « inférieur à » étaient aussi applicables à l'infini. Mais revenons à Aristote qui affirmait, il y a deux mille ans, que l'infini n'est pas une réalité mais seulement une potentialité. Certes, nous n'aurons jamais la possibilité de dresser les listes d'infinis de Cantor, pas plus d'ailleurs que

L'argument de la diagonale de Cantor

Cantor a démontré selon diverses méthodes, toutes aussi brillantes, que certains ensembles infinis sont plus grands que d'autres. L'une des plus célèbre est connue sous le nom de l'argument de la diagonale de Cantor.

Il décida de créer un ensemble infini de nombres. Ce serait un ensemble infiniment grand de listes infinies de 1 et de 0, chaque liste formant un schéma sans fin :

(0, 1, 0, 1, 0, 1, 0, 1,...)
(1, 1, 0, 0, 1, 1, 0, 0,...)
(0, 0, 1, 0, 0, 1, 0, 0,...) ...

Puis il imagina de construire une nouvelle liste de nombres infiniment longue, élaborée à partir de cet ensemble infini. La nouvelle liste devrait avoir un premier nombre différent du premier nombre de la première liste dans l'ensemble. Elle devrait avoir un deuxième nombre différent du deuxième nombre de la deuxième liste dans l'ensemble, le troisième nombre différent du troisième nombre de la troisième liste dans l'ensemble et ainsi de suite, indéfiniment.

(**0**, 1, 0, 1, 0, 1, 0, 1, ...)
(1, **1**, 0, 0, 1, 1, 0, 0, ...)
(0, 0, **1**, 0, 0, 1, 0, 0, ...)

Nouvelle liste : (**1**, **0**, **0**,...)

Cantor expliqua ensuite que la nouvelle liste de nombres ne pouvait pas apparaître dans l'ensemble infiniment long. Quelle que soit la liste de nombres dans l'ensemble à laquelle il compare la nouvelle liste, compte tenu de son mode de construction, elle sera différente. Par exemple, s'il choisissait la centième liste dans l'ensemble, la nouvelle liste serait différente à son centième nombre. L'argument de la diagonale de Cantor (appelé ainsi en raison de la forme diagonale du schéma des nombres utilisés pour élaborer la nouvelle liste) montre qu'un ensemble infini de listes de nombres ne peut contenir toutes les listes de nombres possibles. En d'autres termes, il y a davantage d'ensembles de nombres qu'il n'y a de nombres. Et non seulement cela, mais il y a aussi davantage d'ensembles d'ensembles de nombres qu'il n'y a d'ensembles de nombres, etc.

nous ne pourrons tracer l'infinité des points sur la circonférence des cercles de Galilée. Aristote avait-il raison ? N'y a-t-il dans notre univers rien qui soit vraiment infini ?

La réponse revient d'une certaine manière à Einstein, ou plutôt à son intelligence. Selon sa théorie de la relativité générale, un objet suffisamment massif déforme l'espace et le temps de telle sorte que son champ de gravitation vient pulvériser sa propre structure. Imaginez par exemple que la Terre soit aussi fragile que le papier tout en conservant la même masse : sa gravité provoquerait l'effondrement de sa surface vers l'intérieur, la fripant comme une balle de papier. D'après les équations de Einstein, une étoile suffisamment massive subit le même effet et se comprime en un volume de plus en plus petit. Un physicien, Karl Schwarzschild, utilisa les équations de champ de Einstein pour calculer ce que nous appelons aujourd'hui le rayon de Schwarzschild d'une masse. Il s'agit de la taille à laquelle un objet qui n'est pas en rotation s'effondre complètement sous le poids de sa propre gravité. Si le Soleil se rétrécissait sur lui-même pour atteindre la taille d'une balle, à un

Ci-dessus : Karl Schwarzschild a étudié les effets de la gravité et ses relations avec les objets qui ont une taille nulle et une masse infinie.

rayon de Schwarzschild de 3 kilomètres, ou si la Terre se réduisait à l'état d'une bille, à un rayon de Schwarzschild de 9 millimètres, ils deviendraient des trous noirs. Leur énorme champ de gravitation aspirerait tout, y compris la lumière (d'où l'expression consacrée). Ils continueraient à attirer leur surface vers leur centre jusqu'à devenir des singularités : des points de taille zéro et de masse infinie. Certains scientifiques avancent qu'un trou noir en rotation pourrait créer une singularité en forme d'ellipse qui agirait ensuite comme un trou de ver se connectant à un autre trou noir en rotation situé ailleurs dans l'univers (souvenez-vous de la perforation du trou dans le ruban de Möbius au chapitre 3). Les histoires de science-fiction qui décrivent un voyage à travers le trou de ver passent sous silence les effets épouvantables de la gravitation qui vous déchireraient en morceaux plus petits que des atomes bien avant que vous ne soyez arrivés au but, sans oublier les effets de la dilatation de la longueur et du temps !

La relativité générale explique aussi l'origine de l'univers comme une « singularité causale ». Un point de taille et de temps nuls aurait explosé dans le Big Bang, créant la totalité de notre univers, y compris l'espace et le temps.

Nous possédons même des preuves de ces concepts incroyables. Le télescope de Hubble a photographié plusieurs images de gigantesques nuages de gaz en rotation au cœur de galaxies éloignées. Le fait qu'ils se trouvent en rotation permet de mesurer le rayon et la vitesse de leurs composants et de calculer leur masse. Les astronomes ont montré que ces objets distants ont une masse énorme, ce qui permet de conclure qu'il s'agit de trous noirs qui aspirent les gaz et les étoiles autour d'eux.

Ci-dessus : Le télescope de Hubble a révélé l'existence de vastes nuages de gaz en rotation au centre des galaxies, qui constitueraient les trous noirs.

Nous avons également une série de preuves confirmant que le Big Bang est à l'origine de l'univers. Nous savons que l'univers est en expansion depuis qu'Edwin Hubble a découvert en 1929 que toutes les galaxies se déplacent à partir d'un point unique. En fait ce ne sont pas les galaxies qui bougent, mais l'espace même dans lequel elles se situent. Tracez plusieurs points sur un ballon, gonflez-le et vous observerez un effet identique : les

points semblent s'éloigner les uns des autres, mais en fait c'est la surface sur laquelle ils sont répartis qui s'étend. C'est pourquoi nous savons que l'univers a une taille limitée : il a débuté par un point et il a atteint une taille donnée. Nous pouvons également mesurer la chaleur ambiante de l'univers, résidu des températures extrêmes provoquées par l'explosion initiale. Les calculs indiquent que notre univers est vieux de treize ou quatorze milliards d'années. À titre de comparaison, la Terre et le système solaire ont environ 4,54 milliards d'années. D'après les fossiles retrouvés, la vie est née sur la Terre il y a à peu près 3,5 milliards d'années.

Doit-on en conclure l'existence d'autres singularités dans l'univers ? Constituées de points de masse infinie et de taille nulle ? Nous n'en savons rien, car nous n'avons pas la possibilité d'aller examiner de près un trou noir ou le Big Bang. Les équations de Einstein laissent supposer l'existence de singularités, alors que d'autres équations n'arrivent pas au même résultat. Jusqu'à présent, en physique, chaque fois que l'infini apparaît dans une équation, il s'avère que celle-ci est légèrement fausse, et de nombreux physiciens pensent que ce serait le cas en ce qui concerne le Big Bang et les trous noirs. Les scientifiques ont donc encore un long chemin à parcourir avant de comprendre l'univers. Nous en avons déjà établi certaines proprié-

Ci-dessus : Illustration d'un champ d'étoiles avec un trou noir circulaire en son centre.

Ci-contre : L'étude de la formation des étoiles nous a aidé à comprendre le Big Bang lui-même et nous a permis d'aboutir à la conclusion que l'univers est fini.

tés grâce à plusieurs réflexions remarquables, mais il faudrait de nouveaux génies pour progresser. Le grand physicien du XXe siècle, Richard Feynman, s'est exprimé ainsi à propos de l'infini : *« J'ai la tâche de vous convaincre de ne pas abandonner sous prétexte que vous ne le comprenez pas. Vous savez, mes étudiants en physique ne le comprennent pas davantage. Parce que moi je ne le comprends pas non plus. Ni personne. »*

Après tout, Aristote avait sans doute raison. L'infini est peut-être quelque chose que nous sommes capable de concevoir mais que nous ne verrons jamais. À moins que vous nous prouviez le contraire…

La présence des nombres dans toutes leur diversité nous permet d'apréhender la réalité. Pour réaliser une fraction, coupez une pomme en quartiers ; pour entrevoir pi, regardez un cercle ; ne serait-ce que pour voir, ouvrez les yeux et laissez les photons frapper votre rétine à la vitesse de c. Tous les nombres sont indissociables du monde physique. Mais il en existe un qui entretient une relation plus compliquée avec la réalité. Il s'agit d'un nombre complexe, ou nombre imaginaire, le nombre i, comme on l'appelle plus communément. En dépit de ses appellations, il est tout à fait réel.

INIMAGINABLE

CHAPITRE i

Le nombre imaginaire constitue la réponse à une énigme qui a suscité la perplexité des mathématiciens des siècles durant. Cette énigme a trait aux carrés et aux racines carrées. Comme nous l'avons vu dans le chapitre √2, la fonction racine carrée nous indique simplement quel nombre doit être multiplié par lui-même (élevé au carré) pour obtenir le nombre désiré. Ou, pour l'exprimer autrement, la racine carrée nous indique la racine du carré. La racine carrée de deux doit être supérieure à un (puisque $1 \times 1 = 1$) et inférieure à deux (puisque $2 \times 2 = 4$). Il s'avère que $\sqrt{2}$ est un nombre irrationnel dont la représentation décimale est : 1,414 213 562 373 309 5... Si vous le vouliez, vous pourriez le représenter par un carré ayant des côtés de un mètre. Il serait la distance d'un coin à un autre selon la diagonale.

La racine carrée est par conséquent une idée qui ne pose pas de difficulté. L'énigme résiderait-elle donc dans la racine carrée de –1 ? Quelle est la valeur de $\sqrt{-1}$?

La réponse ne saurait être –1 car $-1 \times -1 = 1$. Elle n'est pas 1, car $1 \times 1 = 1$. Il est impossible de tracer un carré ayant pour côtés –1 : si vous essayez de trouver la réponse sur votre calculatrice, vous n'obtiendrez qu'un résultat faux ; votre calculatrice ne connaît donc pas davantage la réponse.

Faites travailler votre imagination

La racine carrée d'un nombre entier négatif a été découverte en 50 av. J.-C. par le mathématicien grec Héron d'Alexandrie, alors qu'il s'efforçait de calculer le volume d'une partie d'une pyramide.

Le premier qui ait réellement utilisé la racine carrée d'un nombre négatif dans ses travaux fut un mathématicien italien du nom de Niccolo Fontana.

Fontana est né en 1500 à Brescia, près de Venise. Son père fut assassiné alors qu'il était âgé de six ans, laissant sa famille complètement démunie. Fontana connut une enfance misérable. Alors qu'il avait treize ans, sa ville natale fut envahie par

COMPLEXITÉ

98

MODO DI FAR SALIRE VN CANALE D'ACQVA VIVA, O MORTA IN CIMA D'OGNI ALTA TORRE,

GIA VSATO IN MOLTI LVOGHI, purche l'acque dalla loro superfitie habbiano alquanto di caduta.

PERCHE il far Fontane naturali ne' paesi bassi in piano non è concesso dalla natura del sito, però essendo di mestieri farle con l'arte, si ne' vostri paesi come anco in ogni altro luoco simile, perciò; perche non habbian da restare i curiosi di scapricciarsi per disagio di flusso d'acque in mettere in prattica ciò, che da Herone eccellentissimo Mathematico, & ne' quattro modi da me dimostrati, è stato scritto, hò voluto aggregare à questo (per mio giuditio) bellissimo libro il presente modo di alzare un Canale d'acqua viua in ogni grande altezza, acciò quello, che in piano non concede la natura s'habbia dall'arte con modo facilissimo, & con spesa legierissima à chi haurà vicino, ò fiumi ò canali, ò qual si uoglia acqua corrente, il modo di farlo si comprende quasi senza scrittura dal Dissegno: ma pure non parmi sconueneuole scriuerne il modo di fabricare questo bellissimo edifitio, riseruandomi molti altri modi d'alzar acque, quando Dio piacerà darmi tant'otio, che io possa finire le belle regole generali d'Architettura già gran tempo fa da me cominciat[illegible]. Facciasi dunque una ruota, il Diametro della quale sia almeno cinque piedi, ò sei. Più leggiera, che è possibile di bonissimo legno di Rouere, acciò duri nell'acqua, & la sua grossezza facciasi almeno un piede, & mezo, & dall'Abside, ò estrema linea del suo maggior Diametro uerso il centro facciauisi in grossezza un fondo di vn piede, dopoi partasi sù la linea della circonferenza della ruota quindeci spatij al manco, & li tramezi siano torti,

come

AGGIVNTI. 99

come una meza C & come chiaro lo dimostra la figura A B. li scópartimenti della quale sono C. D. E. F. parte, & sia poi con bonissime crotiere di buon' legni di Rouere (legno che dura assai nell'acqua) fattoui i suoi Diametri ben commessi nel cêtro, & nella ruota: ouero facciasi la ruota con le scitale, come la G. H. Alcune delle quali scitale siano I. K. L. M. che in ultimo sono tutt'uno ne altra differenza ui è se non che alla ruota A. B. l'acqua si fa correre di sopra di essa sul' Abside superiore, & la G. H. si fa uolgere correndo l'acqua per di sotto; ma si può far correre anco, come l'altra; ma quella si fa uolgere correndo l'acqua di là dal centro & questa con il corso dell'acqua altretanto di quà dal centro, la differenza, che pur ui è, è questa che la ruota con le scitale si può uolgere con minor caduta d'acqua; perche se esse scitale si faran[illegible]o larghe assai uolgerassi la ruota cô pochissima caduta & con poca quantità d'acqua, come ueggiamo tutto dì ne' nostri Molini del Pò in essempio. Questa fatta, che sera facciasi, che il centro sia d'un ferro tante uolte, & tanto piegato, come si uede, & quanto ci parerà secondo la quantità dell'acqua, che ci piacera far inalzare, o secondo la forza del corso dell'acqua, che uolgerà la ruota, lo essempio di questo si uede in N. O. ma meglio

N 2

Ci-dessus : L'énigme de la racine carrée des nombres négatifs a été découverte par Héron d'Alexandrie, auteur de Gli artifitiosi et curiosi moti spiritali di Herrone *(1589).*

les armées françaises qui massacrèrent quarante-six mille habitants. Fontana se réfugia dans la cathédrale avec sa sœur, mais les soldats les découvrirent et lui portèrent un coup de sabre au visage qui le marqua d'une terrible blessure. Laissé pour mort, il dut sa survie aux soins attentifs de sa mère (qui n'avait pas les moyens de lui procurer l'aide d'un médecin). Il devait en conserver toute sa vie les stigmates ainsi que des difficultés d'élocution qui lui valurent le surnom de Tartaglia, le bègue. Il se laissa pousser la barbe pour masquer ses cicatrices.

Fontana apprit les mathématiques en autodidacte et malgré ses talents prometteurs, il ne trouva que difficilement du travail en raison de son caractère orgueilleux et de son arrogance. À dix-huit ans il se maria, fonda une famille et commença à enseigner. Puis, à trente-cinq ans, il alla s'installer à Venise pour occuper un poste de professeur de mathématiques mieux rémunéré.

En dépit du bégaiement qui le gênait dans son métier d'enseignant (ou peut-être à cause de lui), il

Les équations cubiques

Les équations cubiques sont des équations qui ont un terme à la puissance de trois, c'est-à-dire un terme au cube. Une équation cubique classique ressemblerait à ceci :

$x^3 - 6x^2 + 11x - 6 = 0$

Exprimée par un tracé, elle décrirait cette courbe :

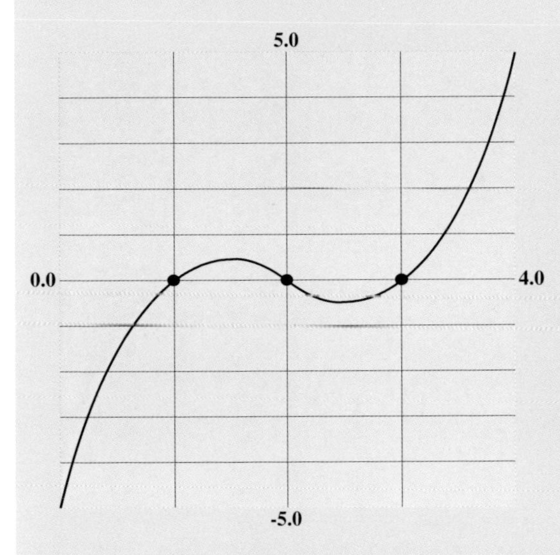

Cette courbe croise l'axe des x en trois points : (1,0), (2,0) et (3,0). On les appelle les solutions de l'équation.

Nous savons que les solutions sont justes, même sans dessiner de graphique, parce que si nous introduisons les nombres dans l'équation, la réponse est 0 à chaque fois :

$x = 1 \quad 1 \times 1 \times 1 - 6 \times 1 \times 1 + 11 \times 1 - 6 = 0$

$x = 2 \quad 2 \times 2 \times 2 - 6 \times 2 \times 2 + 11 \times 2 - 6 = 0$

$x = 3 \quad 3 \times 3 \times 3 - 6 \times 3 \times 3 + 11 \times 3 - 6 = 0$

Mais si nous introduisons n'importe quel autre nombre dans l'équation, la réponse n'est pas 0.

Le problème qui se posait aux mathématiciens était de résoudre une racine cubique sans l'extraire. Il est d'autant plus délicat que parfois « l'ondulation » de la courbe adopte une forme très différente, ou bien se situe au-dessus ou au-dessous de l'axe des x, ce qui veut dire qu'il n'y a pas toujours trois solutions.

acquit bientôt une solide réputation de mathématicien qui brillait tout particulièrement dans les débats. Ces joutes oratoires qui ressemblaient à des compétitions sportives étaient souvent ouvertes au public et mettaient face à face deux mathématiciens qui s'affrontaient sur des problèmes ardus, le gagnant étant celui qui résolvait le plus grand nombre de problèmes.

Fontana a écrit plusieurs livres majeurs, il a également traduit les *Éléments* d'Euclide en italien et les œuvres d'Archimède pour la première fois en latin. Ce furent paradoxalement ses travaux sur les équations cubiques qui provoquèrent sa ruine.

Un autre mathématicien italien nommé Scipione del Ferro avait résolu partiellement les équations cubiques simples, du type : $x^3 + ax = b$. Mais il avait gardé le secret, ne le délivrant au

QVESITI ET INVENTIONI DIVERSE
DE NICOLO TARTAGLIA,

DI NOVO RESTAMPATI CON VNA GIONTA AL SESTO LIBRO, NELLA quale si mostra duoi modi di redur una Città inespugnabile.

LA DIVISIONE ET CONTINENTIA DI TVTTA l'opra nel seguente foglio si trouara notata.

CON PRIVILEGIO

APPRESSO DE L'AVTTORE
M D L I I I I.

Ci-dessus : Page titre de General tratto di numeri et misure *de Niccolo Fontana (1556).*

moment de mourir qu'à Fior, son assistant. Quelques années plus tard, ce dernier commença à se vanter auprès d'autres mathématiciens de savoir résoudre n'importe quelle équation cubique. Fontana, qui avait déjà élaboré une solution permettant justement de résoudre les équations cubiques de type : $x^3 + ax^2 = b$, lui proposa de l'affronter lors d'un concours de mathématiques. Chacun devait envoyer à l'autre trente de ses problèmes les plus complexes, le gagnant étant celui qui fournissait le plus de réponses dans le laps de temps le plus bref.

Fontana était rusé, il envoya à son adversaire différents types de problèmes. Mais Fior, persuadé d'être le seul à savoir résoudre les équations cubiques, lui adressa trente problèmes sur ce sujet. Fontana les résolut en deux heures et démontra ainsi toute l'étendue de son talent.

Son succès attira l'intérêt des autres mathématiciens qui le supplièrent de dévoiler l'intégralité de la solution des équations cubiques. Fontana se montra dans un premier temps réticent à partager son savoir, mais, convaincu par la perspective d'obtenir un poste plus lucratif, il finit par accepter de confier sa méthode au médecin et mathématicien Jérôme Cardan. Il la rédigea sous forme de poème pour la rendre plus difficile à voler par un rival. Cardan s'engagea à ne jamais publier son secret. Préparez-vous, le poème n'est sans doute pas du goût des amateurs de poésie classique (peut-être sonnait-il mieux en italien) :

Lorsque le cube et les choses prises ensemble
Sont égaux à un nombre discret,
Trouve deux autres nombres différents de celui-là.
Tu veilleras alors, comme par habitude,
À ce que leur produit soit toujours égal
Exactement au cube d'un tiers des choses.
Le reste alors, en règle générale,
De la soustraction de leurs racines cubiques
Est égal à ta chose principale.
Dans le second de ces actes,
Lorsque le cube reste seul,
Tu observeras ces autres accords :
Tu diviseras immédiatement le nombre
en deux parties
De sorte que l'une multipliée par l'autre donne
clairement
Et exactement le cube d'un tiers des choses.

Ensuite, de ces deux parties, selon
une règle habituelle,
Tu prendras les racines cubiques ajoutées
ensemble,
Et cette somme sera ta pensée.
Le tiers de nos calculs
Se résout à l'aide du second si tu fais attention,
Car dans leur nature ils sont presque égaux.
Ces choses, je les ai trouvées,
lors d'un raisonnement rapide,
Durant l'année mille cinq cent trente-quatre,
À partir de fondements puissants et solides,
Dans la ville ceinte par la mer.

Cardan avait remarqué depuis longtemps que la méthode de Fontana avait d'étranges effets sur les nombres. Il avait découvert qu'en tentant de trouver la solution de certaines équations cubiques, les

Ci-dessous : Portrait de Jérôme Cardan.

L'énigme de Cardan

Pour voir comment Fontana et Cardan utilisaient les nombres imaginaires, lisez l'énigme proposée par Cardan :

« Divisez 10 en deux parties égales, le produit étant 40. »

Selon les propres mots de Cardan, *« il est clair que ce cas est impossible. Quoi qu'il en soit, nous allons procéder ainsi : nous divisons 10 en deux parties égales, chacune valant 5. Nous portons chacune au carré, ce qui donne 25. Soustrayons ensuite 40, si vous le voulez, des 25 ainsi obtenus... ce qui laisse un reste de –15, la racine carrée duquel ajoutée à 5 ou soustraite de 5 donne des parties dont le produit est 40. En l'occurrence* $5 + \sqrt{-15}$ *et* $5 - \sqrt{-15}$.

Pour ne pas torturer inutilement notre esprit, nous multiplions $5 + \sqrt{-15}$ *par* $5 - \sqrt{-15}$ *et nous obtenons* $25 - (-15)$*. Ce qui donne un produit égal à 40... et voilà où nous mène la subtilité arithmétique, dont ceci, l'extrême, est, ainsi que je l'ai dit, aussi subtil qu'inutile. »*

Curieusement, pour ce problème Cardan avait trouvé un moyen de diviser 10 en deux nombres égaux, tous deux comprenant une partie réelle (5) et une partie imaginaire ($\sqrt{-15}$). Toute racine carrée peut être soit positive soit négative (par exemple, la racine carrée de 4 est à la fois 2 et –2, parce que $2 \times 2 = 4$ et que $-2 \times -2 = 4$). Ainsi Cardan a-t-il procédé de sorte que ses deux parties égales soient le nombre réel plus la racine carrée, et le nombre réel moins la racine carrée. Lorsqu'on les ajoute on obtient 10 ; lorsqu'on les multiplie on obtient 40.

résultats impliquaient d'extraire la racine carrée de nombres négatifs. Il sollicita l'aide de Fontana, mais celui-ci, qui regrettait de lui avoir livré son secret, se borna à lui répondre de manière elliptique en cherchant délibérément à provoquer une confusion dans son esprit : *« et c'est ainsi que je vous réponds, en vous disant que vous ne maîtrisez pas la manière de résoudre les problèmes de ce type, et j'irais même jusqu'à affirmer que vos méthodes sont complètement fausses. »*

Ci-dessus : Tableau représentant Venise, « la ville ceinte par la mer ».

Cependant Cardan avait vu juste et il réussit bientôt à comprendre la manière dont Fontana procédait pour résoudre les équations, notamment celles comportant une racine carrée négative.

Il décida de traiter ces résultats comme s'il s'agissait de nombres. Cardan développa rapidement la méthode de Fontana pour résoudre les équations du troisième degré et, avec l'aide de son assistant Ferrari, il réussit même à l'étendre à celles du quatrième degré. Ils découvrirent aussi qu'à l'origine, l'inventeur de la solution était Scipione del Ferro, ils publièrent donc sa méthode et leur propre travail, passant outre la promesse faite à Fontana de garder le secret sur sa solution.

Fontana, furieux, publia l'année suivante un livre sur le contenu de ses travaux. Non seulement il y racontait la genèse de ses découvertes, mais il ajoutait une série d'insultes et de commentaires peu amènes sur Cardan. L'apprenant, Ferrari entama un échange de lettres incendiaires avec Fontana. Dans l'une d'elles il lui écrivait :

« Vous avez l'infamie de prétendre que Cardan est un ignorant en mathématiques et vous le traitez d'esprit simple et inculte, d'individu de basse moralité et au langage grossier et d'autres termes offensants trop désobligeants pour être répétés ici. Dans la mesure où Son Excellence se doit au rang qu'elle occupe, et parce que cette question me concerne personnellement étant donné que je suis sa créature, j'ai pris la liberté de rendre publiques votre malhonnêteté et votre méchanceté. »

Ferrari convia Fontana à un concours de mathématiques public. Fontana refusa, car il désirait se mesurer à Cardan exclusivement. Mais en 1548, invité en tant que conférencier à l'université de Brescia, il dut fournir la preuve ultime de sa valeur en tant que mathématicien et accepta de défier Ferrari. Lorsque le jour arriva, il découvrit avec horreur que les travaux de Ferrari sur les équations du troisième et du quatrième degré signifiaient que ce dernier les maîtrisait beaucoup mieux que lui-même. Craignant de perdre, et pour ne pas risquer le déshonneur, Fontana s'éclipsa pendant la nuit, à la fin du premier jour de la compétition. Ferrari fut déclaré vainqueur par forfait.

Fontana avait commis une erreur en renonçant à concourir. Il se rendit compte qu'il ne serait pas payé pour les cours donnés, alors qu'il avait enseigné pendant un an à Brescia. Il fut contraint de reprendre son ancien poste. Cardan devint l'un des plus célèbres médecins et mathématiciens de son temps (et aussi l'un des plus controversés). Fontana mourut dans la pauvreté, à Venise, à l'âge de 57 ans.

S'approcher de l'imaginaire

À partir de cette époque, les nombres imaginaires continuèrent à apparaître régulièrement en mathématiques. Et pourtant, ils suscitaient beaucoup de confusion et de méfiance. Descartes (l'inventeur de la géométrie cartésienne) est le premier à leur avoir donné ce nom d'« imaginaires », donnant à ce terme un sens péjoratif : nul doute, selon lui, qu'il était de loin préférable d'utiliser des nombres réels. Quelques décennies plus tard, le mathématicien Abraham de Moivre et Isaac Newton associèrent la trigonométrie et les nombres complexes pour résoudre certains des problèmes compliqués auxquels Cardan s'était attaqué. Encore plus tard, Leonhard Euler (l'inventeur d'une bonne partie de la notation mathématique moderne nous donna i. Autrement dit une manière plus simple d'écrire le nombre imaginaire $\sqrt{-1}$ qui éloignait le spectre redoutable d'une racine carrée négative, et que l'on continue d'utiliser depuis lors.

Trois cents ans après la naissance de Fontana, le géomètre et cartographe norvégien Caspar Wessel exprima les nombres imaginaires géométriquement. Malheureusement, ses travaux ne

Les diagrammes d'Argand

Les diagrammes d'Argand sont des diagrammes géométriques très simples qui nous permettent de visualiser des nombres imaginaires. Chaque nombre imaginaire est écrit sous forme de paire de nombres: $a + bi$, a représentant la partie réelle et b définissant la taille de la partie imaginaire. Le nombre imaginaire est représenté à l'aide de deux axes, l'axe des x (horizontal) définissant la partie réelle, et l'axe des y (vertical) représentant la partie imaginaire. Ainsi pour tracer le nombre imaginaire: 2 + 3i on procède ainsi:

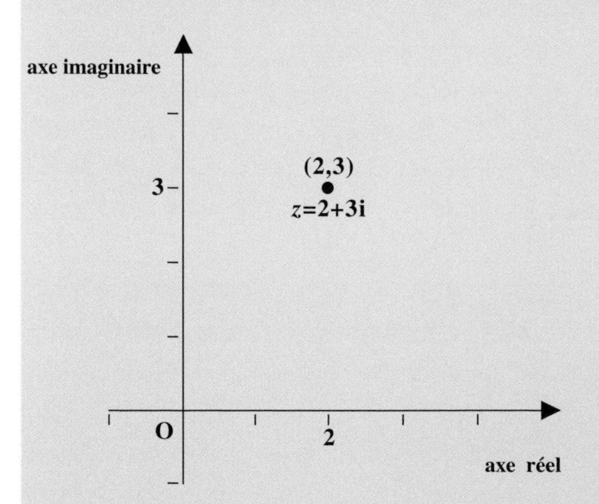

Si vous représentez chaque nombre par un point, vous pouvez utiliser la trigonométrie et la manipulation de vecteurs pour les calculs comportant des nombres imaginaires, ce qui est précisément ce que Wessel et Argand suggéraient. Si vous voulez, par exemple, additionner deux nombres imaginaires, il suffit de les représenter sur un diagramme d'Argand, de tracer une ligne de l'origine (0,0) vers chacun, pour former les vecteurs Z_1 et Z_2, et la somme des vecteurs donne un vecteur au nouveau nombre imaginaire.

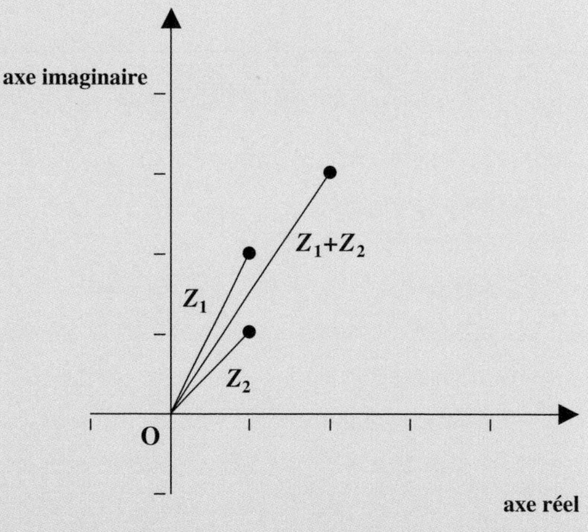

Pour soustraire, vous enlevez un vecteur d'un autre, pour multiplier vous additionnez les angles entre les vecteurs et l'axe réel, puis vous multipliez la longueur des vecteurs, et ainsi de suite.

furent révélés au public que cent ans plus tard par l'intermédiaire d'un libraire parisien féru de mathématiques, Jean-Robert Argand, qui s'en attribua le mérite. Une fois de plus, par une terrible injustice, on continue de désigner la représentation géométrique des nombres complexes par le nom de diagramme d'Argand au lieu de diagramme de Wessel (voir l'encadré page ci-contre).

Transformer les rêves en réalité (ou la réalité en rêves ?)

Les nombres imaginaires ont représenté un casse-tête pour plus d'un mathématicien ne sachant qu'en faire. Si l'on était capable de les concevoir, et même de les dessiner, il était en revanche difficile d'en comprendre la portée réelle. Si pi correspondait aux cercles, pouvait-on dire de i qu'il se rapportait à quelque chose d'inconnu et de mystérieux dans la nature ?

Un mathématicien nommé Carl Gauss, né à Brunswick (en Allemagne) en 1777, nous a aidés à comprendre de tels nombres. Dès l'âge de sept ans, ses dispositions étonnantes pour les mathématiques fascinèrent ses professeurs. Quand on lui demanda de calculer la somme de tous les nombres entiers de 1 à 100, il fournit sur le champ la réponse correcte. Il avait intuitivement saisi qu'il existe cinquante paires de nombres s'ajoutant chacun pour arriver à cent un (1 + 100, 2 + 99, 3 + 98,... 49 + 52, 50 + 51), ce qui veut dire que la réponse est 50 × 101 = 5 050. Ce qui représente une performance pour un enfant d'un si jeune âge!

Ci-dessus : Portrait du mathématicien allemand Carl Gauss.

Gauss reçut une éducation classique, il apprit l'allemand, le latin et les mathématiques. À dix-huit ans, il avait découvert seul plusieurs théories mathématiques majeures, dont le théorème binomial, la moyenne arithmétique-géométrique et le théorème des nombres premiers. Il fit ses études à l'université de Göttingen où il réalisa plusieurs percées fondamentales en géométrie, la plus importante étant la construction du polygone régulier de dix-sept côtés à la règle et au compas. Juste pour vous effrayer, voici un exemple d'équation utilisée pour la construction d'une telle forme géométrique :

$$\sin(\pi/17)=\sin(180°/17)=\tfrac{1}{8}\sqrt{34-2\sqrt{17}-2\sqrt{2}\sqrt{17-\sqrt{17}}-2\sqrt{68+12\sqrt{17}+2\sqrt{2}(\sqrt{17}-1)\sqrt{17-\sqrt{17}}-16\sqrt{2}\sqrt{17+\sqrt{17}}}}$$

À vingt-quatre ans il soutenait sa thèse de doctorat sur le théorème fondamental de l'algèbre.

Gauss continua à constituer une œuvre de pionnier dans des domaines tels que la théorie des

La notation de Gauss

Dans sa thèse de doctorat, Gauss présentait officiellement la notation $a + bi$ pour les nombres imaginaires. Cela nous permettait dorénavant d'affirmer que les nombres réels sont une catégorie spécifique de nombres imaginaires, où b égale zéro. Gauss introduisit également le terme de nombres complexes (qui devint par la suite le terme adopté définitivement pour désigner les nombres imaginaires) et découvrit la preuve irréfutable du théorème fondamental de l'algèbre.

Quand on parle du théorème fondamental de l'algèbre de Gauss, on emploie une expression impropre, puisqu'il ne s'applique pas véritablement à l'algèbre. Il énonce en fait que le champ des nombres complexes est algébriquement clos. Ce qui signifie qu'étant donné une équation polynomiale (de type $3x^2 + 1 = 0$), il existe une solution dans le même champ de nombres que celui utilisé pour ses coefficients. Dans notre équation, les coefficients 3 et 1 sont issus du champ des nombres réels, mais la solution est $\sqrt{-1/3}$, qui est un nombre imaginaire, non réel. La solution se situe dans un champ de nombres différent de celui des coefficients. Cela suffit pour démontrer que les nombres réels ne sont pas algébriquement clos. Gauss fut l'un des premiers mathématiciens à prouver correctement que les nombres complexes sont algébriquement clos. Si vous vous en souvenez, le degré d'une équation polynomiale est défini par la puissance maximum à laquelle on élève la variable x (une équation à x^2 est de degré 2, une équation à x^3 est de degré 3, une équation à x^n est de degré n). La démonstration de Gauss prouvait que toute équation polynomiale dans le champ des nombres complexes de degré n (où n est supérieur à 1) admet n solutions complexes.

Ce qui revient à dire que vous n'aurez jamais de difficultés à résoudre une équation si vous utilisez les nombres complexes. L'utilisation des nombres complexes est donc à privilégier dans les équations compliquées, ce que font la plupart des physiciens aujourd'hui.

nombres, l'astronomie, la géométrie, la géodésie et la physique (notamment l'étude du magnétisme).

Avec le concours d'un autre mathématicien nommé Weber, il créa un système de télégraphe capable d'envoyer des messages à une distance d'1,5 kilomètre. Dedekind, l'un de ses derniers étudiants de doctorat, nous offre sans doute la meilleure description de ce que signifiait le fait de travailler avec lui :

« [...] *il s'asseyait en général confortablement, le regard dirigé vers le bas, légèrement penché en avant, les mains croisées sur les genoux. Il parlait sans contrainte, très clairement, simplement et de manière directe : mais quand il voulait donner de l'emphase à un nouveau point de vue* [...] *alors il levait la tête, se tournait vers un de ceux qui étaient assis à ses côtés, et le regardait de ses yeux bleus pénétrants pendant toute la durée de son discours* [...]. *S'il partait de l'explication d'un principe pour développer des formules mathématiques, il se levait, et d'un air magistral écrivait sur le tableau noir, de son écriture étrangement élégante : il s'arrangeait toujours par souci d'économie à occuper le moins de place possible sur le tableau. Lorsqu'il donnait des exemples numériques, sachant qu'il accordait une valeur particulière à l'exactitude, il produisait des petits bouts de papier sur lesquels il avait noté les données indispensables.* »

Ci-dessus : Le physicien allemand, Wilhelm Eduard Weber, qui aida Gauss à concevoir son système de télégraphe.

Avec le théorème fondamental de l'algèbre qui prouvait l'utilité des nombres complexes, ce qui avait commencé comme une série de concepts imaginaires évolua rapidement vers quelque chose de très réel. Aujourd'hui, on les utilise pour simplifier les calculs en physique. Il est cependant un domaine dans lequel ils ne sont pas seulement utiles mais où ils s'avèrent essentiels : celui de la mécanique quantique.

À l'instar de la théorie générale de la relativité de Einstein, la mécanique quantique représente un

Ci-dessus : Modélisation par ordinateur d'une fonction d'onde quantique emprisonnée dans un puits. La théorie quantique permet d'appréhender le phénomène du « tunnel quantique » : une particule migre par un tunnel et apparaît ailleurs, ce qui est impossible dans la physique classique.

des piliers de la physique contemporaine et de la technologie. Alors que Einstein pensait pour ainsi dire en grand, en voulant expliquer l'immense univers physique qui nous entoure, la mécanique quantique s'intéresse au monde de l'infiniment petit (voir l'encadré ci-dessous).

Nous savons que la mécanique quantique est encore incomplète. En effet, ses équations ne fonctionnent pas parfaitement avec la théorie générale de la relativité qui doit encore se développer, ce qui explique que Einstein et des centaines de physiciens après lui ont tenté d'unifier les deux théories. Personne n'y a encore réussi. Actuellement, nos connaissances couplées avec l'utilisation des nombres complexes, bien qu'elles ne soient pas exhaustives, s'avèrent suffisantes pour notre niveau de développement technologique. Quand arrivera un nouvel Einstein, une vision unifiée de la physique donnera naissance à une nouvelle

La mécanique quantique

La mécanique quantique nous apprend que toute énergie est quantisée, c'est-à-dire qu'elle se présente par paquets. Chaque paquet ressemblant en réalité à une particule: nous disons donc que l'énergie d'un rayon de lumière consiste en un faisceau de particules de photons voyageant à la vitesse de la lumière, traversant des matériaux tels que le verre, rebondissant sur les objets et venant sans doute frapper notre rétine, nous permettant ainsi de voir. De nombreuses expériences attestent de la justesse de cette explication. Mais d'autres travaux montrent que la lumière se comporte également comme une onde. Voilà pourquoi il existe différentes couleurs, en fonction des différentes longueurs d'onde de la lumière. Comment expliquer cependant que la lumière soit à la fois composée de particules et d'ondes?

La mécanique quantique résout ce paradoxe en nous révélant que chaque particule a une fonction d'onde qui lui est associée. Il s'agit d'une fonction complexe qui indique la probabilité qu'une particule se trouve dans un état particulier. En d'autres termes, compte tenu de la nature indécidable de choses si minuscules, une particule pourrait se trouver n'importe où, ou être animée d'une force ou avoir une autre propriété mesurable. Sa fonction d'onde complexe nous permet d'envisager la probabilité réelle que la particule se situe à un endroit spécifique ou possède une autre propriété spécifique. Les nombres complexes sont essentiels dans ces calculs. La combinaison de la partie réelle (correspondant à une réalité mesurable) et de la partie imaginaire (correspondant à une réalité étendue, non mesurable dans l'immédiat) autorise une vision plus riche et plus complète de notre univers à des échelles très petites. Pour reprendre les termes du mathématicien français Jacques Hadamard:

« Le chemin le plus court entre deux vérités dans le domaine du réel passe par le domaine du complexe. »

Aujourd'hui, notre capacité à calculer et à exploiter la nature étrange et non prévisible des particules subatomiques est essentielle dans les technologies qui vont des lasers aux microprocesseurs.

technologie extraordinaire, allant de la téléportation quantique à l'anti-gravité ou aux systèmes d'annulation de la force.

Si vous vous sentez toujours mal à l'aise avec les nombres complexes et si vous pensez à l'instar de Descartes qu'ils ne pourront jamais correspondre à une réalité, souvenez-vous qu'un nombre complexe n'est pas si éloigné de cela qu'un nombre réel. Par définition $i^2 = -1$.

Il est facile de voir que $(2i)^2 = -4$ et que $i^3 = -i$.

Mais pour avoir une idée de la complexité impressionnante de i, il suffit de connaître sa valeur, qui est: $i^i = 0{,}207\,879\,576\,350\,761\,908\,54\ldots$

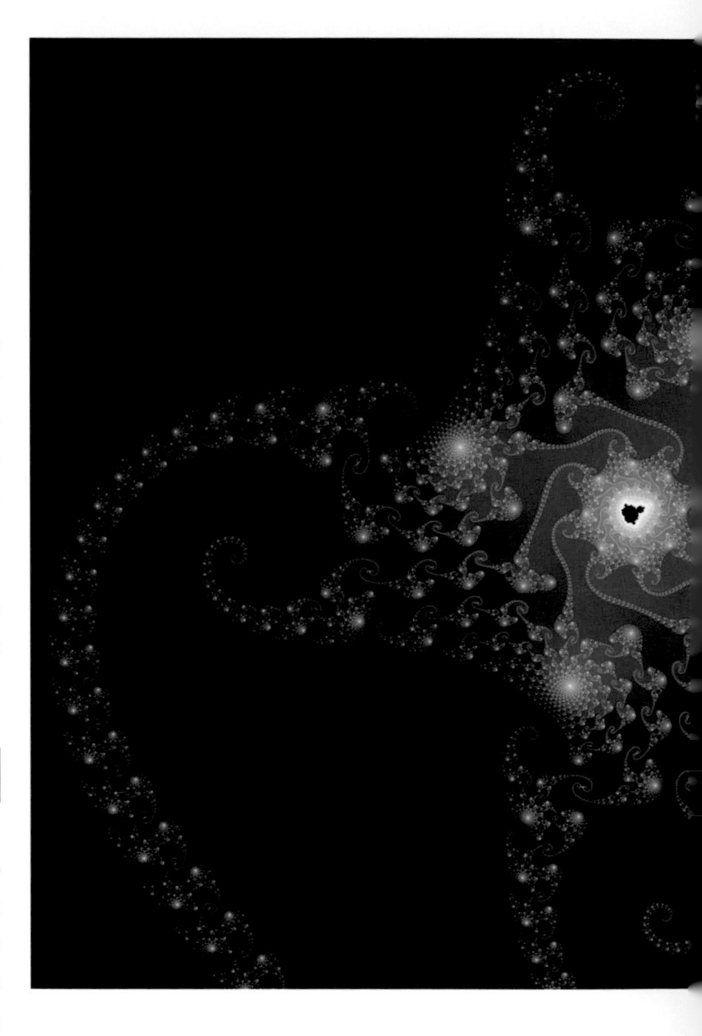

Ci-dessus: Les schémas infiniment complexes créés par l'ensemble de Mandelbrot.

Des visions complexes

C'est une chose d'écrire différentes versions de i, ou de tracer des vecteurs et des points qui correspondent à des nombres complexes donnés, mais qu'en est-il de la géométrie? Avec les nombres réels, nous décrivons des formes géométriques: des solides, des surfaces, des courbes en deux, en trois ou en plusieurs dimensions. Mais que dire de la géométrie des nombres complexes? Pouvons-nous utiliser des nombres complexes pour définir des formes géométriques complexes? Si l'on en croit Benoît Mandelbrot, la réponse est oui, sans l'ombre d'un doute.

Mandelbrot est né en 1924 en Pologne, à Varsovie. Son père gagnait sa vie en vendant des vêtements et sa mère était médecin, alors que les autres membres de la famille étaient des universitaires brillants et réputés. À l'âge de douze ans, Mandelbrot et sa famille émigrèrent en France et son oncle, professeur de mathématiques au Collège de France, se chargea de sa formation. Cet oncle était un disciple du mathématicien anglais Godfrey Hardy, un amoureux des mathématiques pures et un pacifiste convaincu (car il savait que les mathématiques appliquées pouvaient être exploitées

L'ensemble de Mandelbrot

Mandelbrot s'intéressait aux oscillations des séries de nombres complexes. Il réfléchissait à une équation très simple :

$$x_{t+1} = x_t^2 + c$$

dans laquelle x et c étaient des nombres complexes et t le temps. Pour n'importe quelle valeur de c on pouvait calculer par approximations successives la valeur de x_t, en augmentant t de 1 à chaque fois. Le but de l'équation est de « rendre la valeur actuelle de x égale à la valeur précédente multipliée par elle-même, plus la valeur de c ». Ainsi, (en utilisant des nombres réels à titre d'illustration), si la valeur précédente de x est 3, et si la valeur de c est 1, alors la valeur actuelle est $3 \times 3 + 1$, c'est-à-dire 10. Supposons maintenant que la valeur précédente est 10, alors la valeur actuelle devient $10 \times 10 + 1$, soit 101.

Mandelbrot voulait savoir pour quelles valeurs de c la longueur du nombre imaginaire contenu dans x_t cesserait d'augmenter quand on applique l'équation un nombre infini de fois. Il a découvert que si la longueur dépassait 2, elle était sans borne : elle augmenterait indéfiniment. Mais pour les valeurs imaginaires de c adéquates, le résultat oscillerait simplement entre différentes longueurs inférieures à 2. Mandelbrot se servit d'un ordinateur pour appliquer cette équation plusieurs fois à différentes valeurs de c. Pour chaque valeur de c, l'ordinateur s'arrêtait au début du processus si la longueur du nombre imaginaire dans x était 2 ou supérieure à 2. Si l'ordinateur ne s'était pas arrêté au début du processus pour cette valeur de c, un point noir se dessinait. Le point était placé en coordonnée (m,n) utilisant les nombres de la valeur de c: $(m + ni)$ où m variait de –2,4 à 1,34 et n variait de 1,4 à –1,4, pour remplir l'écran de l'ordinateur.

Mandelbrot s'attendait à ce qu'une sorte de forme géométrique apparaisse dans le schéma des points. Peut-être un cercle ou un carré. Mais il ne s'attendait pas à voir une « punaise écrasée » avec des vrilles et des schémas compliqués autour du bord. Afin d'en obtenir un aperçu plus proche, il zooma (dessinant une série de valeurs de c plus petites et agrandissant pour occuper tout l'écran). Il découvrit davantage de complexité dissimulée dans les schémas, incluant des formes qui ressemblaient à la totalité de la punaise écrasée. Plus il zoomait pour obtenir un aperçu plus fin, plus la complexité se révélait. Il comprit rapidement que les schémas étaient infinis, et que plus il zoomait, plus il découvrait de complexité nichée au plus profond.

dans le développement de l'armement en temps de guerre). Mais la focalisation excessive sur les mathématiques pures détourna le jeune Mandelbrot de leur étude et il préféra s'intéresser à la géométrie. Lorsque la Seconde Guerre mondiale éclata, notre jeune homme empêché de suivre le cursus scolaire normal se mit à travailler seul. Il attribua plus tard sa réussite à ce mode d'apprentissage hors norme et agité qui lui avait donné l'occasion de développer ses propres convictions et ses intuitions en géométrie. Mandelbrot étudia à L'École polytechnique, et au California Institute of Technology, puis il revint passer son doctorat à Paris. John

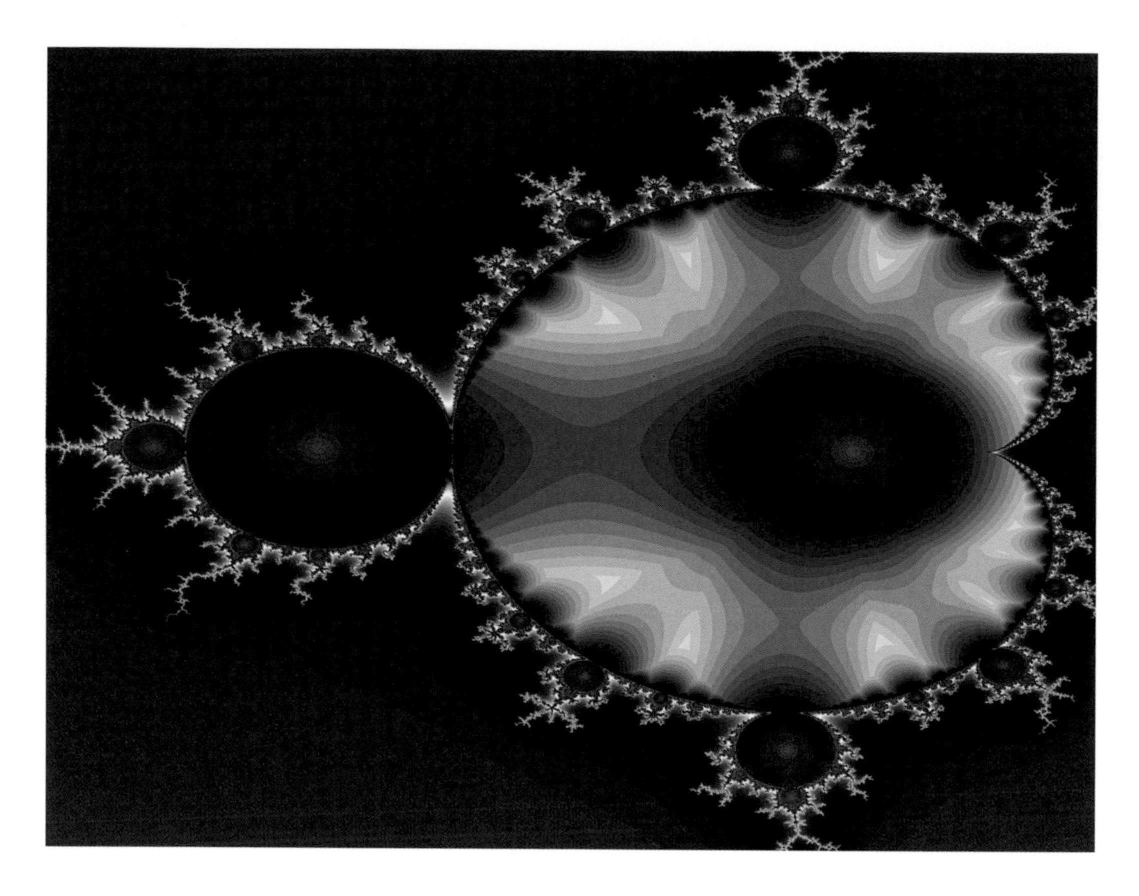

Ci-dessus : Un exemple d'ensemble de Mandelbrot.

von Neumann, impressionné par son talent, l'invita à venir travailler à l'Institute for Advanced Study de Princeton. En 1955, deux ans avant la mort de von Neumann, Mandelbrot retourna en France. Il y rencontra Aliette Kagan qu'il épousa. Mais la pratique des mathématiques telle qu'elle existait au Centre national de la recherche scientifique ne lui convenant pas. Il s'installa donc trois ans plus tard aux États-Unis et entra au laboratoire de recherche d'IBM dans l'état de New-York, en tant que chercheur invité. Il avait accès aux équipements informatiques les plus performants et disposait d'une grande liberté dans ses recherches. Il en profita, ce qui lui permit de réaliser les premiers travaux graphiques sur ordinateur, donnant corps aux formes étranges qui émanaient des nombres complexes.

Mandelbrot inventa pour désigner ces formes le nom de fractal(e) ; ce terme implique l'idée de fractionnement (d'être capable de se diviser et de se subdiviser à l'infini). Il réalisa bientôt que les formes fractales semblaient apparaître partout dans la nature. Il comparait le bord ondulé de sa fractale à la côte déchiquetée d'une île : plus on s'en approche, plus on aperçoit la césure de la frontière entre la terre et l'eau. Il dressait aussi un parallèle entre l'auto-similarité de la structure (la répétition des schémas vus à différentes échelles) et certaines formes naturelles telles que les vaisseaux sanguins. On connaît aujourd'hui la fractale de Mandelbrot sous le nom d'ensemble de Mandelbrot (sa forme est une visualisation de l'ensemble des nombres complexes qui tendent vers une longueur inférieure à deux dans l'équation). C'est devenu sans doute l'image la plus célèbre et la plus fréquente qui ait jamais été produite par les ordinateurs. Il suffit d'utiliser un programme fractal et de zoomer sur la portion de l'ensemble de Mandelbrot qui se trouve sur votre écran et vous en verrez des parties qu'aucun humain n'a vues auparavant : il y en a une quantité infinie.

Depuis la découverte de Mandelbrot, de nombreuses autres variétés de fractales ont été trouvées. Certaines se situent au centre d'un nouveau domaine des mathématiques connu sous le nom de théorie du chaos.

Les travaux de Edward Lorenz et de Mandelbrot ont marqué le début d'une nouvelle ère dans les mathématiques. Au lieu de s'en remettre à l'analyse et au calcul des solutions pour les équations compliquées, nous pouvons utiliser les ordinateurs pour effectuer l'analyse numérique des équations. Il s'agit d'entrer beaucoup de nombres et de voir ce qu'il en ressort. L'informatique permet d'exploiter des équations incroyablement compliquées, ou de nombreuses équations simples qui interagissent de manière chaotique ou inconnue. Nous sommes actuellement capables de modéliser des systèmes biologiques et d'explorer l'interaction des neurones dans le cerveau, l'impact de l'évolution sur les gènes et le fonctionnement des cellules les unes par rapport aux autres. Ce type de mathématiques modernes s'appelle la science de la complexité. Nous savons maintenant que ni les mathématiques traditionnelles, ni même la théorie du chaos ne permettent de prévoir le comportement de certains systèmes (en particulier les systèmes biologiques comme celui de l'être humain). Lorsqu'un très grand nombre d'entités interagissent et se transforment selon leur propre dynamique, de nouvelles

À gauche : Il n'est pas possible de prévoir le mouvement exact d'une roue à eau quand l'eau s'écoule depuis le dessus de la roue, parce que sa rotation est chaotique.

La théorie du chaos

La théorie du chaos nous apprend que certains systèmes semblent avoir un comportement aléatoire, bien qu'ils ne le soient pas du tout. En fait, les systèmes chaotiques ont un comportement que nous sommes capables d'appréhender grossièrement, mais ils restent fondamentalement imprévisibles dans le détail, même en connaissant les équations les décrivant.

L'exemple typique est la roue à eau équipée de godets qui s'emplissent d'eau. Quand l'eau tombe directement du dessus de la roue, et que chaque godet goutte dans le godet placé sous lui, la roue tourne parfois vers la gauche et parfois vers la droite, en fonction des godets qui s'égouttent et des godets qui reçoivent l'eau. Nous pouvons uniquement prévoir qu'il y aura un schéma de rotations vers la gauche et vers la droite, bien qu'il n'y ait aucun hasard dans ce système. Son comportement est chaotique.

Le schéma de comportement des systèmes chaotiques peut être imprévisible dans le détail, mais les comportements possibles qu'ils peuvent avoir et les transitions d'un comportement à un autre peuvent se calculer, et être représentés. Les formes qui en résultent sont connues sous le nom d'attracteurs étranges et sont des fractales. Le schéma n'évolue pas, on peut en distinguer les subtilités grâce au zoom.

L'autre exemple célèbre de la nature imprévisible des systèmes chaotiques est l'effet papillon. D'infimes perturbations des conditions initiales peuvent provoquer des effets gigantesques et imprévisibles sur le système chaotique. Ainsi, dans la roue à eau, si la roue tournait à un milliardième de degré de plus vers la gauche, ou si l'un des godets comportait quelques molécules d'eau supplémentaires par rapport au tour précédent, le schéma de rotation qui en résulterait deviendrait rapidement totalement différent. Le premier à avoir observé cet effet est le mathématicien Edward Lorenz, alors qu'il tentait de modéliser la météo par ordinateur en 1961. Il avait décidé d'ajouter une option pour sauvegarder la modélisation en l'état, afin de la réutiliser ultérieurement. Mais son ordinateur avait sauvegardé les résultats sous forme de nombres à trois chiffres, alors que son système interne fonctionnait avec des nombres à six chiffres ; les données sauvegardées étaient donc fausses à quelques chiffres près. Si l'on s'en tenait aux mathématiques classiques, les inexactitudes infimes dans les données entrées ne devaient produire que des différences insignifiantes par rapport au résultat attendu. Mais quand Lorenz remit le système en route avec des nombres légèrement différents, la modélisation fournit des prédictions météorologiques complètement différentes. Elle était chaotique ; des différences minuscules survenues dans les conditions initiales étaient amplifiées jusqu'à avoir un effet considérable sur la météo prévue. Ainsi est née l'idée, largement relayée par les médias, selon laquelle le battement d'ailes d'un papillon sur un continent peut être amplifié jusqu'à provoquer un ouragan sur un autre continent: c'est ce qu'on appelle « l'effet papillon ». Cette notion est évidemment simplifiée : les comportements des systèmes chaotiques sont attirés vers leurs attracteurs étranges et tendent à suivre des schémas de comportements imprévisibles mais similaires. Il est parfois difficile de prévoir parmi les conditions initiales celles qui feront basculer l'équilibre et celles qui n'auront absolument aucun effet.

Si vous vous demandez à quoi ressemblait la fractale de l'attracteur étrange pour la roue à eau et pour la modélisation de la météo de Lorenz, sachez qu'il était identique dans les deux cas :

On appelle cette forme l'attracteur de Lorenz.

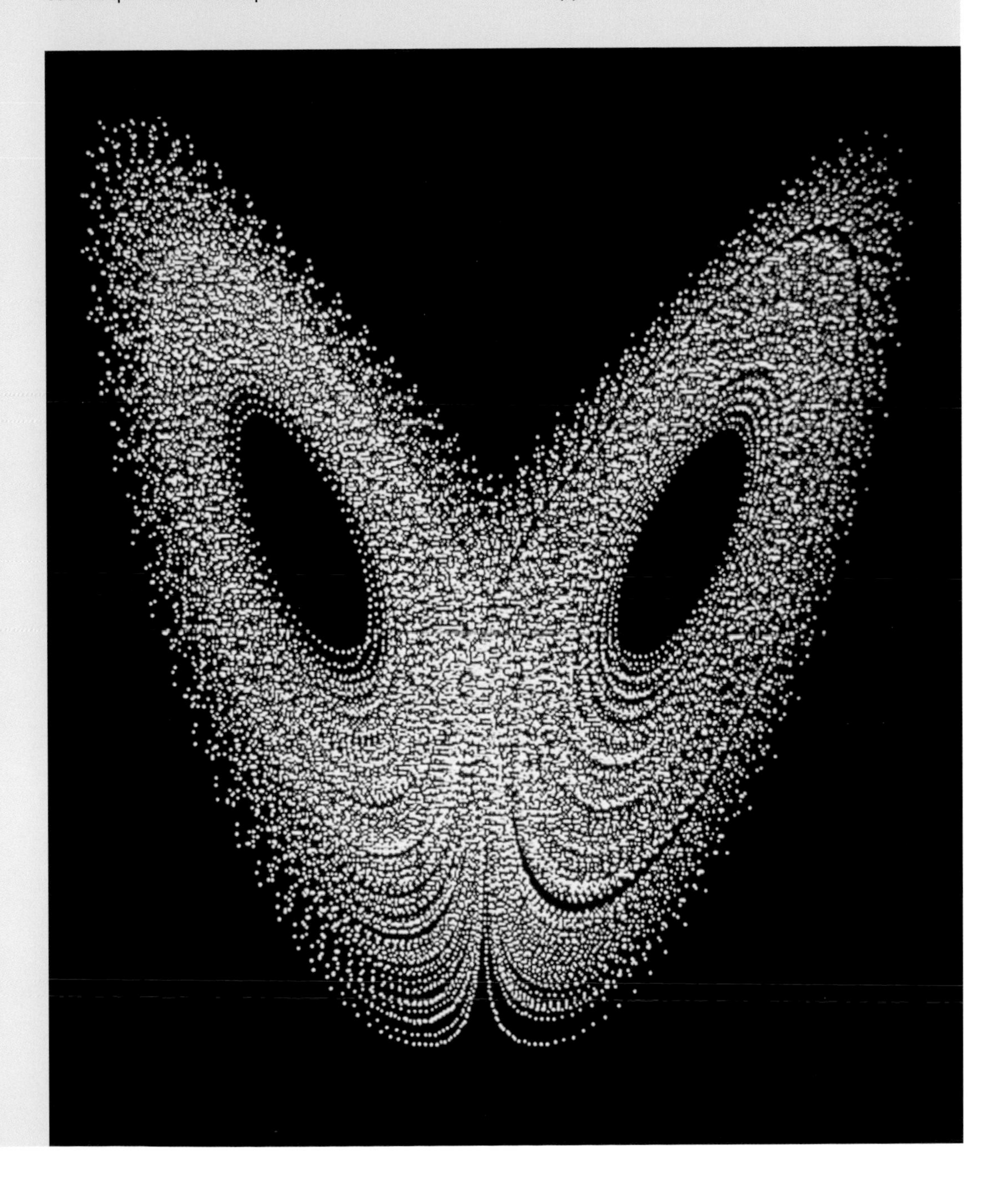

formes de complexité émergent spontanément, quelle que soit leur nature : l'évolution durable d'organismes, le vol des oiseaux, les signaux envoyés par les cellules immunitaires, ou la naissance de la conscience dans notre cerveau. En analysant comment et pourquoi cette complexité se produit, nous allons apprendre à contrôler d'autres formes de complexité. Les systèmes complexes qui nous intéressent sont nombreux : les épidémies, les fluctuations de l'économie, les dynamiques des réseaux reliés qui constituent Internet, les prédictions des changements affectant l'environnement et même la transmission du savoir dans nos cultures. Lorsque nous maîtriserons les nombres qui gouvernent ces systèmes, nous connaîtrons l'effet que nos actes auront sur l'avenir (et celui des opérations effectuées sur ces systèmes par le passé).

Tout est nombre

Les pythagoriciens cultivaient avec une ferveur religieuse la croyance selon laquelle les nombres sont au centre de l'univers. Des scientifiques tels que Einstein nous ont appris que les nombres forment la base du temps et de l'espace, en utilisant des équations comme $E = mc^2$. Mais c'est Euler, le créateur de la notation mathématique moderne qui nous offre une équation en guise de conclusion. On l'a définie comme *« l'affirmation mathématique la plus profonde jamais écrite »*, *« surnaturelle et sublime »*, *« remplie de beauté cosmique »* et *« époustouflante »*. Le physicien Richard Feynman a déclaré qu'il s'agissait de *« la formule la plus remarquable des mathématiques »*. La voici :

$$e^{i\pi} + 1 = 0$$

Écrire $e^{i\pi} + 1 = 0$

Euler a découvert l'équation au cours de son étude sur les nombres imaginaires, alors qu'il leur appliquait la trigonométrie. Ce faisant, il a pu établir plusieurs relations étranges. Par exemple, si on utilise i pour représenter un mouvement circulaire imaginaire, le rapport trigonométrique suivant s'applique :

$$e^{i\theta} = \cos\theta + \sin\theta$$

Si nous mesurons les angles en radians (angles mesurés en multiples de π à la place des degrés afin de faciliter certains calculs), nous pouvons alors décrire un chemin imaginaire semi-circulaire avec un angle exactement égal à π (équivalent à 180 degrés).

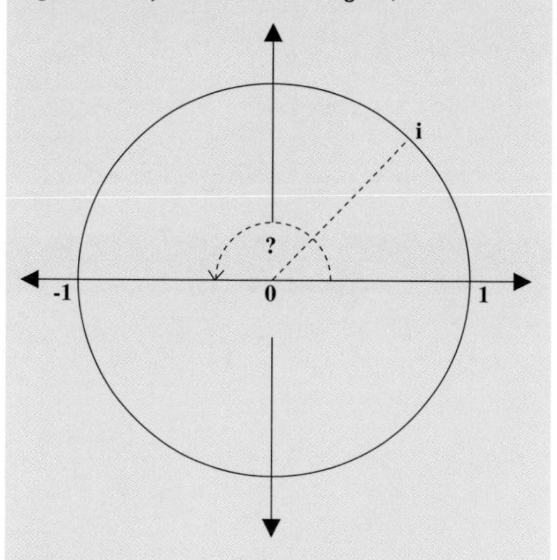

En utilisant la valeur de π pour θ, nous obtenons un résultat stupéfiant :

$$e^{i\pi} = -1$$

ou si nous voulons l'écrire d'une autre manière :

$$e^{i\pi} + 1 = 0$$

L'apparente simplicité qui façonne cette entité est un indice significatif dans l'appréhension de la complexité de notre univers. Associant les nombres e, i, π, 1 et 0, elle fait appel aux mathématiques dans leur diversité : l'arithmétique, le calcul différentiel, la trigonométrie, l'analyse et les nombres complexes.

L'élégante petite équation d'Euler nous fournit une indication subtile sur les nombres entremêlés dans le tissu de la réalité. Ce sont tous des aspects de la même chose. Peut-être un jour découvrirons-nous que tous les fils de la tapisserie de notre univers sont reliés. Peut-être que ce que nous voyons comme des schémas différents et des nombres différents sont vraiment les aspects d'une vérité unique. La trame de la réalité serait-elle constituée finalement d'un seul fil ? Au risque d'être un peu pythagoricien, il semble que ces modèles que nous aimons appeler nombres constituent ce qui nous entoure. En partant à leur recherche nous risquerions d'en rencontrer... un nombre inimaginable, si vous voyez ce que je veux dire !

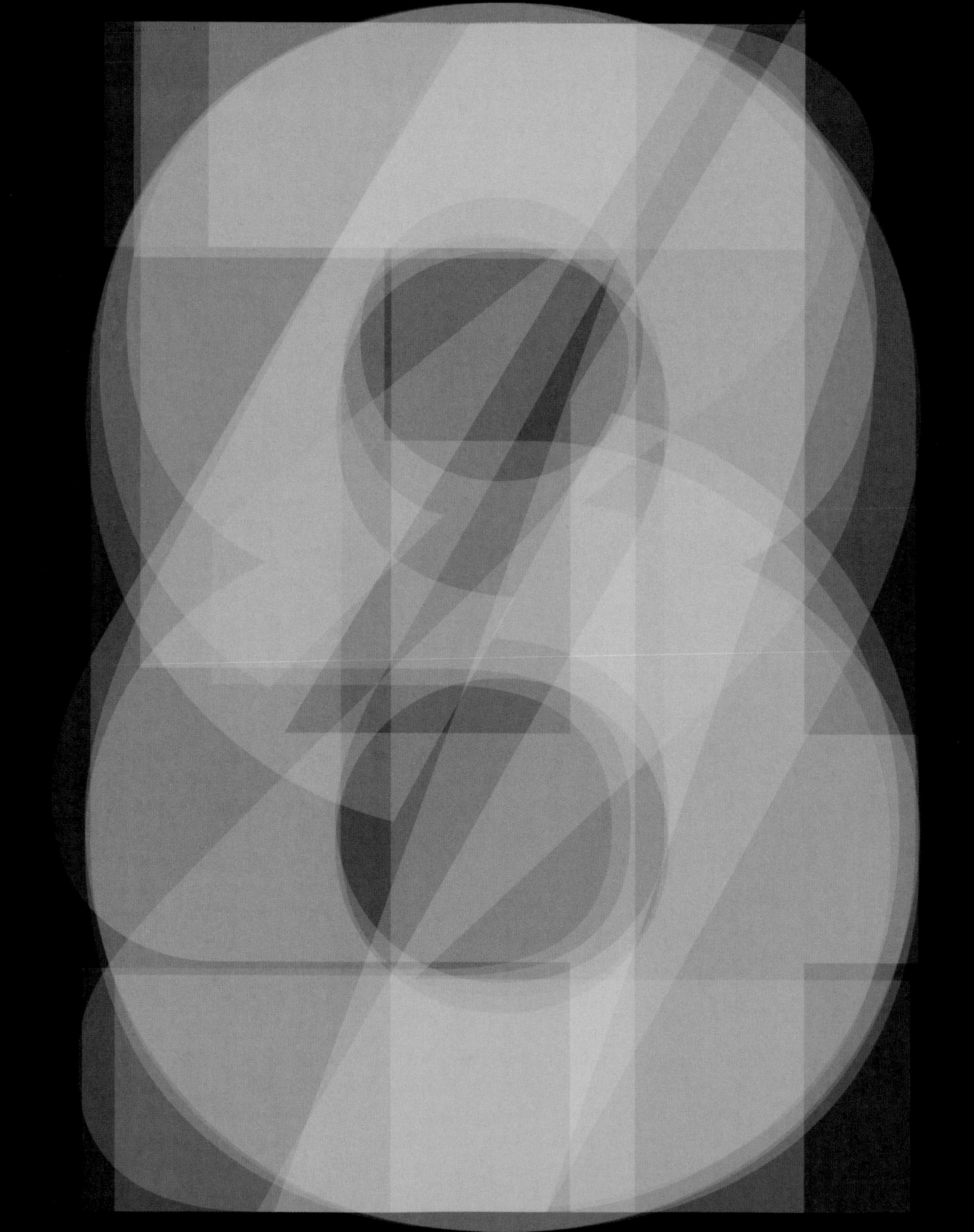

BIBLIOGRAPHIE

Vous trouverez dans ces pages d'une part la bibliographie originale de Peter J. Bentley, qui recense des publications essentiellement en langue anglaise (la traduction française, quand elle existe, fait office de référence), et d'autre part une partie intitulée **« Pour aller plus loin »**, qui vous indiquera les ressources en langue française traitant de l'histoire des nombres.

RESSOURCES EN LIGNE

The MacTutor History of Mathematics archive, School of Mathematics and Statistics, Université de St Andrews, Écosse : http://www-history.mcs.st-andrews.ac.uk/history/

Wikipedia : http://fr.wikipedia.org/

OUVRAGES GÉNÉRAUX

ADAMS (Douglas), *Le guide du voyageur galactique*, Paris, Gallimard, nouv. éd. 2005.

IFRAH (Georges), *Histoire universelle des chiffres, vol. I et II*, Paris, Robert Laffont, [1994], rééd. 2000.

KING (Stephen), *La Tour sombre, volume 3 : Terres perdues*, Paris, J'ai lu, [1998], rééd. 2006.

NAHIN (P. J.), *An Imaginary Tale : the Story of √ –1*, Princeton University Press, 1998.

NAHIN (P. J.), *Dr. Euler's fabulous fomula : cures many mathematical ills*, Princeton University Press, 2006.

PRATCHETT (T.), STEWART (I.) et COHEN (J.), *Science of Discworld II : The Globe*, Ebury Press, 2002.

STEWART (I.), *Nature's Numbers Discovering Order and Pattern in the Universe*, Basic Books, 2004.

al-Kharezmi (Muhammad ibn Musa)

ROSEN (F.) (trad.), *Muhammad ibn Musa Al-Khwarizmi : Algebra*, Londres, 1831.

AL-DAFFA (A. A.), *Muslim contribution to mathematics*, Croom Helm, Londres, 1977.

CROSSLEY (J. N.), *The emergence of number*, Singapour, 1987.

GANDZ (S.) (éd.), *The geometry of al-Khwarizmi*, Berlin 1932.

GRANT (E.) (éd.), *A source book in medieval science*, Cambridge, 1974.

NEUGEBAUER (O.), *The Exact Sciences in Antiquity*, New York, 1993.

RASHED (Roshdi), *Entre arithmétique et algèbre : recherches sur l'histoire des mathématiques arabes*, Paris, Belles Lettres, 1984.

al-Uqlidisi (Abu'l Hasan)

RASHED (R.), *Entre arithmétique et algèbre : Recherches sur l'histoire des mathématiques arabes*, Paris, Belles Lettres, 1984.

SAIDAN (A.S.) (trad.), *The arithmetic of al-Uqlidisi. The story of Hindu-Arabic arithmetic as told in « Kitab al-fusul fial-hisab al-Hindi » Damascus, A.D. 952/3*, Dordrecht-Boston, Massachusetts, 1978.

L'arabe et les nombres amicaux

GARDNER (M.), *Mathematical Magic Show*, Londres, 1984.

Archimède

AABOE (A.), *Episodes from the early history of mathematics*, Washington, 1964.

BRUMBAUGH (R. S.), *The philosophers of Greece*, Albany, New York, 1981.

DIJKSTERHUIS (E. J.), *Archimedes*, Copenhague, 1956 et Princeton, New Jersey, 1987.

HEATH (T. L.), *A History of Greek mathematics* vol. II, Oxford, 1931.

Aristote

ACKRILL (J. L.), *Aristotle the philosopher*, Oxford, 1981.

ALLAN (Donald J.), *Aristote le philosophe*, [1962], rééd. Paris, LGF, 2002.

APOSTLE (H. G.), *Aristotle's philosophy of mathematics*, Chicago, 1952.

BARNES (J.), *Aristotle*, Oxford, 1982.

BECHLER (Z.), *Aristotle's theory of actuality*, Albany, New York, 1995.

GUTHRIE (W. K. C.), *A history of Greek philosophy Volume 6, Aristotle : An encounter*, Cambridge, 1981.

LYNCH (J. P.), *Aristotle's school : A Study of a Greek educational Institution*, Berkeley, 1972.

SORABJI (R.), *Time, Creation, and the Continuum : Theories in Antiquity and the Early Middle Ages*, 1983.

WATERLOW (S.), *Nature, Change, and Agency in Aristotle's 'Physics'*, Oxford-New York, 1982.

Babbage (Charles)

BUXTON (H. W.), *Memoir of the life and labours of the late Charles Babbage Esq. F.R. S.*, Los Angeles, 1988.

DUBBEY (J. M.), *The mathematical work of Charles Babbage*, Cambridge, 1978.

HYMAN (A.), *Charles Babbage : pioneer of the computer*, Oxford, 1982.

Bernoulli (Daniel, Jacques et Jean)

BERNHARD (H.), « The Bernoulli family », dans WUSSING (H.) et ARNOLD (W.), *Biographien bedeutender Mathematiker*, Berlin, 1983.

FLECKENSTEIN (J. O.), *Johann und Jakob Bernoulli*, Bâle, 1949.

Nikiforovskii (V. A.), *« Les grands mathématiciens Bernoulli »* (en langue russe), *Histoire des Sciences et de la technologie* Nauka, Moscou, 1984.

Bhaskara

JOSEPH (G. G.), *The crest of the peacock*, Londres, 1991.

PATWARDHAN (K. S.), NAIMPALLY (S. A.) et SINGH (S. L.), *Lilavati of Bhaskaracarya*, Delhi, 2001.

Boole (George)

MCHALE (D.), *George Boole : his life and work*, Dublin 1985.

SMITH (G. C.), *The Boole – De Morgan correspondence 1842-1864*, New York, 1982.

Bradley (James)

« Rigaud's Memoir » prefixed to *Miscellaneous Works and Correspondence of James Bradley, D.D.*, Oxford, 1832.

Brahmagupta

COLEBROOKE (H.T.), *Algebra, with Arithmetic and Mensuration from the Sanscrit of Brahmagupta and Bhaskara*, [Delhi, 1817] réimpr. 2005.

IFRAH (Georges), *Histoire universelle des chiffres, De la préhistoire à l'invention de l'ordinateur*, Paris, Robert Laffont, [1994], réed. 2000.

PRAKASH SARASVATI (S.), *A critical study of Brahmagupta and his works : The most distinguished Indian astronomer and mathematician of the sixth century A.D.*, Delhi, 1986.

Cantor (Georg)

DAUBEN (J. W.), *Georg Cantor : His Mathematics and Philosophy of the Infinite*, Cambridge, Massachusetts, [1979], réimp. 1990.

JOHNSON (P .E.), *A history of set theory*, Boston, Massachusetts, 1972.

PURKERT (W.) et ILGAUDS (H. J.), *Georg Cantor 1845-1918*, Bâle, 1987.

STANDER (D.), *Makers of modern mathematics : Georg Cantor*, 1989.

De Morgan (Augustus)

DE MORGAN (S. E.), *Memoir of Augustus De Morgan by his wife Sophia Elizabeth De Morgan*, Londres, 1882.

Descartes (René)

CLARKE (D. M.), *« Physique et métaphysique chez Descartes »*, Paris, Archives de Philosophie, 1980, vol. 43, n°3, p. 465-486.

GAUKROGER (S.) (éd.), *Descartes : Philosophy, Mathematics, and Physics*, Brighton, 1980.

SCOTT (J. F.), *The Scientific Work of René Descartes*, Londres, 1987.

SHEA (W. R.), *The Magic of Numbers and Motion : The Scientific Career of René Descartes*, Canton, Massachusetts, 1991.

SORELL (T.), *Descartes. Past Masters*, New York, 1987.

VROOMAN (J. R.), *René Descartes : A Biography*, New York, 1970.

Einstein (Albert)

BELLER (M.) RENN (J.) et COHEN (R. S.) (éd.), *Einstein in context*, Cambridge, 1993.

BRIAN (D.), *Einstein, a life*, New York, 1996.

DUKAS (H.) et HOFFMANN (B.) (éd.), *Albert Einstein : the human side. New glimpses from his archives*, Princeton, New Jersey, 1979.

EARMAN (J.) JANSSEN (M.) et NORTON (J. D.), *The attraction of gravitation : new studies in the history of general relativity*, Boston, 1993.

GRIBANOV (D. P.), *Albert Einstein's philosophical views and the theory of relativity 'Progress'*, Moscou, 1987.

HEY (T.) et WALTERS (P.), *Einstein's mirror*, Cambridge 1997.

HOLTON (G.) et ELKANA (Y.) (éd.), *Albert Einstein : Historical and cultural perspectives*, Princeton, New Jersey, 1982.

HOLTON (G.), *Einstein, history, and other passions*, Woodbury, New York, 1995.

HOWARD (D.) et STACHEL (J.) *Einstein and the history of general relativity*, Boston, Massachusetts, 1989.

LÀNCZOS (C.), *The Einstein decade (1905-1915)*, New York-Londres, 1974.

WHITE (M.), *Albert Einstein : a life in science*, Londres, 1993.

Ératosthène

FOWLER (D. H.), *The mathematics of Plato's academy : a new reconstruction*, Oxford, 1987.

HEATH (T. L.), *A History of Greek Mathematics*, 2 vol., Oxford, 1921.

Euclide

GLAVAS (C. B.), *The place of Euclid in ancient and modern mathematics*, Athènes, 1994.

HEATH (T. L.), *The Thirteen Books of Euclid's* Elements, 3 vol., New York, 1956.

MORROW (G. R.) (éd.), *A commentary on the first book of Euclid's* Elements, Princeton, New Jersey, 1992.

MUELLER (I.) *Philosophy of mathematics and deductive structure in Euclid's* Elements, Londres, 1981.

Euler (Leonhard)

BOYER (C. B.), *The Age of Euler, in A History of Mathematics*, New York, 1968.

THIELE (R.), *Leonhard Euler*, Leipzig, 1982.

Fermat (Pierre de)

ROUSE BALL (W. W.), *A Short Account of the History of Mathematics*, Mineola, New York, [1908], 1960.

Fibonacci (Léonardo)

GIES (J.) et GIES (F.), *Leonard of Pisa and the New Mathematics of the Middle Ages*, New York, 1969.

LÜNEBURG (H.), *Leonardi Pisani Liber Abbaci oder Lesevergnügen eines Mathematikers*, Mannheim, 1993.

Fontana (Niccolo)

DRAKE (S.) et DRABKIN (I. E.), *Mechanics in Sixteenth-Century Italy: Selections from Tartaglias, Benedetti, Guido Ubaldo, and Galileo*, Wisconsin, 1969.

GABRIELI (G. B.), *Niccolo Tartaglia: invenzioni, disfide e sfortune*, Sienne, 1986.

Galilée

CAMPANELLA (T.), *Apologie de Galilée*, éd. et trad. établie par M. P. LERNER, Paris, Belles Lettres, 2001.

DRAKE (S.), *Galilée*, Arles, Actes Sud, 1987

FINOCCHIARO (M. A.), *Galileo and the art of reasoning: Rhetorical foundations of logic and scientific method*, Dordrecht-Boston, Massachusetts, 1980.

MACHAMER (P.) (éd.), *The Cambridge companion to Galileo*, Cambridge, 1998.

REDONDI (P.), *Galilée hératique*, Gallimard, 1985.

SCHMUTZER (E.) et SCHÜTZ (W.), *Galileo Galilei*, (en langue allemande), Thun, 1989.

SHARRATT (M.), *Galileo: Decisive Innovator*, Cambridge, 1994.

Gauss (Carl)

BÜHLER (W. K.), *Gauss: A Biographical Study*, Berlin, 1981.

HALL (T.), *Carl Friedrich Gauss: A Biography*, Cambridge, Massachussets, 1970.

RASSIAS (G. M.) (éd.), *The mathematical heritage of C.F. Gauss*, Singapour, 1991.

Gödel (Kurt)

RODRIGUEZ-CONSUEGRA (F.A.) (éd.), *Kurt Gödel: unpublished philosophical essays*, Bâle, 1995.

WANG (H.), *Reflections on Kurt Gödel*, Cambridge, Massachusetts, [1987], 1988.

WEINGARTNER (P.) et SCHMETTERER (éds.), *Gödel remembered, Salzbourg, 10-12 Juillet 1983, History of logic*, vol. 4, 1987.

Hipparque

RICKS (D. R.), *The geographical fragments of Hipparchus*, Londres, 1960.

NEUGEBAUER (O.), *A History of ancient mathematical astronomy*, New York, 1975.

Hippocrate de Chios

AABOE (A.), *Episodes from the early history of mathematics*, Washington, 1964.

JAMBLIQUE, *Vie de Pythagore*, éd. et trad. du grec ancien par L. BRISSON et A. P. SEGONDS, nouv. éd. Belles Lettres, 2008.

AMIR-MOÉZ (A. R.) et HAMILTON (J. D.), «Hippocrates», *J. Recreational Math.* 7 (2) (1974), 105-107.

Jacquard (Joseph)

ESSINGER (J.), *Jacquard's Web: How a Hand-Loom Led to the Birth of the Information Age*, New York, [2004], 2007.

Kepler (Johannes)

ARMITAGE (A.), *John Kepler*, Londres, 1966.

BAUMGARDT (C.), *Johannes Kepler, Life and Letters*, New York, 1951.

FIELD (J. V.), *Kepler's Geometrical Cosmology*, Chicago, 1988.

KEPLER (J.) , *Mysterium cosmographicum, The Secret of the Universe*, trad. par A. M. Duncan, comm. de E. J. Aiton, New York, 1981.

KEPLER (J.), *Astronomia nova*, trad. par W. Donahuel, Cambridge, 1992.

KOESTLER (A.), *The Watershed: a Biography of Johannes Kepler*, New York, 1984.

Lalande (Jérôme)

HUMBERT (P.), « Les astronomes français de 1610 à 1667 », *Bulletin de la Société d'études scientifiques et archéologiques de Draguignan et du Var* 42, 1942, p.5-72.

Leibniz (Gottfried)

AITON (E. J.), *Leibniz: A biography*, Bristol-Boston, 1984.

BERTOLONI MELI (D.), *Equivalence and priority: Newton versus Leibniz*, New York, 1993.

ISHIGURO (H.), *Leibniz's philosophy of logic and language*, Cambridge, 1995.

WOOLHOUSE (R. S.) (éd.), *Leibniz: methaphysics and philosophy of science*, Londres, 1981.

Léonard de Vinci

CLAGETT (M.), *The Science of Mechanics in the Middle Ages*, Madison, 1959.

CLARK (K.), *Léonard de Vinci*, [1975], Paris, LGF, 2005.

DIBNER (B.), *Machines and Weapons, in Leonardo the Inventor*, New York, 1980.

KEMP (M.), *Leonardo da Vinci: The Marvelous Works of Nature and Man*, Londres 1981.

MCLANATHAN (R.), *Images of the Universe: Leonardo da Vinci: The Artist as Scientist*, Chicago, 1966.

RETI (L.), *The Engineer, in Leonardo the Inventor*, New York, 1980.

ZUBOV (V. C.), *Leonardo da Vinci*, Cambridge, 1968.

Lilio (Luigi)

The Catholic Encyclopedia, vol. IX, art. « Aloisius Lilius »

L'Hospital (Guillaume de)

WURTZ (J.-P.), « La naissance du calcul différentiel et le problème du statut des infiniment petits : Leibniz et Guillaume de L'Hospital » dans *La mathématique non standard*, Paris, éd. du CNRS, 1989, p. 13-41.

PEIFFER (J.), « Le problème de la brachystochrone, un défi pour les méthodes infinitistes de la fin du XVIIe siècle », dans *Sciences et techniques en perspective*, Nantes, 1988 - 1989, vol. 16, p. 55-82.

SOLAECHE GALERA (M. C.), « La controversia L'Hôpital-Bernoulli », *Divulationes Matematicas*, 1 (1), 1993, p. 99-104.

Mandelbrot (Benoît)

ALBERS (D. J.) et ALEXANDERSON (G.L.) (éd.), *Mathematical People: Profiles and Interviews*, Boston, 1985, p. 205-226.

CLARK (P.), *Presentation of Professor Benoît Mandelbrot for the Honorary Degree of Doctor of Science*, St Andrews, 23 juin 1999.

MANDELBROT (B.), « Comment j'ai découvert les fractales. » *La Recherche*, n° 175, p. 420-427, 1986.

Möbius (Auguste)

FAUVEL (J.), FLOOD (R.) et WILSON (R.), *Möbius and his band*, Oxford, 1993.

Mouton (Gabriel)

HUMBERT (P.), « Les astronomes français de 1610 à 1667 », *Bulletin de la Société d'études scientifiques et archéologiques de Draguignan et du Var* 42, 1942, p. 5-72.

Napier (John)

BRYDEN (D. J.), *Napier's bones: a history and instruction manual*, Londres, 1992.

GLADSTONE-MILLAR (L.), *John Napier: Logarithm John*, Édimbourg, 2003.

KNOTT (C. G.) (éd.), *Napier Tercentenary Memorial Volume*, Londres, 1915.

NAPIER (M.), *Memoirs of John Napier of Merchiston, his lineage, life and times, with a history of the invention of logarithms*, Édimbourg, 1904.

Neumann (John von)

ASPRAY (W.), *John von Neumann and the origins of modern computing*, Cambridge, Massachusetts, 1990.

HEIMS (S. J.), *John von Neumann and Norbert Wiener: From mathematics to the technologies of life and death*, Cambridge, Massachusetts, 1980.

LEGENDI (T.) et SZENTIVANI (T.) (éd.), *Leben und Werk von John von Neumann*, Mannheim, 1983.

MACRAE (N.), *John von Neumann*, New York, 1992.

POUNDSTONE (W.), *Prisoner's dilemma*, Oxford, 1993.

VONNEUMAN (N. A.), *John von Neumann: as seen by his brother*, Meadowbrook, Pennsylvanie, 1987.

Newton (Isaac)

BECHLER (Z.), *Newton's Physics and the Conceptual Structure of the Scientific Revolution*, Dordrecht, 1991.

BREWSTER (D.), *Memoirs of the Life, Writings, and Discoveries of Sir Isaac Newton*, 2 vol., [1855], réimpr. 1965.

CHANDRASEKHAR (S.), *Newton's* Principia *for the common reader*, New York, 1995.

CHRISTIANSON (G. E.), *In the Presence of the Creator: Isaac Newton and His Times*, New York, 1984.

GJERTSEN (D.), *The Newton Handbook*, Londres, 1986.

HALL (A. R.), *Isaac Newton, Adventurer in Thought*, Oxford, 1992.

MELI (D. B.), *Equivalence and priority: Newton versus Leibniz, Including Leibniz's unpublished manuscripts on the* Principia, New York, 1993.

WESTFALL (R. S.), *Never at Rest: A Biography of Isaac Newton*, 1990.

WESTFALL (R. S.), *Newton*, Paris, Flamarion, 1994.

Pascal (Blaise)

ADAMSON (D.), *Blaise Pascal: mathematician, physicist and thinker about God*, Basingstoke, 1995.

COLEMAN (F. X. J.), *Neither angel nor beast: the life and work of Blaise Pascal*, New York, 1986.

EDWARDS (A. W. F.), *Pascal's arithmetical triangle*, New York, 1987.

PASCAL, *Œuvres complètes*, éd. M. Le Guern, coll. Bibliothèque de la Pléiade, Paris, Gallimard, 1998-1999.

LOEFFEL (H.), *Blaise Pascal 1623-1662*, Boston-Bâle, 1987.

Platon

BRUMBAUGH (R. S.), *Plato's mathematical imagination: The mathematical passages in the Dialogues and their interpretation*, Bloomington, Indiana, 1954.

BRUMBAUGH (R. S.), *The philosophers of Greece*, Albany, New York, 1981.

FIELD (G. C.), *Plato and His Contemporaries: A Study in Fourth-Century Life and Thought*, Londres, 1975.

FIELD (G. C.), *The philosophy of Plato*, Oxford, 1956.

FOWLER (D. H.), *The mathematics of Plato's Academy: A new reconstruction*, New York, 1990.

LASSERRE (F.), *La naissance des mathématiques à l'époque de Platon*, Fribourg-Paris, éd. universitaires-éditions de Cerf, 1990.

MORAVCSIK (J.), *Plato and Platonism: Plato's conception of appearance and reality in ontology, epistemology and ethics, and its modern echoes*, Oxford, 1992.

TAYLOR (A. E.), *Plato, the Man and His Work*, Londres, 1969.

WEDBERG (A), *Plato's Philosophy of Mathematics*, Stockholm, 1977.

Ptolémée (Claude)

AABOE (A.), *On the tables of planetary visibility in the* Almagest *and the* Handy Tables, 1960.

GRASSHOFF (G.), *The history of Ptolemy's star catalogue*, New York, 1990.

NEWTON (R. R.), *The crime of Claudius Ptolemy*, Baltimore, Maryland, 1977.

TOOMER (G. J.), *Ptolemy's Almagest*, Londres, 1984.

Pythagore

GORMAN (P.), *Pythagoras, a life*, 1979.

HEATH (T. L.), *A History of Greek Mathematics*, vol. I, Oxford, 1921.

JAMBLIQUE, *Vie de Pythagore*, éd. et trad. du grec ancien par L. BRISSON et A. P. SEGONDS, nouv. éd. Belles Lettres, 2008.

NAVIA (L. E.), *Pythagoras: An annoted bibliography*, New York, 1990.

O'MEARA (D. J.), *Pythagoras revided: Mathematics and philosophy in late antiquity*, New York, 1990.

Rømer (Ole)

KIRCH (G.), *Astronomie um 1700 : kommentierte Edition des Briefes von Gottfried Kirch an Olaus* Rømer *vom 25.Oktober 1703*, Thun, 1999.

TATON (R.) (éd.), *Rømer et la vitesse de la lumière*, Paris, CNRS, 1978.

Russell (Bertrand)

RUSSELL (B.), *The Principles of Mathematics*, Cambridge, 1903.

AYER (A. J.), *Bertrand Russell*, New York, 1988.

CLARK (R. W.), *The Life of Bertrand Russell*, Londres, 1975.

GARCIADIEGO (A. R.) (Dantan), *Bertrand Russell and the Origins of the Set-Theoretic 'Paradoxes'*, Bâle, 1992.

RODRIGUEZ-CONSUEGRA (F. A.), *The Mathematical Philosophy of Bertrand Russell: Origins and Development*, Bâle, 1991.

SAINSBURY (R. M.), *Russell*, Oxford, 1985.

SCHLIPP (P. A.) (éd.), *The Philosophy of Bertrand Russell*, [Chicago, 1944], New York, 1963.

SLATER (J. G.), *Bertrand Russell*, Bristol, 1994.

Saint-Augustin

SAINT-AUGUSTIN, *La Cité de Dieu*, éd. L. Jerphagnon, coll. Biblio. de la Pléiade, Paris, Gallimard, 2000.

Stevin (Simon)

HOOYKAAS (R.) et MINNAERT (M.G. J.) (éd.), *Simon Stevin: science in the Netherlands around 1600*, La Haye, 1970.

STRUIK (D. J.), *The land of Stevin and Huygens*, Dordrecht-Boston, Massachusetts, 1981.

STRUIK (D. J.) (éd.), *The principal works of Simon Stevin*, vol. II : *Mathematics*, Amsterdam, 1958.

VAN BERKEL (K.), *The legacy of Stevin : A chronological narrative*, Leyde, 1999.

Shannon (Claude)

SLEPIAN (D.) (éd.), *Key papers in the development of information theory*, New York, 1974.

SLOANE (N. J. A.) et WYNER (A.D.) (éd.), *Claude Elwood Shannon : collected papers*, New York, 1993.

Turing (Alan)

BRITTON (J. L.) INCE (D. C.) et SANUDERS (P. T.) (éd.), *Collected works of A.M. Turing*, Pays-Bas, 1992.

HODGES (A.), *Alan Turing ou l'énigme de l'intelligence,* Paris, Payot, 1983.

HODGES (A.), *Alan Turing : A natural philosopher*, Londres, 1997.

TURING (S.), *Alan M. Turing,* Cambridge, 1959.

van Ceulen (Ludolph)

HUYLEBROUCK (D.), *Ludolph van Ceulen's tombstone (1540-1610), Math. Intelligencer* 17 (4), 1995, 60-61.

Zénon d'Élée

GRUNBAUM (A.), *Modern Science and Zeno's Paradoxes*, Londres, 1968.

KIRK (G. S.), RAVEN (J. E.) et SCHOFIELD (M.), *The Presocratic Philosophers*, Cambridge, 1983.

SALMON (W. C.), *Zeno's Paradoxes*, Indianapolis, Indiana, 1970.

POUR ALLER PLUS LOIN...

BARUK (S.), *Dictionnaire de mathématiques élémentaires*, Paris, Seuil, 1995.

DELEDICQ (A.), *Le monde des chiffres*, Paris, Circonflexe, 1997.

ESCOFIER (J.-P.), *Histoire des mathématiques*, Paris, Dunod, 2008.

EUCLIDE, *Élements*, traduction du grec ancien par Bernard VITRAC, 4 volumes 1990, Paris, PUF.

GUEDJ (D.), *L'empire des nombres*, coll. Découvertes, Paris, Gallimard, 1996.

IFRAH (G.), *Histoire universelle des chiffres*, 2 vol., Paris, Robert Laffont, 1994.

OUAKNIN (M.-A.), *Mystères des chiffres*, Paris, Assouline, 2004.

WELLS (David), *Le dictionnaire Penguin des nombres curieux,* Paris, Eyrolles, 1998.

WELLS (David), *Le dictionnaire Penguin des curiosités géométriques*, Paris, Eyrolles, 2000.

INDEX

Les numéros de page en *italique* renvoient aux illustrations ou aux légendes.

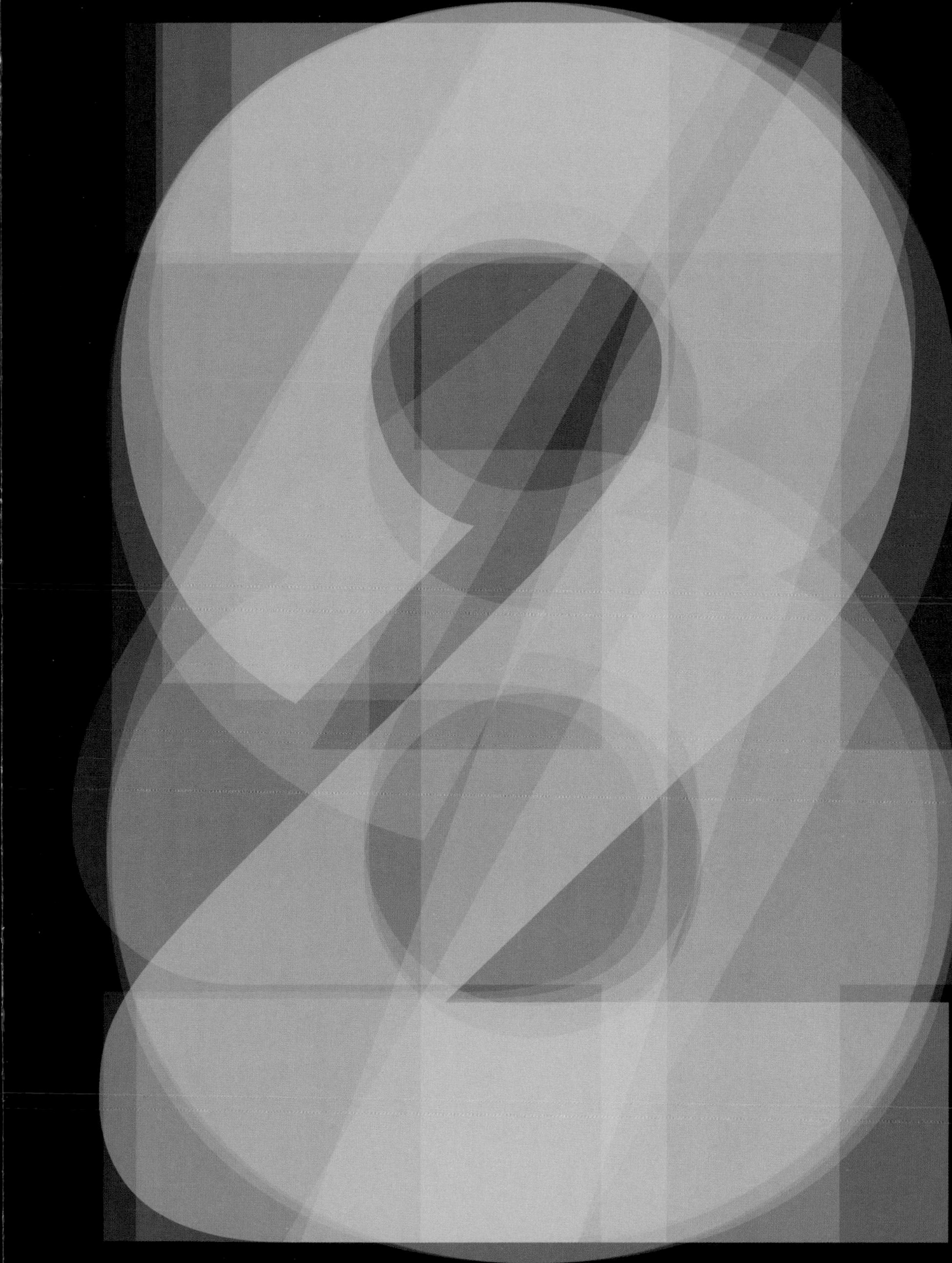

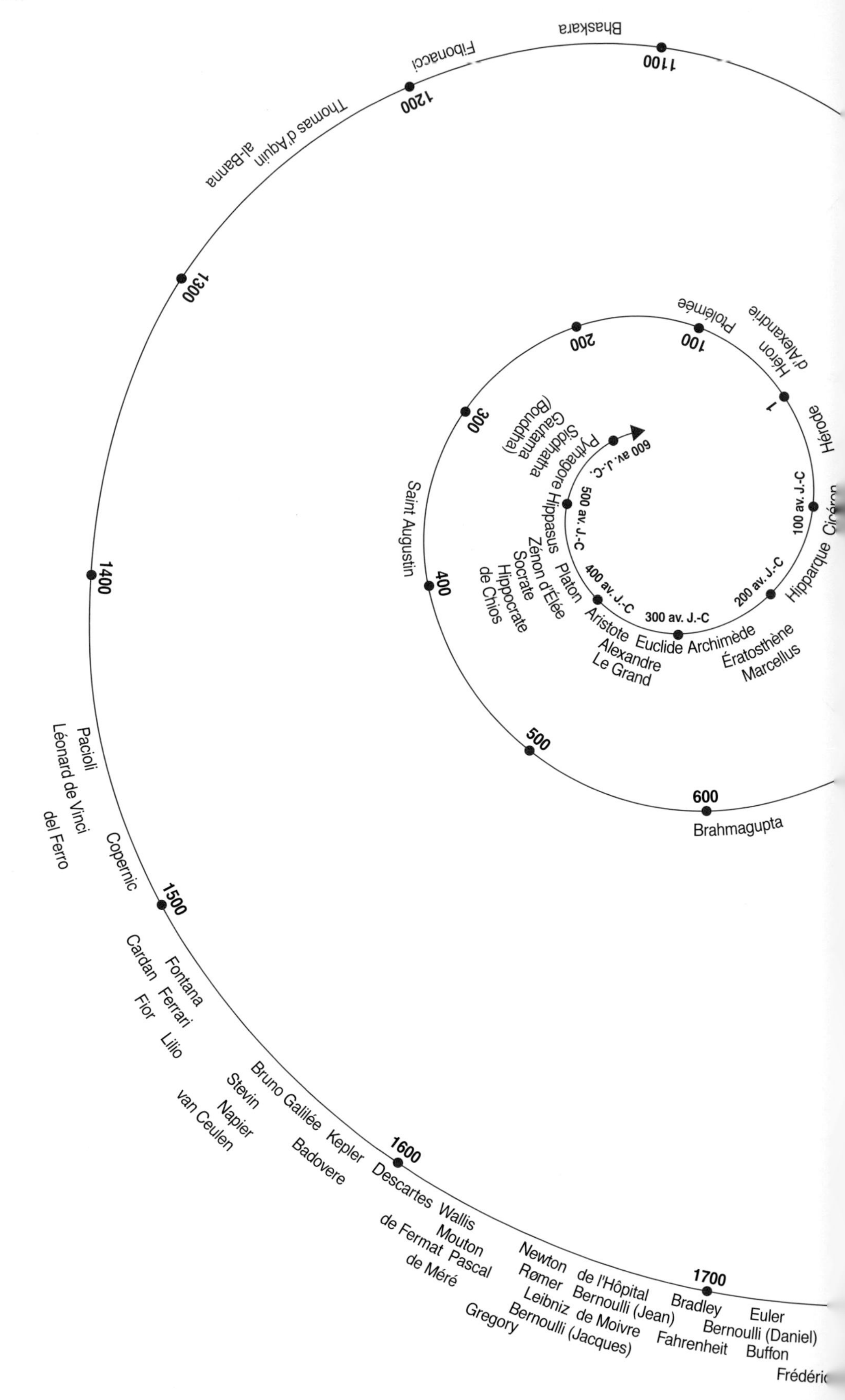
600 av. J.-C.
Pythagore
Siddhartha Gautama (Bouddha)
500 av. J.-C
Hippasus
Zénon d'Élée
Socrate
Hippocrate de Chios
Platon
400 av. J.-C
Aristote
Alexandre Le Grand
300 av. J.-C
Euclide
Archimède
Ératosthène
Marcellus
200 av. J.-C
Hipparque
100 av. J.-C
Cicéron
Hérode
1
Héron d'Alexandrie
100
Ptolémée
200
300
Saint Augustin
400
500
600
Brahmagupta
1100
Bhaskara
1200
Fibonacci
Thomas d'Aquin
al-Banna
1300
1400
Pacioli
Léonard de Vinci
del Ferro
Copernic
1500
Fontana
Cardan
Ferrari
Fior
Lilio
Bruno
Galilée
Kepler
Stevin
Napier
van Ceulen
Badovere
1600
Descartes
Wallis
Mouton
de Fermat
Pascal
de Méré
Gregory
Newton
de l'Hôpital
Rømer
Bernoulli (Jean)
Leibniz
de Moivre
Bernoulli (Jacques)
1700
Bradley
Euler
Bernoulli (Daniel)
Fahrenheit
Buffon

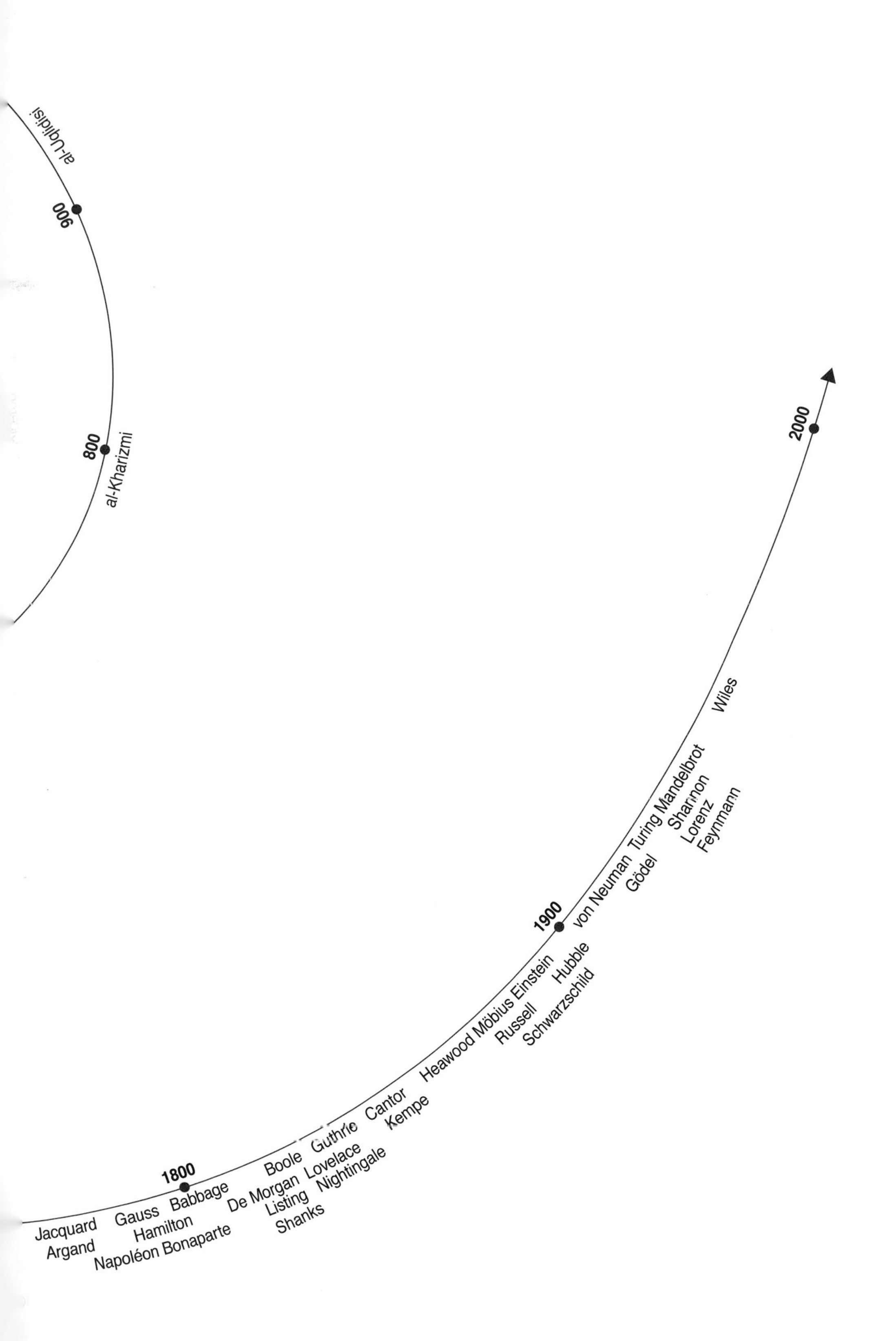
al-Uqlidisi
900
800
al-Kharizmi
2000
Wiles
Turing Mandelbrot
Shannon
Lorenz
Feynmann
von Neuman
Gödel
1900
Heawood Möbius Einstein
Hubble
Russell
Schwarzschild
Cantor
Kempe
Boole Guthrie
De Morgan Lovelace
Listing Nightingale
Shanks
1800
Jacquard Gauss Babbage
Argand Hamilton
Napoléon Bonaparte

Une brève remarque à l'intention de ceux des lecteurs qui auront noté l'absence des femmes dans ce livre. La faute en incombe au respect de la vérité historique. De fait, et c'est regrettable, pendant la majeure partie de notre histoire on leur a dénié la possibilité d'accéder à l'université. Autre constatation tout aussi désolante et encore d'actualité, elles restent sous-représentées parmi les mathématiciens et les physiciens. Peut-être les femmes privilégient-elles des activités plus pratiques ou d'ordre culturel, ou bien le système éducatif joue-t-il davantage en faveur des hommes ; en tout cas elles étudient moins ces disciplines et se consacrent très rarement à la recherche. Pourtant, comble de l'ironie, à l'école et au lycée les filles obtiennent souvent de meilleurs résultats que les garçons en mathématiques.

Certes il y a eu quelques exceptions par le passé. Les pythagoriciens accueillaient indifféremment femmes et hommes dans leurs cénacles ; Ada Lovelace a assisté Babbage pour la création des premiers programmes d'ordinateur ; Florence Nightingale était autant statisticienne qu'infirmière ; et combien de pionniers des sciences ont eu à leur côté des épouses dévouées qui déployèrent l'énergie nécessaire pour les épauler. Aujourd'hui, on compte un grand nombre de femmes parmi d'éminents professeurs. Mais au cours des deux derniers millénaires, l'histoire des nombres a été dominée et animée par des desseins exclusivement masculins, vision véhiculée également par les textes religieux. Des femmes se distinguant par leur intelligence furent alors accusées de magie et de sorcellerie. Si vous êtes une femme et si vous pensez que tout cela est injuste, vous avez raison. Mais ne vous plaignez pas de l'inégalité, je vous engage à vous investir pour transformer cet état de chose et façonner la future histoire des nombres. Heureusement, le monde a changé, l'éducation et la recherche sont de plus en plus ouvertes aux femmes. Grâce à vous, il se peut que le prochain génie des sciences s'accorde au féminin.

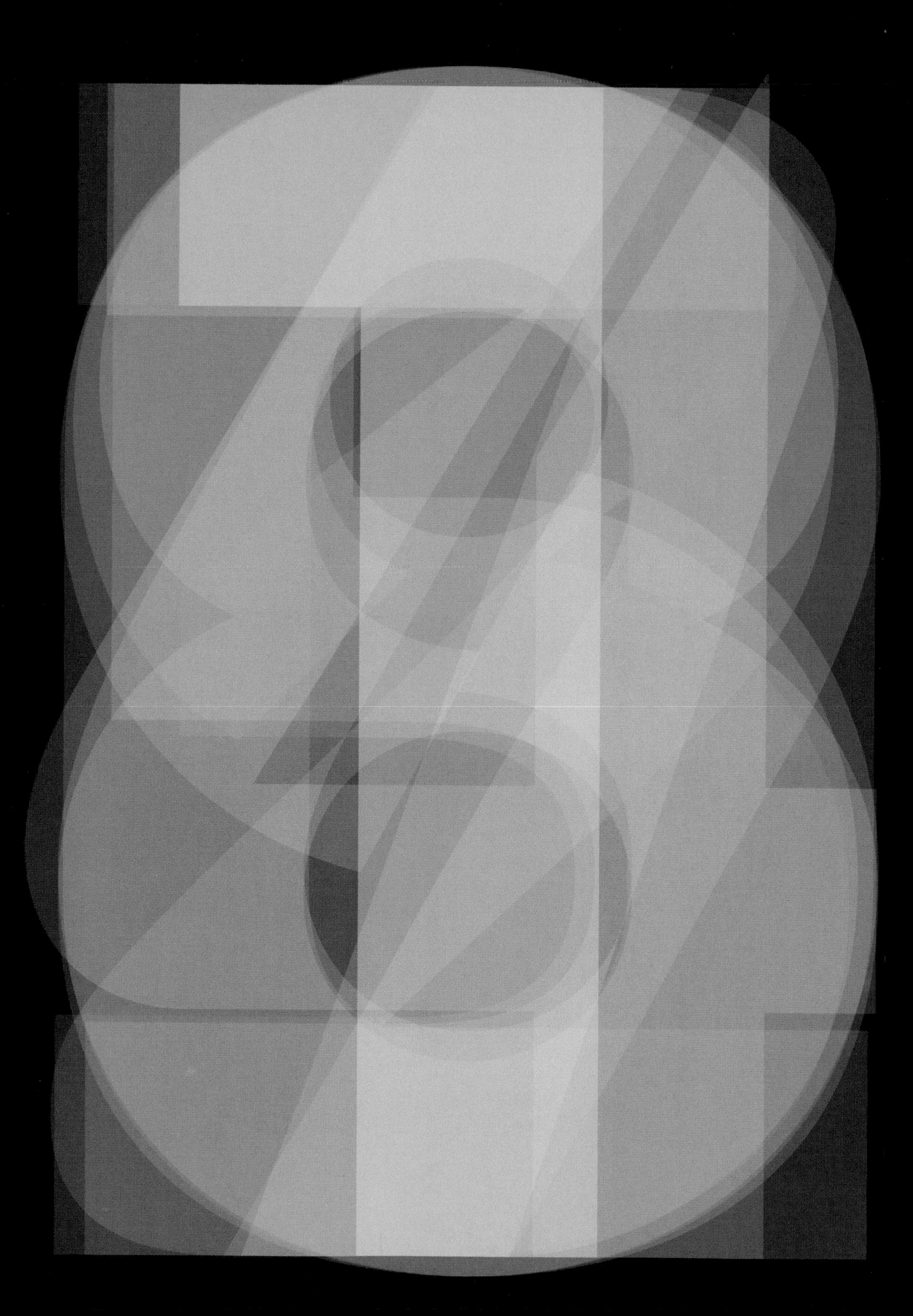

CRÉDITS

AKG images 73, 90, 131, 134,192, 235; Erich Lessing 78; Visioars 31

Alamy Andrew Darrington 13; Classic Image 218; Dale O'Dell 18; Dinodia Images 20; Eddie Gerald; Frappix 248; Israel images 169; Marco Regalia Illustration 245; Mary Evans Picture Library 151, 153; North Wind Picture Archives 80; Peter Arnold Inc. 227; Picturedimensions 119; Israel images 169; Kolvenbach 162; STOCKFOLIO 215; The Print Collector 150; Visual Arts Library (London) 219

Art Archive 186; Bibliothèque des Arts Décoratifs Paris Gianni Dagli Orti 155; Gianni Dagli Orti 14, 15, 16, 25; Galleria degli Uffizi Florence 27

Bridgeman Art Library Bibliotheque Nationale, Paris, France, Lauros Giraudon 45; Académie des Sciences, Paris, France, Giraudon 23; Fitzwilliam Museum, University of Cambridge 38; Galleria dell'Accademia, Venice, Italy, Giraudon 236; Muséc de la Ville de Paris, Musée du Petit-Palais, France, Giraudon 171; Louvre, Paris, France, Giraudon 62; Edinburgh University Library 47; Private Collection, Peter Newark American Pictures Private Collection 17; Photo © Christie's Images, 145; Galleria degli Uffizi, Florence, Italy 65; Roy Miles Fine Paintings 177; The Stapleton Collection 42

Corbis 47, 55, 56, 91, 93, 212, 229, 232, 234, 239; Araldo de Luca 19, 41; Archivo Iconografico, S.A. 49, 160, 221; ARND Wiegmann/Reuters 210; Bernard Annebicque 129; Bettmann 24, 29, 43, 49, 77, 82, 88, 91, 92, 98, 100, 107, 114, 115, 118, 122, 123, 125, 138, 143, 161, 173, 179, 183, 198, 203, 207, 213, 222, 241 Alan W. Richards 106; Bill Varie 52; Bruno Ehrs 126; Bryan F. Peterson 202; Digital Art 228; DK Limited, 180; Francis G. Mayer 58, 170; Gianni Dagli Orti 30, 168; George B. Diebold 36; Gustavo Tomsich 163; Horace Bristol 32; Hulton-Deutsch Collection 63; Images.com 250; Image Source 190; Joseph Sohm 38; Lester V. Bergman 158; Leonard de Selva 147; Reuters 205; Mark Cooper 184; Matthias Kulka/zefa 159; Michael Nicholson 198; Michael Rosenfeld/dpa 97; Paul Sale Vern Hoffman 11; Paul Souders 194; Sandro Vannini 87; Stapleton Collection 70; Stefano Bianchetti 75, 79; The Art Archive: Alfredo Dagli Orti 74, 220; The Gallery Collection 61

Getty altrendo images 249; Image Bank 132; Time and Life pictures 64, 187, 102,188; Ian Waldie 105; Marc Romanelli 35; The Italian School 196; Sandra Baker 86

NASA 197, 216

Photolibrary 136

Science and Society 26

Science Photo Library 8, 59, 130, 148, 224, 226; Astrid & Hanns-Freider Michler 33; CCI Archives 121; Eric Heller 242; Gustoimages 166; George Bernard 112; Jean-Loup Charmet 154, 175; Julien Baum 137; Mark Garlick 134; Prof. E. Lorenz, Peter Arnold Inc. 247; Sandia National Laboratories 34; Science, Industry and Bussiness Library/ New York Public Library 39; Science Source 207; Seymour 159

Superstock Age Fotostock 12

Topfoto 26; Fortean 179; Fortean 179; World History Archive 164, 174

Mark Hammonds (illustrations) 83, 93, 175

Traductions citées dans l'ouvrage:
pages 65 et 144-145:
Plutarque, *Vie de Marcellus*, XVIII-XXV, trad. H. Weil et T. Reinach, Ernest Leroux éditeur, 1900.

page 74:
Pacioli, Luca, *De divina proportione*, trad. G. Duschesne et M. Giraud, Librairie du compagnonage, 1980.

page 145:
Cicéron, *Tusculanes*, V, XXIII, 64, trad. E. Girard, DR.

REMERCIEMENTS

Merci à :

Iain MacGregor pour l'idée.
Gordon Wise pour la conduite des négociations.
Laura Price pour son extraordinaire talent d'éditrice.
Jenny Doubt pour son attention au détail.
Greg Laabs pour les statistiques fournies par son site arandomnumber.com.
Mark Hammonds pour ses tableaux et ses dessins originaux.
Jools Greensmith pour sa relecture des épreuves et son enthousiasme.
L'université de St. Andrews pour leurs recherches inégalables sur l'histoire des mathématiques.
À tout le personnel de Cassell qui s'est illustré par la production d'un aussi bel ouvrage, vous incitant, ami lecteur, à le lire avec plaisir.

Et pour terminer (comme le veut l'usage), je souhaiterais remercier le cruel, indifférent et cependant si créatif processus de l'évolution qui a inspiré l'ensemble de mon travail. Puisse-t-il continuer ainsi encore longtemps.